◎ 常隆庆（1905—1979）

◎ 常隆庆的成都地质学院校徽

◎ 常隆庆母亲照片，常隆庆时常将母亲照片带在身上

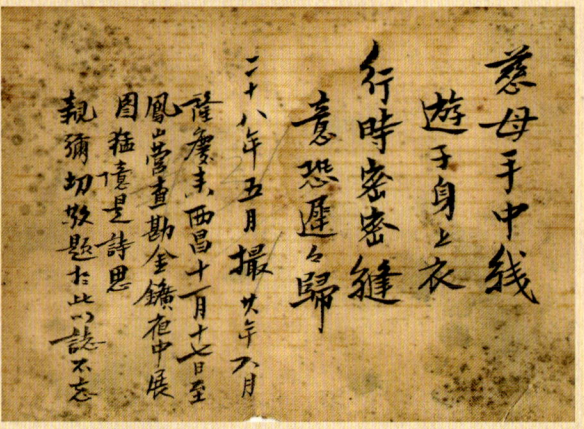

◎ 母亲照片后面的文字

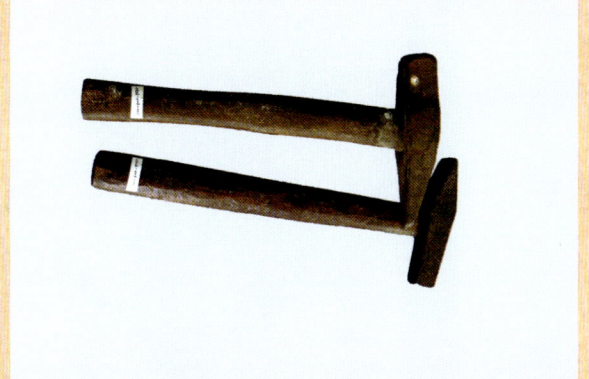

◎ 地质锤

◎ 野外工作使用的相机

◎ 眼镜

◎ 胶卷盒．滤色镜

◎ 怀表

◎ 刀具

◎ 自行设计的装标本及工具的箱子

◎ 常隆庆野外科考"头帐"

◎ 水壶

◎ 放大镜

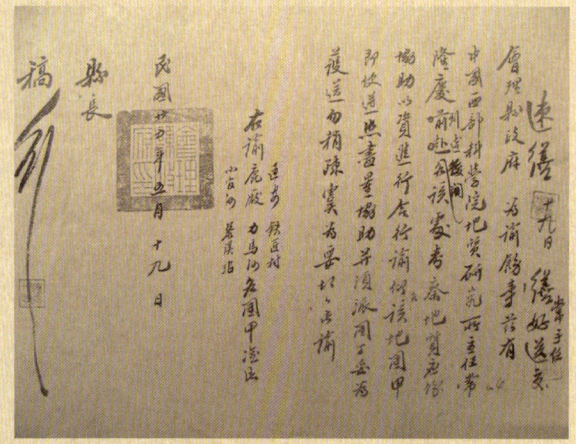

◎ 1936年会理县县政府给常隆庆的攀西通关文书

◎ 常隆庆在大凉山考察时获赠一套彝族土司的髹漆木碗

成都理工大学
攀枝花市档案馆 联合出品

Major Minerals and Metallogenic Regularity in China (Including Geological Notes)

(Photocopy Edition)

中国主要矿产及成矿规律
（含地质笔记）

（影印版）

常隆庆 ◎编著

内 容 简 介

本书通过影印的方式呈现了常隆庆教授编写的《中国主要矿产及成矿规律》讲义和与之相关的科研计划、报告,以及他亲自撰写的部分地质笔记。这些成果都是常隆庆教授在成都理工大学(原成都地质学院)工作期间完成的,系首次公开发表。《中国主要矿产及成矿规律》讲义原为常隆庆教授主编的我国第一部《中国地质学》中专教材的第八章,在当时对我国地质学的教学和科研具有相当的开创意义,对当今科研工作者开展相关地质领域的研究也有一定的参考价值,也对研究常隆庆教授的生平和思想具有一定的史学意义。

图书在版编目(CIP)数据

中国主要矿产及成矿规律:含地质笔记/常隆庆编著. -- 影印版. -- 北京:北京大学出版社,2025.7. --ISBN 978-7-301-36424-6

Ⅰ.TD98;P612

中国国家版本馆 CIP 数据核字第 2025555TR4 号

书　　名	中国主要矿产及成矿规律(含地质笔记)(影印版)
	ZHONGGUO ZHUYAO KUANGCHAN JI CHENGKUANG GUILÜ (HAN DIZHI BIJI)(YINGYIN BAN)
著作责任者	常隆庆　编著
策划编辑	李虎　吴迪
责任编辑	吴迪
标准书号	ISBN 978-7-301-36424-6
出版发行	北京大学出版社
地　　址	北京市海淀区成府路 205 号　100871
网　　址	http://www.pup.cn　新浪微博:@北京大学出版社
电子邮箱	编辑部 pup6@pup.cn　总编室 zpup@pup.cn
电　　话	邮购部 010-62752015　发行部 010-62750672　编辑部 010-62750667
印刷者	天津裕同印刷有限公司
经销者	新华书店
	787 毫米×1092 毫米　16 开本　24.25 印张　插页 2　330 千字
	2025 年 7 月第 1 版　2025 年 7 月第 1 次印刷
定　　价	198.00 元(精装)

未经许可,不得以任何方式复制或抄袭本书之部分或全部内容。
版权所有,侵权必究
举报电话:010-62752024　电子邮箱:fd@pup.cn
图书如有印装质量问题,请与出版部联系,电话:010-62756370

目　录

《中国主要矿产及成矿规律》讲义 / 001

编写《中国主要矿产及成矿规律》讲义的报告 / 316

1978 年科研计划 / 318

地质笔记 / 325

1979 年最后一次攀西考察信件 / 378

《中国主要矿产及成矿规律》讲义

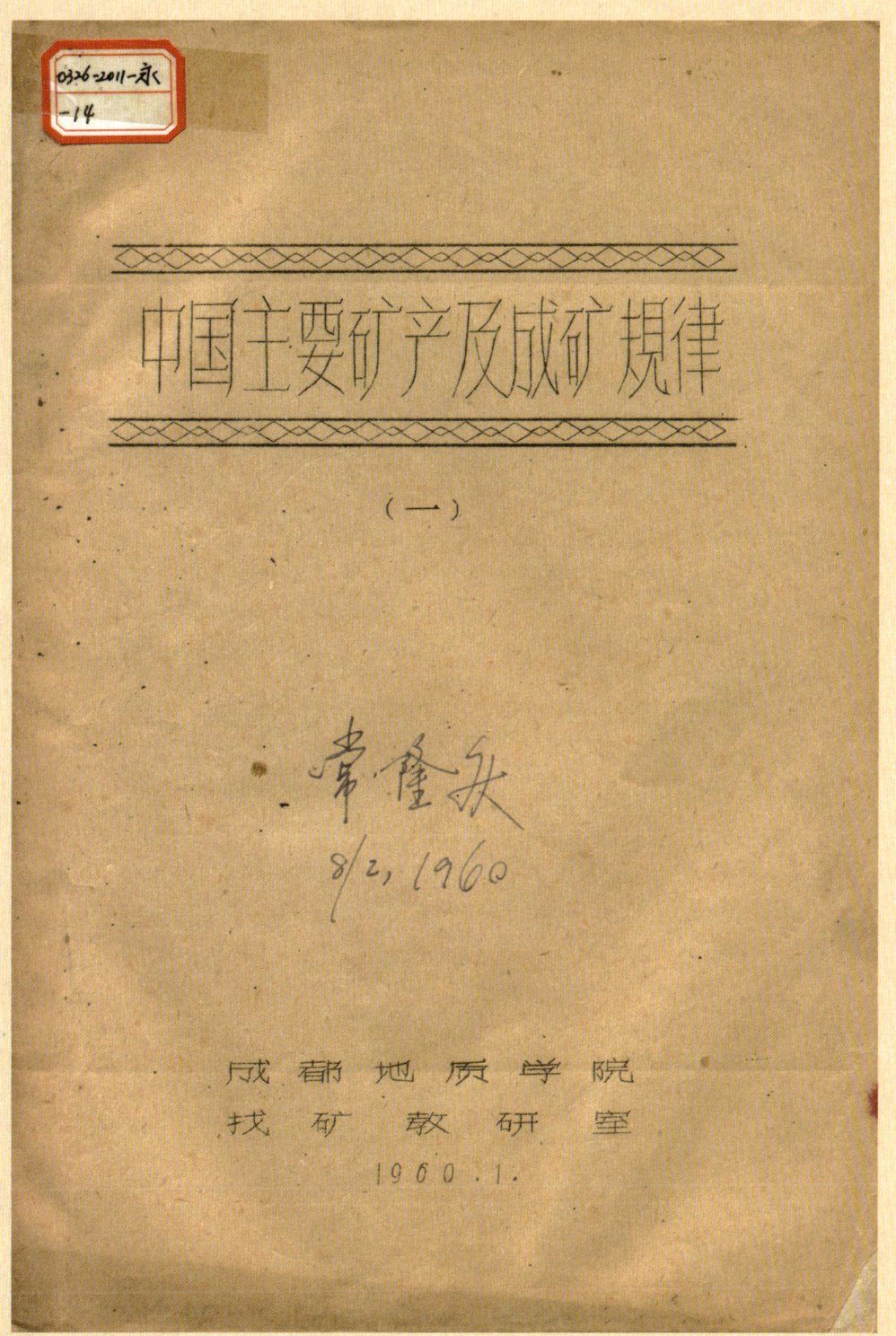

第八章　成矿规律

第一节　总论

矿产的生成与分布，往往受着古地理和大地构造因素的控制，一般有规律可循。一些矿产的规律分布比较明显，一些矿产的分布还不够清楚，甚至我们还没有认识它的规律。中国地质学的重要目的，就是要从大地构造理论来阐述中国的成矿规律和探寻成矿规律。由于资料的限制，故本章所述，显很不全面的，也只是探讨性的。

矿产一般分为外生与内生两大类，但是一些矿产，特别是在古老的基底岩系中的矿产，由于经历了多次的构造变动和岩浆活动，它的原始形态，往往不易分别在归类上有一些的争论，为叙述方便起见，本章将基底岩系中的矿产，另成一类，和外生矿产与内生矿产共成三类，并总述外生矿产与内生矿产的成矿关系于次。

一、外生矿产：

岩石经过机械的和化学的作用，分解为难溶解的和易溶解的两种物质，经过搬运或机械沉积、化学沉积和生物沉积三大类。外生矿产的沉积，在时间上都有一定规律，这就构成外生矿产的成矿规律。

地质时代与矿产的关系，非常密切，如煤重要的成矿时期是石炭纪、二叠纪、侏罗纪。成铁纪时是震旦纪、泥盆纪、侏罗纪。重要的铝矿一般成于石炭纪，磷矿一般成于寒武纪。

从岩相上来看，古地理的隆起凹陷是外生矿产分布的基础。古陆是岩采的来源地，凹陷是岩采的聚积地，所以宣龙式铁矿，分布在内蒙地盾边缘，宁乡式铁矿分布在江南地盾边缘。但是什么矿分布在什么古陆边缘，又与古陆的性质有一定关系。例如西南区的含铜砂岩就与分布在峨眉山玄武岩的古陆有密切关系。

海侵海退也是成矿的重要因素。海进程序中的矿产，是浅海且与海岸相沉积，紧靠古陆或长期侵蚀地区。铁锰铝矿一般是海进程序中产生的矿产，但也有例外，例如，宣龙式铁矿，就是海退程序中的。还有一些陆相的矿产，与海没有关系，但是陆盆地的氧化时期产生的。海退程序中的矿产，以盐类为主，食盐、钾盐、石膏是常见的例子。

由侵蚀区转变为沉积区，一般有沉积间断，在有沉积间断的地区，往々有外生矿产的固定层位，例如华北的山西式铁矿和铝土矿，普通发育在石炭系之下的奥陶系灰化石之上，云南贵州的铝土矿，也是发育在灰化石之上的石炭系上部。

三、内生矿产

内生矿产是岩浆活动的结果，岩浆活动，又与地壳运动有密切关系，中国各主要造山时期，一般有岩浆活动，在地槽地特别显著。

在一系列的地壳运动和岩浆活动之后，都有若干矿床的造成，如辽东地台的鞍山式铁矿、菱镁矿，和山东地台的东海式矽矿，都是吕梁期岩浆活动的结果。西北许多矿床大部与天山花岗岩有关，峨嵋山玄武岩，可能与扬子陆台的许多铜铅锌矿有关。至于燕山期的花岗岩，则是造成中国东部许多金属矿产的重要来源。在华夏陆台上，南岭花岗岩，在南岭仙霞岭一带，造成钨锡钼铋等高温矿床，在湘南江西南部造成铜铅锌等中温矿床，在贵州东部湖南西部造成锑汞、雄黄、雌黄等低温矿床，此外在南京凹陷中的燕山期花岗闪长岩，则造成接触变质的大冶式铁矿，和大冶阳新铜官山一带的铜矿，以及一些铅锌矿。浙江燕山期的流纹岩中有金有铅有锌矿。喜马拉雅期基性岩中的矿产，以台湾基隆的金铜矿为最重要，其次则为在福地境内为玄武岩风化后造成的三水型铝土矿。

中国主要矿产及成矿规律

三、成矿规律：

地构造对下成矿作用的控制，主要表现在下列几方面：1.地槽区和地台区成矿作用不同，地槽区下沉期与回返期所形成的矿床不同，而地台区的成矿则主要受断陷的控制。2.深成断裂多形成与超基性岩有关的铬镍矿床，而浅成断裂则多形成多金属和有色金属的矿床。3.在隆起带和凹陷带所形成矿床不同，均对于内生矿床。前者多形成亲石元素及与之有关的矿床。而后者则多形成亲硫元素矿床，如地槽凹陷带多形成钨和锡，而隆起带多形成铅锌等矿床。又如在地台区的凹陷带则多成铅锌矿床，而隆起带则多形成钨锡矿床。对外生矿有关观，隆起带是氧化环境，而凹陷带是还气环境，因此所形成的矿床也不全。4.地槽区的成矿带多成带状，而地台区则环状和片状，此外表现在断裂带的矿区也是成带状的。

总的来说，中国东部地台区的矿产以外生矿产为主，铁矿和锰矿一般分布在凹陷区和半地堑区，例如宣龙式铁矿和蓟县式锰矿，产于燕山单地槽，而宣龙式铁矿和桂平式、宜山式等锰矿则产于南岭单地槽中。宁乡式铁矿也产于井湖凹陷中。华黎式铁矿则产于克明凹陷中。铝矿和汞级中铁矿一般产于地台盖层盆地中。如华北的G层铝土矿与山西式铁矿，产于山西地台，山东地台各凡盆地中。扬子地台的铝土矿和威宁式铁矿也都产于苏大凡盆地中。

中国地槽区矿产则以内生矿产为主，但是北部活化地区，由于岩浆活动剧烈，所以也有内生矿产高的地方。

中国内生矿成矿区，按大地构造特征和成矿时期，可以分为三大矿区，即古生代成矿区，中生代成矿区和新生代成矿区。

古生代成矿区：包括古生代地槽区以及它们之间的中间地块。该区的主要矿产有天山的铜铅锌矿，祁连山的黄铁矿型铜矿，多金属铜矿，秦岭的铁铋铜矿，大兴安岭的铜铁钼矿等。

中生代成矿区：包括中凹地台东部的活化区，横断山南段以及乌苏里地槽区，此区的主要矿产，铜康滇地盾的铁镍铜矿，昆明凹陷的铜铅锌矿，繁龙地台东部和江南地槽的采锑矿，南岭华地槽的钨铅锌铁矿，滇西地槽的钨锑铅锌矿，内蒙地槽和辽东地台的钼铜铁矿，东北地块的铜铅锌矿等。

新生代成矿区：包括喜马拉雅和台湾地槽区，其中重要的矿产是喜马拉雅带南斜的多金属矿和台湾地槽的铜金矿等。

以上三大矿区，并不是严格的划分，例如在古生代成矿区内就有新生代，古生代和前古生代的矿化，而在古生代成矿区也有前古生代和中生代或新生代的矿化。所以在讨论中凹成矿区的时候，除考虑大地构造外，还必须考虑成矿时期。

第二节 华北陆台

一、概论：

(一)、大地构造主要特征：

华北陆台主要特征之一，就是基底古老岩系出露较广，除了淮阳地、秦岭地及内蒙地有广泛分布外，在辽东地台及山东地台，也有大区域的露头，山西地台之五台山、吕梁山及中条山等地区，都有大面积的古老岩系分布。即在燕山准地槽区，也因燕山期的构造变动，使基底古老岩子掀出地表。其分布最宽的是辽东山海关一带，及燕山乌兰峪一带。

华北陆台的沉积盖层，岩相变化不大，发育均一，尤以下古生界海相沉积，广布于内部各单位，常是岩相均一，厚度相仿。但以加里东运动的影响，在中奥陶纪后，华北陆台几乎整体隆起，长期剥蚀，形成明显的风化壳，直到中石炭纪，才又下沉接受沉积。石炭系为海陆交互相，往上到二叠系，陆相逐渐增多，海相逐渐减少，以致消灭。半生州为内陆盆地沉积，但气候条件变化大，时而旱燥，时而湿润。在湿润的时代，则丛林繁茂，成为重要煤瓦地，如下侏罗纪。

华北陆台的岩浆活动，极为频繁。在前震旦纪就有不止一次的花岗岩侵入，如太古代早期的雁门关花岗岩（阴山花岗岩），太古代晚期的峨口花岗岩（寻长岑花岗岩）及元古代的北台花岗岩（香炉山花岗岩）。中生代燕山期的侵入作用，更为广泛。侵入作用在侏罗纪后期及白垩纪后期就有两次。其岩性是以花岗岩为主，因之，常称之为燕山花岗岩，但实际上是两次侵入。侏罗纪侵入的在燕辽准地槽叫东陵花岗岩，在白垩纪侵入的叫八达岭花岗岩。其它岩单位也都是两期。除花岗岩之外，还有中酸性的花岗闪长岩及石英闪长岩，有碱性正长岩及基性辉长岩，不过分布不广，多小型侵入体，但对成矿作用来说，是十分重要的。

(二) 矿产及分布：

华北陆台上的矿产，按地质条件来说，是很丰富的，而实际上确实很丰富。在基底岩系中有丰富的鞍山式铁矿，有细脉浸梁型铜矿，有菱镁矿，还有磷灰石，这都是有很大工业价值的。此外还有刚玉、云母、长石等，都产于基底岩系中之伟晶岩脉。

华北陆台上的沉积矿产不仅是多种多样，而且层位稳定，分布广泛，储量极丰。其中主要的有宣龙式赤铁矿，山西式褐铁矿，民房子式锰矿，石炭二叠纪的铝土矿，还有分布最广，储量最大的煤矿，石油及油页岩也有很大价值。此外，还有寒武纪的磷铁岩，不同时代的石膏，以及分布最广，用途最多的石灰石。

华北陆台上的内生矿产，种类繁多，分布亦广。其中主要为白云鄂博式铁矿及大庙式钛钒铁矿，此外，还有大冶式铁矿，寿王坟式铜矿及热液交代的铅锌矿等，虽然分布零星，矿量很小，但对地方工业的发展，都具有一定的意义。

在地质历史中，矿产的形成，有些时代多些，有些时代少些，这些成矿较多的时代常被称为成矿时代。华北陆台的成矿时代如下：——

1. 外生矿产——铁矿：前震旦纪（鞍山式），震旦纪（宣龙式），中石炭纪（山西式）.

　　　　　　　锰矿：震旦纪（莉县式及民房子式）.

　　　　　　　铝矿：石炭二叠纪铝土矿

　　　　　　　磷矿：前震旦纪（海州式），寒武纪（凤台式）

　　　　　　　盐类：奥陶纪（石膏及食盐），三叠纪（石膏），第三纪（石膏）.

煤矿：石炭二叠纪（苏北型、华北型、淮南型），侏罗纪（鄂尔多斯型、阜新型），第三纪（褐炭）。

油页岩：侏罗纪及第三纪。

石油：三叠纪——白垩纪。

Ⅱ、内生矿产——铁矿：吕梁期（中条山式细脉浸染型铜矿、海城式菱镁矿），燕山期（白云鄂博式铁苗、大庙式钛钒铁矿、大冶式铁矿，及有色金属矿等）。

华北陆台上矿产的地理分布，是不完全一致的，有的广布全区，如石炭二叠纪的煤矿；有的局限一隅，如各种内生矿产。矿产分布与大地构造有密切关系，成矿区域的划分，就说明这种关系。华北陆台的成矿区域，约可分为下列几区：

1、前震旦纪沉积变质矿产成矿区

 1) 燕辽鞍山式铁矿成矿区：包括辽东鞍山及冀东滦县等地。

 2) 山东鞍山式铁矿成矿区：山东半岛胶东地带。

 3) 山西鞍山式铁矿成矿区：五台——吕梁隆起一带。

 4) 胶辽菱镁矿成矿区：辽东半岛及山东半岛。

 5) 苏北——淮阳海州式磷矿成矿区：包括江苏海州及安徽宿松一带。

Ⅱ、外生矿产（可燃有机矿除外）成矿区：

 1) 燕辽锰铁铝成矿区：燕辽准地槽的宣龙式铁矿、山西式铁矿、瓦房子式锰矿及铝土矿。

 2) 山西铁铝成矿区：山西地台的山西式铁矿及铝土矿。

 3) 鲁中河淮铁铝成矿区：山东地台及河南地台上的山西

式铁矿及铝土矿。

4) 淮南磷矿成矿区：河南地台上的风岩式磷矿。

Ⅱ、内生矿产成矿带：

1) 内蒙地质铁铁镍成矿带。基本上是元古代成矿，可能包括燕山期成矿。

2) 燕辽稀有金属及铜铁成矿带：以钼铜为主，有钨及矽卡岩型铁矿⋯

3) 鲁中矽卡岩型铁铜矿带：与燕山期花岗闪长岩有关的矽卡岩型铁矿等。

4) 太行铁铜成矿带：与燕山期花岗闪长岩有关的铁矿。

5) 晋中有色金属成矿带：主要为铅锌矿。

6) 晋豫有色金属成矿带。包括中条山铜矿及豫西铅锌矿、

7) 淮阳地盾太包金属成矿带：与燕山期岩浆活动有关的铜铅锌矿。

8) 胶东多金属成矿带：与吕梁期及燕山期花岗岩有关的金、铜、钼等矿。

9) 秦岭地质汞锑及有色金属成矿带。

（三）成矿规律：

由上述各种情况，华北陆台上矿产的形成，主要是下列两大方面：

1、外生矿产的成矿规律：

1) 在时代上主要是前震旦纪、震旦纪、石炭二叠纪及侏罗纪。

2) 在地理位置与大地构造方面，主要是在地盾及长期隆起的隆起带边缘的沉降区域。陆台上的铁、锰、铝、磷等矿都是在这些地方。如淮阳地盾北缘，内蒙地盾南缘，山西地台上五台——吕梁隆起带

例附近，因为这些隆起地区当时都是古陆，矿质来源地。

3）中奥陶纪灰岩顶侵蚀面上的风化壳是铁铝矿形成的重要条件和标志。

2、内生矿产的成矿规律——

1）内生矿产的成矿时代主要是吕梁期及燕山期，因为在这时都有岩浆侵入作用。

2）内生矿产的形成多沿断裂带，因为断裂带不仅是岩浆侵入的通道，也是各种矿产形成的场所。华北陆台上断裂带的分布，主要在升降不同的构造单元的交界地带，如山西地台与渤海凹陷交界的太行山区，内蒙地盾与燕辽性地槽交界的地带。

3）内生矿产的形成与围岩性质有关，一般是在侵入岩与碳酸盐岩石接融地带。

4）内生矿产的形成与侵入岩的性质及侵入体的大小有关，一般是中酸性的花岗闪长岩小型侵入体的附近多矿产，如山东金岭镇的铁矿等。

二、基底岩系中的矿产：

（一）鞍山式铁矿：

1、概 述：

鞍山式铁矿，主要矿石类型为磁铁矿、赤铁矿，假像石铁矿，产于变质系之绿色片岩中，成条带状构造，一般以贫铁矿为主，即所谓的含铁石英岩，经过次生富化后形成为富铁矿。

鞍山式铁矿，就现在已发现的地区来看，已经很多具有大工业价值的，是辽东地台上的鞍山、本溪、抚顺、辽阳、庙儿沟、矛长岩一带，都有广泛出路，它们都产于太古代的鞍山系结晶片岩中与五台系相当。

在燕山准地槽东段滦县一带及内蒙地盾东段朝阳、阜新一带，五台系结晶片岩中都有鞍山式铁矿。山西地台的五台山、中条山、吕梁山等地，也有鞍山式铁矿。

在山东地台、东北部前震旦纪的结晶片岩中、秦岭地盾及淮阳地盾的古老岩系中都有可能发现。

总之，鞍山式铁矿分布很广，层位稳定，含矿岩层厚度大，矿层多，而且过后期的变质热液作用的地方发生次生富化。所以在我国目前来说还是一个很重要的工业类型的铁矿，佔我国现有储量的50%以上，它对于我国社会主义工业建设起了很大作用（附图）。

2. 矿产叙述：

鞍山式铁矿产于太古代五台系绿色片岩中。根据在鞍山地区的研究，共有六层（据 Ч·Н·别列夫涅夫）。

鞍山式铁矿主要是磁铁矿及赤铁矿，有时有褐铁矿及菱铁矿，产生于石英岩、绿泥片岩及大理岩中相互间夹，组成条带状构造，含时沉理发育与层理不易分清。

鞍山式铁矿有两种：贫矿与富矿。贫矿的品级较低，但经次生富化后，可以成为富矿，具有很大工业价值。鞍山式铁矿的富矿的形成过程，多种多样的，因而富矿的体积大小不等。矿体形态及其铁矿的共生矿物都有所不同。根据目前研究所知，鞍山式铁矿的富矿，约有下列四种类型：

(1)、<u>由贫铁矿经过含铁热液交代富集而生成的富铁矿</u>，它是以磁铁矿为主的，是在高温的条件下生成的，这类矿石，在深部为磁铁矿，致密坚硬，铁矿颗粒较粗。在地表由于氧化条件不同，有的氧化成假像赤铁矿，有的成褐铁矿。与它共生者为角闪石类（黑云母、石英、磁铁矿、角闪石等）及绿泥石类的矿物。矿

体常成脉状，豆荚状的盲矿带，与贫矿有过渡关系，有蚀变矿物

岩系	岩组	鞍山弓长岭地区
震旦纪	上复岩层	砂质页岩和石英岩，泥质页岩和泥灰岩
鞍山系（前震旦纪）	含铁岩组	上部含矿层厚达150～300米： 砂质泥岩及无矿州石英片岩层 第六层铁矿 上部角闪岩及片岩层 第五层铁矿 下部角闪岩及片岩层 第四层铁矿
		中部探沉岩厚度达190米： 石英——云母质片岩及角闪片岩，其中含有三层厚度不大的铁矿。
		下部含矿层厚度达90米： 第二层铁矿 绿泥石片岩及角闪片岩的间层。 第一层铁矿。
	下伏岩组	下部千枚岩层，或者片岩角闪岩，混合岩及花岗岩。

等都说明了这种。富铁矿是由晚期高温含铁热液对贫铁矿进行交代的结果。

这类富矿的另一种是以赤铁矿为主的：是生于较低温度下，主要由假像赤铁矿、镜铁矿组成，有时含有一些脉石矿物，白云母，石英，绿泥石，方解石。围岩为含铁较低角闪石，绿泥石片岩，有明显的白云母化及绿泥石化，有时还有绢云母，滑石，黄铁矿等。这些组成苗脉在走向延长方向与贫矿成渐变

关系，有的还有镜铁矿的石英脉及石英细脉出现。

(2) 由贫铁矿经过热液淋滤而生成的富矿，这类富矿以砆铁矿为主，结构松散，其他特性与砆铁矿类相同。

(3) 与贫矿同时生成，经历了相同变化的砆铁矿及赤铁矿，矿石成致密的透镜体。这可能是最初生成时含铁较多的地方，后来又和含铁较少部分经历相同程度的区域变质作用而成，目前尚无实际价值。

(4) 由贫铁矿经过了下降水溶蚀去矽而生成富铁矿。由鳞筒状赤铁矿，褐铁矿组成，与石英及锰铁矿共生。这类矿石是由地表溶蚀作用，去掉了矽质使铁的含量相对增高而成，目前尚无实际价值。

鞍山式铁矿的<u>原生矿石（即贫矿矿）是在前震旦纪大地槽发展过程中沉积而成的</u>，后来经历各次运动的区域变质作用（有多花岗岩化作用）及其有关的热液作用，而成的富铁矿。由此可见，鞍山式铁矿的形成，是经过两个阶段：沉积及次生富化。

① 鞍山式铁矿的沉积：

鞍山式铁矿有的产于石英斜长角闪岩，有的产于粘土质的千枚岩中，有的产于绿泥石、角闪片岩中；也有的产于矽质的变石石英化麻岩等岩石中，就可看出，当时是在大地槽内较浅海水的不同地区沉积的，有的是在大陆边缘的可能还有火山的喷发，火山物质也同时沉积，铁质来自周围高地，岩石被浸蚀风化后，铁质形成胶溶液随河水带到海里，沉积而成。

② 鞍山式铁矿的次生富化：鞍山式铁矿具有工业价值的富矿，大部是经过了次生富化作用，但以其生成的地质条件不同，大致有下列三类：甲、由贫矿经含铁热液交代富集而成；乙、由贫矿经热液淋滤而成；丙、由贫矿经天水溶蚀去除矽质而成，其中以第一类，为最主要。

中国主要矿产及成矿规律

3、成矿规律：

鞍山式铁矿的分布规律，主要是在华北陆台的若干地台地盾的五台系的绿色片岩中，受东西构造线所控制。它的分布，从山西地台向东到山东地台，或辽东地台，或是南从秦岭地盾到北到内蒙地盾，凡是五台系、绿泥岩系出露地区，都有可能找到鞍山式铁矿。

在地盾及地台上含鞍山式铁矿的五台系出露的规律，主要是在一些背斜构造或隆起地带，以及褶皱断裂强烈之地区。至于沉来沉铁的古地理环境，因为强烈的构造变动及变质作用，目前还不能恢复。因之，现在找矿的标志，主要是五台系发育地区。

鞍山式铁矿，是由贫铁矿经过含铁热液交代作用富集而成的。其主要地质条件有下列四个：

（甲）、以贫矿为基础，进行交代与富集；

（乙）、与富矿生成大致同时，或较早的构造破坏带，控制着富矿生成的部位，因为这些断裂是矿热液上升的通道，或者是含铁热液富集的场所；

（丙）、要有距离不远，可能与含铁热液活动有关的花岗质岩石或由花岗岩化生成的混合岩，因为有些富矿就生于花岗岩化地区的边缘，可能热液中铁质的来源与花岗岩有关，也和花岗岩化有关。

（丁）、易为含铁热液所交代的石英斜长角闪岩的存在是一个有利于富矿生成的良好条件，因为在角闪岩的交代蚀变过程中，有钙、钠的析出，相对地增强了热液的酸性反应，促进了铁质交代变质的作用。

总之，对于鞍山式铁矿的成矿分布规律，首先是有五台系的绿色片岩的广泛出露，而这种地区主要是在地台上的隆起地带，或为背斜构造的轴部，如辽东地台的铁岭背斜及燕山佳地槽的马兰峪背斜等，或是在地台区，长期隆起区，如山西地台的五台山，中条山及吕梁山等。其次须适度的构造条件，作为次生富化的基础。

以上四个地质条件的综合佳识，可以作为今后找富铁矿的找矿标志。在应用时必须全面考虑，不能片面强调某一。

参考文献

1. 程裕淇：1957：中国东北部辽宁、山东等省前震旦纪鞍山式条带状铁矿中富矿的成因问题。地质学报 37卷2期 P153～177。

2. 李春昱：1951：辽宁鞍山樱桃园至眼前山铁矿地质。普查勘探二类报告 第一号。

3. 郭 杰：1957：对我国辽东半岛西部鞍山一带状铁矿石类岩的新知识。地质知识 3期

4. 冯树勋：1958：辽宁南部鞍山式铁矿类型的划分后，其勘探方法。地质与勘探 21期

5. 朱龙铬：1957，鞍山铁矿中富矿生成的几个地质问题。地质与勘探 11期。

6. 1959，中国地质学讲义。成都地质学院地古教研室编

7. 1958，祖国矿产资源简介。地质月刊 1期。

8. Я.Н.别夫采夫，对鞍山地区普查富矿的一些看法。

9. 1958，山西省经济资料第一分册地质矿产部分。中共山西省委调查研究室编

10. 谢家荣：1956，中国矿产分布规律及其预测。地质知识 8期

11. 边效曾：铁矿的普查与勘探。

12. 程裕淇：1953，对于勘查中国铁矿问题的初步意见。

地质学报　33卷2期．

(三) 菱镁矿：（未找到实际资料，故写得很简单）

东北辽宁省大石桥的菱铁矿床，是一个很大的矿床，它是在辽宁地台上，矿床规模巨大，是结晶质的菱镁矿。这种矿床在山东地台上也找到有同类矿床。

矿体产于前寒武纪的辽河系变质岩中，上下部为千枚岩层，矿体产于中间的白云母石灰岩层中。

围岩都为白云变质岩，白云岩，有强烈白云岩化，它与矿体有过渡关系，矿体成层状，透镜状，脉状。

矿床成因是由热液交代了白云岩而成的菱镁矿。

共生矿物为白云岩、滑石、流纹石、方解石、白石、石英、黄铁矿，方铅矿等 可综合利用。

分布于大的背斜构造的一翼，由辽河系组成，有规模大的走向断层及横断切矿体。

(四) 磷灰岩：

1. 概述：

华北陆台前震旦纪基底岩系中的磷灰岩主要分布在江苏新海连市锦屏山及安徽宿松等地，规模较大，具有重要工业价值，对我国高速度的发展农业，迅速的提高单位面积产量，是很重要的矿区。

这类矿床的矿石，主要是粒状、稳状氟磷灰石，它的共生矿物以白云石、方解石、石英为主，其次还有云母、石榴石、黄铁矿等。矿体呈层状产于石英片岩，云母片岩，大理岩中，而磷灰岩常与大理岩组成互层，其时代有太古代及元古代，这类矿石是由沉积之后变质而成。

基底岩系中的沉积变质的磷灰岩矿，就目前所知，只有上述两个矿区，锦屏山磷矿在山东地台的东南边缘，两省松磷矿在淮阳地盾的南缘。总之，磷灰岩的大地构造特征，是分布于地台或地盾的边缘。（附图：）

地层综合柱状图（ 苏省海州锦屏山 ）

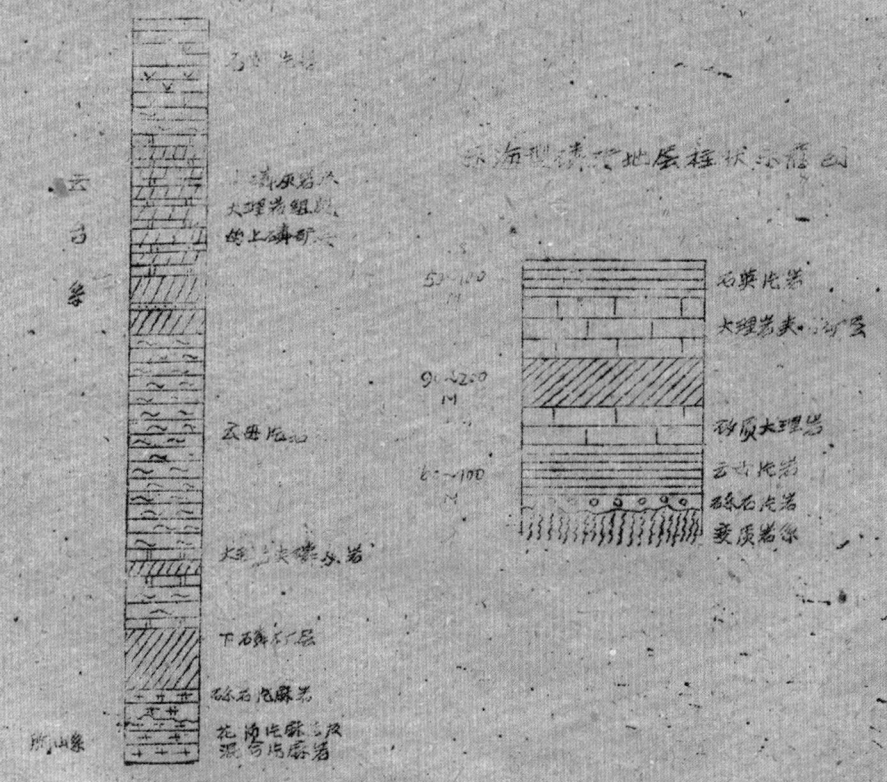

东海型锆石地层柱状示意图

2. 矿产论述：

(1) 矿石的特征：变质类似沉积型矿床，其矿石主要为碳酸盐——磷灰石矿石，含磷灰石、方解石、白云石、石英共生。其次为含锰页岩条带状矿石，菱锰矿夹薄层的白云牙磷灰石。

矿石为晶质、细晶质、粒状及接状磷灰岩，这些矿石成薄层状，及少数的透镜体，间夹于大理岩层中，其上部都为石英片岩，而下部多为云母片岩，最底都有一层不厚的砾石片岩。

(2) 矿石的次生富集：磷灰岩经风化作用后，地表矿石的含磷品位发生变贫或富集作用，这对于矿床的普查与勘探及评价有很大的影响。如锦屏山有的地区地表富集，有的地区则地表变贫，就是由于风化作用结果。矿石中Ca和Mg被淋失而磷仍富集。其变化规律，矿层围岩为碳酸盐时，经过风化后矿石品位提高，若矿层围岩为页岩时，风化后矿石品位就降低，但其下常为次生富集带。

(3) 矿床成因：

① 这类磷灰岩矿床，原始属沉积矿床，其沉积环境属于半局限性的陆缘浅海或泻湖，开始沉积了底部砾岩层，而后才沉积磷块岩。最后沉积了锰磷矿层以后页岩。磷灰岩中磷灰石颗粒都是由粗到细，以及伴生的岩石，都证明是大陆边缘海相沉积。

② 磷灰岩沉积以后，经过了长期深埋地下，在高压后高温的作用下，岩石组分发生了变质，及重新排列，就由磷块岩成为磷灰岩。

3. 成矿规律：

因为这类矿床是前寒武纪沉积，而后经过变质的，所以对这类矿床的找寻，应沿以下几个条件进行追索：

(1)、在地层规律上，找太古代或者上元古代的变质岩系，山东的方台系，或者与它相当地层，具体就是找大理岩，石英云母片岩等。

(2)、构造上的规律，应该着重地台的边缘，山东地台东部。

到西比的淮阳地盾的南部边缘进一步去找寻有前寒武纪岩石出露地区。就是在山西五台的前寒武纪岩石中也发现了含磷地层。所以今后着眼在地台、地盾的边缘隆起区，当然这些地区，必须还是受了剧烈的造盖加強烈的地区，找寻变質岩系磷矿床希望是比较大的。

（3）变質磷灰岩矿床，往々出现于火成岩组成的两个小山之间的凹陷，低凹地带。

参考文献

1. 1959， 中国磷铁岩的形成特点矿石类型地远景评价。
   中国科学院地质研究所沉积室磷矿组。

2. 刘之远：1957， 中国沉积变質类型的磷灰岩。
   地質学报 9月 37卷3期

3. 1958， 矿产资源简介（磷）
   地質月刊 3期

4. 非金屬矿产工业类型
   石院 56年

5. 地質集刊
   1959 第6号

中国主要矿产及成矿规律 ～19～

(二) 细脉侵染型铜矿

1. 概述：

华北陆台上的细脉侵染型铜矿，现仅发现于山南地台的中条山，主要产于前震旦纪滹沱系中，其次为下震旦纪倒安山岩系，与前震旦纪花岗闪长斑岩的侵入作用有关。

中条山区的细脉侵染铜矿，远景颇大，初步估计，可成为我国有色工业基地之一。

2. 矿产叙述：

(1) 地质情况：

中条山细脉侵染铜矿主要产于元古代中条群变质岩中，其岩性约分三部：下部主要为结晶片岩，中部为石英岩、大理岩及片岩，上部为石英岩。中条群变质岩曾遭受强烈的构造变动与岩浆侵入，而与铜矿的生成有密切关系是横岭关花岗岩。成岩基石积达500多平方公里。花岗岩为粗粒到细粒，有时呈斑状，其最大长石斑晶达1公分，边缘部分有片麻构造。花岗岩侵入于中条群绢云母石英片岩系内的变质花岗闪长斑岩中，铜矿主要产在变质花岗闪长斑岩层中，一般沿倾斜的裂理，呈细脉状染状。

中条山铜矿峪及胡家峪一带，此外，在绛县、闻喜、解虞、平陆、夏县、安邑，以及河南省济沅县、都有矿点，各地区远景如何，尚在研究中。

(2) 矿床概要：

中条山铜矿以细脉侵染型为主，其矿石主要为斑铜矿体生力、辉铜矿、夜黄铁矿，其次为斑铜矿和微量的辉铜矿及少量的磁铁矿、矾铁矿。脉石为石英、绢云母、白云母、黑云母、绿泥石、方解石，局部有尚易石及电气石。

矿体呈板状，厚度较稳定，平均厚度达100多公尺，含矿率达78.8%，而且品位很高。

矿床成因：根据共生矿物分析，矿床亚为高温与中温的热液矿床，而以中温热液为主要成矿期。

3、成矿规律：

中条山细脉侵染型铜业产于元古代变质岩系中，与元古代晚期的花岗岩有成因上的密切关系。而中条山又山西地台上长期隆起的台凸。由此反过来推论，中条山细脉侵染型铜矿的成矿规律，有首先就是地台上长期隆起的台凸地区，其次为元古代变质岩系的存在，最后但最重要的是元古代晚期的花岗岩侵入体，这三个条件完全具备的地区，就是细脉侵染型铜矿形成的地区。依照这一规律，山西地台上的五台台凸，及吕梁台马部有可能发现此类铜矿。此外，其它地质区域，如有同样地质条件，也同样有发现的可能。

参 攷 资 料

中共山西省委调查研究室　1958　山西省经济资料
　第一分册。

王植、闻广　1957　中条山式斑岩铜业
　地质学报　37卷1～4期

郭文魁、傅同乘　1959　我国铜业工业类型及
　分布规律　地质月刊　1～6期

郭文魁、傅同乘　1958　我铜业工业类型及分布
　规律　地质月刊　12期。

中国主要矿产及成矿规件

三、外生矿产

(三) 山西式铁矿：

1. 概述：山西式铁矿产于中石灰系底部，奥陶纪石灰岩的侵蚀面上的赤铁矿和褐铁矿。在华北陆台分布很广。层位固定，凡石灰系灰岩与奥陶系灰岩并存的地区，都有山西式铁矿的分布。山西式铁矿一般厚度不大，概不规则，呈透镜体状富子矿，而且品位变化亦大，只具地方工业价值。

2. 矿产叙述：山西式铁矿的赤铁矿和褐铁矿，一般受矿体不规则，多呈团块状或袋状结构，所以俗称窝子矿。

山西式铁矿的成因，一般认为是由于中奥陶纪之后，大陆上升，华北陆台当时处在热带或亚热带气候，地面上风化侵蚀作用强烈，中奥陶纪石灰岩进行着红土化作用，铁和铝的氧化物形成残积风化壳，后来到中石灰纪初期的海水侵入时，这些氧化物就变成胶体矿物沉积下来。大致由于比重的不同，铁及铝似氧化物就分层沉积，氧化铝在上，含铁较少形成铝土页岩或铝矾土，含铁较多者就形成山西式铁矿。但另外也有人与人认为山西式铁矿完全为沉积铁矿，而非残余铁矿。其理由是根据下列事实：①铁矿本身与下状石灰岩的界线分明，毫无过渡迹象。②铁矿具有豆状、鲕状结构。③有时铁矿结构中有植物化石。山西式铁矿分布范围很广，主要在山西省，据不完全的统计，全省有80多个县分布有这类铁矿，其中尤以晋城、阳城、阳泉、高平、沁水、平顺、垣曲、盂县、寿阳、阳曲、临汾、河津、保德、中武浸太原的东西小等地其量较富。总储量约为千几多万吨。此外，河北、山东等地，也都有分布。

最近还有人认为山西式铁矿是沉积黄铁矿，以化后的产物。

3. 成矿规律：山西式铁矿的成因，虽然尚有争论，但它的层位是在奥陶纪灰岩侵蚀面上，层位稳定，标志明显，在华北陆台上石炭二迭纪现 地区，中石炭系底部或中奥陶系灰岩碛凹上，均为找到。按现在所知道后，分布很广，在山西、河北、河南、山东诸省，均有只分布，对地方工业的发展，具有很大意义。

参考资料

中共山西省委调查研究室编 1958 年山西省经济资料第一名册礼兴等 1959 年，对山西式铁矿的几点新认识，地质论评 5 期真九戌 1956 年，虔铝土廿的地质时代问题讨论，地质知识 12 期。成都地质学院 1959 年，中国地质学讲义。

(四) 铝土矿

1. 概述：

华北陆台的铝土矿层，产于中石炭系底部，即所谓即原铝土廿。龙和山西式铁矿一样，位于中奥陶纪石灰岩之上，在大同一层位内，除了碳酸锰、碳酸铁或球状石灰岩之外，也未曾发现任何较粗的碎屑性岩层；其成矿时代一般认为中石炭纪或上石炭纪早期。

华北陆台上的铝土矿，分布很广，多在台背斜隆起边缘盆地中。华北陆台上如：在内蒙地盾南缘，东起辽宁经北京附近、山西北中、陕西中中北中至内蒙狼山一带，鄂尔多斯、济南平沂一带，以及秦岭地轴东侧和淮阳地盾北侧，其中以辽宁、山东、河北河南等省产地最多，品位较佳，规模亦大。

2．矿产叙述：

华北陆台上的铝土矿，层位很多，自石盒子系上下的铝土矿层起，依次往下数，共有七层之多，其中中奥陶纪马家沟灰岩之上的一层，是最好的一层，名之为G层铝土矿。分布最为广泛，储量亦大，为主要的铝土矿层。

G层铝土矿，产于中奥陶纪马家沟灰岩侵蚀面之上，常与山西式铁矿共生，如果山西式铁矿有，则成紫红色页岩位于头上。其上亦有杂色铝土顶岩。其层序关系，自下而上如下列剖面：

①中奥陶纪灰岩。

②紫红色页岩：有时向下呈或黄色，也有时含铁矿较高。局中有铝土矿之团块，其厚度变化亦大，一般在中奥陶纪灰岩侵蚀面上凹陷中分厚度较大。

4．铝土顶岩 3．铝土矿
2．紫红色页岩 1．灰岩（O_2）

（根据竞庆宣）

③铝土矿层：根据岩相构造的不同，可分为两种，即致密坚成铝土矿及粗粒状铝土矿，一般前者位于下中，后者则在上中，但有时后者位于前者之下。二者分布亦不齐，如支何

不可相交为致密成铝土质页岩。

④杂色铝土页岩：以灰、灰白、暗色为主，局部为铝土质，岩或铝土质页岩，层理发育，易风化而破碎。

华北陆台经加里东运动，隆起为陆地，又经过长期风化剥蚀作用，使地表俯存了大量的氧化铝，从而为铝土矿沉积形成创造了前提。

在中石炭纪海侵达到的地区形成了中石炭纪铝土矿床，在中石炭纪海侵未能达到的较高岭的地区，在上石炭纪海水侵进时，自然也可以形成同样的矿床，如内蒙和华北某些地区的上石炭纪G层铝土矿皆是。

董于中、上②二统界于其定合层铝土矿（或粘土岩）及其分布的情况，可列述如下：

①在中石炭系底下有厚约一公尺的砂质岩页岩之上有下层粘土矿，见于辽宁本溪两处。

④在中石炭系上中门灰岩之下有一层粘土矿，出露于本溪等地区。

③上石炭系黄旗统底下及上下石有一层铝土质岩，此为层与C层，均在本溪地区出露。

②二叠系底下有B层粘土矿，有时为铝土矿，分布于辽宁和山西等地。

①在二叠系底下，威山西统顶下将有A层粘土矿，本层在个别上这达到粘土矿 径，分布于辽宁半岛及山东中鲁地区。

G层粘土矿的矿物成分，以水型铝土矿为主，其成因尚需进一步探讨，区一型铝土矿可能是沉出矿物；但以其所分析代较老，经多种造山运动影响，故亦可能为三型铝矿脱水而成。

矿石中含铝，成份高，而含铁较低，铁与铝之比值水一小中国主要矿产及成矿规律　—25—

一般是在水溶液含磷值较高的情况下生成的，如河南铝矿，即以白云母为胶结物。

我国铝土矿，普遍含有分散元素（Ga）及锗（Ge），已达到综合利用标准，某区矿层中还含有较大量的放射性元素铀（U），因此，可大大提高铝矿床的工业价值，今后在勘探铝土矿时对稀有分散及放射性元素应特别加以注意。

3、成矿规律：

华北陆台铝土矿的分布极为广泛，除了地盾区外，几乎各个大地构造单位上均有分布，但在燕山运动之后，普遍发生扭曲与断裂，隆起后的部分，已被剥蚀作用去掉，所保存下来的部分，都潜伏在石炭二迭纪地层之下，因此，铝土矿分布的规律，就与现在的石炭二迭纪地层有密切关系，即为铝土矿出露之区。

参攷资料

甘燊涓　1959．　我国北方白垩铝土矿的地质时代问题的

黄庆歳　1959．　怎样　勘探
　　　　　　　　　地质与勘探１期

矿物原料研究所地质　有色金属组和非金属组
　　　　　　1958．　我国的铝土矿　９月12期

张兆夏　1956．　山东铝土矿的地质时代问题讨论
　　　　　　　　　地质知识，10期

（二）宣龙式铁矿

1、概述：

宣龙式铁矿生于震旦系下部，层位相当于长城石英岩及串岭沟页岩之间，为海滨沉积，铁矿的生成和分布主要受古地

理和大地构造的控制。宣龙式铁矿的标准产地为宣龙区、宣化、龙关、怀来、延庆一带。其大地构造位置位于燕山准地槽，在震旦纪初武陵山地槽的西下形成一海湾，在那里沉积了这种铁矿。

2. 矿产特性：

宣龙式铁矿产于震旦系下亚层。层位稳定，地理分布上可分为南北两带：北带西起怀来，经宣化、龙关、赤城至滦平；南带西起涿鹿经怀来至龙关。此外，在古北口一带亦有发现。宣龙式铁矿为大型状式鲕状铁矿，此带含铁量较低，平均25～35%，矿产分层稳定（图1）。大兴区所下铁矿为地下开采的，在宣龙区分布较广，矿数很大（图1），经济价值较大，为目前工业采矿对象。

宣龙式铁矿在华北地台上其它地区亦有发现，在山西北台五台山地区被鹿、刘屏一带，沿线走路约长数十公里，一般分层1～3层。含铁量较低，可分布较广，但其中有一层厚约之公尺，含铁较高。此外，安东至新地台西缘贺兰山地区及东此下震旦胜地区都有发现。在河南豫西伊洛地区、太山东北及鲁中地区均有报导。

3. 成矿规律：

该矿分布广，产于河北、辽宁、山西、宁夏、河南、山东等省，产于震旦纪下亚层，为浅海沉积产物。铁矿的形成与分布规律主要受古地理及大地构造所控制。

表2. Sn纪地层含层位

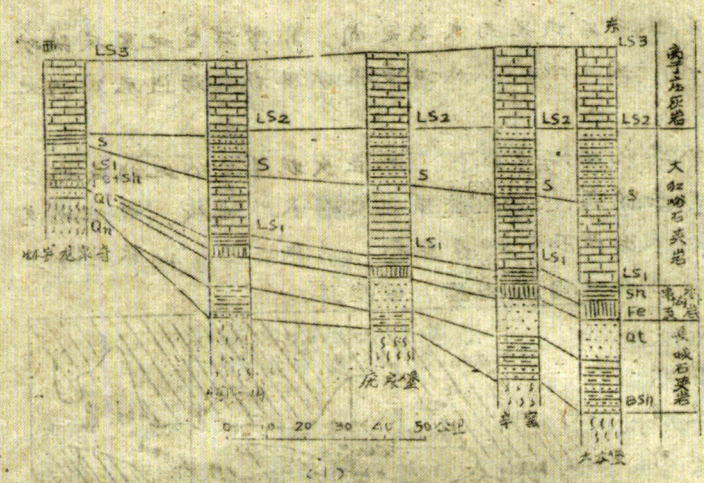

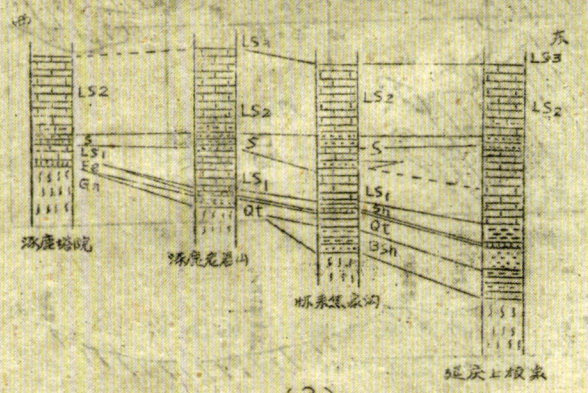

(2)

宣龙区震旦纪下部地质对比

(1)、北带宣龙式铁矿对比盆
(2)、南带宣龙式铁矿对比盆

① 靠近当时侵蚀地带，特别是较稳定的洞湾地区是形成宣龙式铁矿的适宜地带。因此今后的找矿之域除宣龙区外我们以为更应该用古地理方法来找寻新的海湾地区。

③ 铁矿生于石英岩与灰岩之间，非常清楚地显示铁矿生于海浸广厚中。因此我们以后带亦找矿要在有海浸层的地带。

④ 一下寒武纪海浸所形成，亦在长期隆起的地盾或地台上长期稳定后含山破线。（如内蒙地块 秦岭地质 值但地区）如山西地台上例冬台台凸、中条台凸、吕梁台山 山东地台上的胶东台凸 及县东北台上的营山台凸等。

③ 一般说一于盆地浅积铁矿的地区 要在靠边缘于陆的一边 才有后层 铁矿阶凡积如 宣龙区此样。
（图4）

⑤ 宣龙式铁矿岩相的变化是 最低下的矿层 多为肾状，上面的矿层多为鲕状，同剖间长矿的变化大不犯它，此外 又似有由鲕状本铁矿间渐必逐渐变为灰铁矿的可状（图7），因此在盆地中心 可能因岩相变化关联，铁矿浙或的品位较低的贫似矿与其他 铁成地去矿石 因此有价值的铁矿应位于沉积盆地以象海水少不太成的地方，太深

中国主要矿产及成矿规律 ~29~

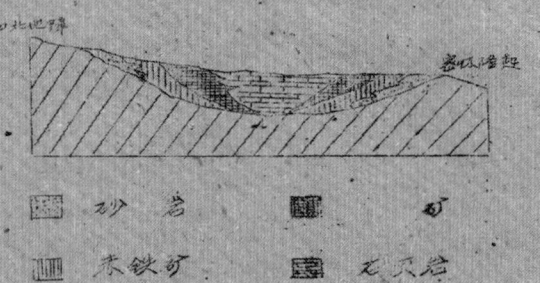

图7 铁矿条件变化示意图
（据章尚礼）

可能变为黄铁矿和黑
色泥灰岩。太浅不
行：①它只一则矿层
不厚及弱，二则可能
风化未成，岁，因新
破碎不成矿。
②要注意这矿
这内的构造性质，边缘
破碎部分一般质差又
破碎，难有价值铁矿；但在一些直立倒转或飞来构造区，
有未破坏较完。实际影响不大，反正仍有价值均好保存（图5）。

参 考 资 料

1. 聂南庭 1956年 昆龙区大地构造与铁矿
   地质知识10期
2. 李庆荣、廖大从 燕山山脉寒武纪地层及寒武纪沉
   积矿产
3. 中国若干沉积矿床的成床·规律
   黄懿鉴 1954年 地质知识第5期
4. 叶连俊 论中国沉积矿床的若干形成特点
   地质科学 1959年 10期
5. 中国地质学讲义（成都地质学院）1959年 11月
6. 俞德湖 1959年 中国地质学

— 30 — 中国主要矿产及成矿规律

瓦房子式地质构造剖面图

蓟县式锰矿和瓦房子式锰矿

1. 概述：

华北地台上的锰矿主要是震旦纪蓟县式和瓦房子式两大类。

中国主要矿产及成矿规律 ~31~

型。其中蓟县式锰矿产于震旦纪高于庄层下ロ，属海进层底产物。本类型锰矿为沉积区域，仅限于燕山准褶皱南卩，已知矿点分布于遵化、蓟县平谷一带及淶水房山县间。在马兰峪背斜以南的相当层位中，除含锰页岩及含锰白云岩沉积以外，未见有富矿沉积。而瓦房子式锰铁矿，产于震旦纪铁岭灰岩下卩。已知矿点分布在巨平朝阳至河北迁安间，略呈东西向，延长达300公里以上。于燕山地槽北卩，马兰峪背斜以北，关于本类型铁锰矿的沉积环境，某些文献列为海退沉积，这是分析整个震旦纪剖面而有的结论。但根据申戈美仔细研究了震旦纪所发生的每一次海侵时期及其沉积物以后，认为铁岭层本身具有比较完整的旋回现象，因而提出本类型锰铁矿是在铁岭期海浸初期沉积的，仍属海进层底产物。

华北地台在震旦纪时，位于内蒙地盾与辽东地台和山西地台之间的燕山冀准地槽，为一狭长的海峡，而这海峡中间有许多地段隆起使凹陷不一致，甚至于形成很多海湾，瓦房子式锰铁矿和蓟县式锰矿就是在这些海湾地区沉积的。

2．矿产叙述：

① 蓟县式锰矿：蓟县式锰矿产于上震旦纪高于庄灰岩下卩（图7）。含锰岩系之下为灰色燧石灰岩及砂质页岩，其上卩为白云岩及白云岩。含锰岩层厚50~120公尺。为钙质及砂质燧石灰矿层及含锰白云岩。其底卩及顶卩为含锰灰岩。锰矿层之上下则为黄紫色含锰砂质岩与岩酸盐岩。其含锰矿四层。上层矿较稳定，略成层状，其余二层有无不定，呈透镜状，矿层厚度均薄。矿石结构致密，锰矿物为软锰矿及块状硅锰矿。根据华北地质局川队研究，矿石属于生氧化物矿石，矿石含Mn=8% 左右。

② 瓦房子式锰铁矿：瓦房子式锰铁矿产于上震旦纪铁

灰岩之下作（图8）。含锰岩系之下为灰色燧石石灰岩及黑色页岩，其上则为各地最以下寒武纪底砾岩。含锰岩层厚20~30米，为褐肝色含锰白云岩，炭黑色页岩及粉砂岩等互层，页岩中偶夹燧石层。其含锰三层，上层矿有无不定，其余二层稳定，均由小透镜状矿体所组成。矿层无论在水平及垂直方向均有碳酸锰矿与氧化锰矿互变现象。碳酸锰矿及原生氧化锰矿均为致密块状，具鲕状及豆状结构，颜色内浅灰色。次生氧化矿石则为疏松状或为棕黄色粘土。矿石含Fe较高，以锰铁矿石为主。碳酸盐矿石主要为锰方解石，次为含铁菱锰矿。矿石品位Mn 15~18%，Fe 10~18%，SiO₂ 17~23%，CaO+MgO 8~15%。原生氧化锰矿矿床以水锰矿为主，矿石品位Mn 20~30%，Fe 12~18%，SiO₂ 22~27%，但者分布区较小。

这种类型铁锰矿石的质量变化很大，自东向西，锰的含量逐渐减少。如在朝阳一带，Mn与Fe的含量约相同，中下凌源李家一带，Mn含量下降到16%，而到兴隆、怀来、延庆一带，含Mn量下降到2~5%。随着锰铁含量的变化，自东向西，含矿底的岩石性质也有显著改变。例如朝阳、凌源一带含矿层主要由页岩组成，但在兴隆、怀来附近，含矿层逐渐为白云岩所代替。

③ 锰矿的沉积特征：含矿岩层常位在沉积间断面上，而其生岩石以细粒碎屑岩及砂质灰岩和其它砂质岩为主，往往有黑色页岩及岩质顶岩伴生，并含黄铁矿。少数矿床在矿层上下围岩中含有海绿石。

三、成矿规律：

锰矿的形成，是由于含锰岩石经过长期风化分解，形成风化壳，再经溶蚀搬运与沉积而成锰矿。因此，锰矿的沉积条件

中国主要矿产及成矿规律　～33～

（甲）沉积间断期，（乙）近海古陆，（丙）温湿气候，（丁）近岸海湾。

（甲）沉积间断期是锰矿形成的主要条件之一。锰元素在地壳岩石中平均含量不过0.1%，在已知含锰层位之下，很少见到有锰成份较集中的岩层作为矿源的锰质来源。因此，外生锰矿的形成，必须在一定长期化学风化，首先由矽酸盐矿物中分出锰质，再经溶蚀、搬运，集中沉积而成矿层。因而沉积间断期是外生锰矿生成的一个重要条件。

（乙）近海古陆应是锰矿沉积物质来源。别像硕金指出："海成锰矿在成因上与氢化矽的成水化胶质沉积有关，锰质是溶解在胶浴液中而被带进海水中再行沉积的"。因此可以推起来末以前在基岩中的锰质经过不断地风化与剥蚀，形成胶质溶液，搬运到沉积海地区而生成。

（丙）温湿的气候是锰矿沉积的另一个条件。含锰矿物的分解要有一定量的水分及温度，以促进化学风化的进行。温湿的气候就形成必要的条件。因为在温湿气候条件下，有机物得到大量繁殖与死亡，由而产生大量的有机酸、腐植酸和硫化盐等强烈溶剂，促进了含锰矽酸盐和其他矿物的分解，形成锰铁胶质溶液。

（丁）近岸的海湾是锰矿沉积的场所。从锰矿形成时期的古地理图上，明显地看出，含锰地层多分布于海盆地与古陆的交界地带，虽靠岸区近之别。但却是在陆相浅海的海湾中，这也充分地反映在锰矿多于以细粒碎屑岩、钙质灰岩和白云岩为主的岩层中。

根据华北陆台震旦系沉积的情况及已知锰矿的分布，燕山准地槽及其东延部分的太子河流域及其西部分的鄂多斯台北缘等，均有发现锰矿石可能。

参考资料

1. 李家骤、刘佑铠　中国外生锰矿地质的初步探讨
　　　地质学报　1956年第32卷4期
2. 申庆荣　华北锰矿的成因类型及普查找矿方向
　　　地质知识，1957，12期
3. 袁见齐　中国若干沉积矿床的一般规律
　　　地质知识1954、5期
4. 申庆荣、盛心从　燕山山脉震旦纪地层及震旦纪沉积矿产
5. 叶连俊　论中国沉积矿床的若干形成特点
　　　地质科学 1959、第10期
6. 中国地质学　余德渊著
7. 中国地质学讲义　成都地质学院地古教研室编

三、煤矿

1. 概述：华北地台煤矿总储量佔全国的80%左右，是我国的主要煤产区。其中尤以山西地台为最多佔50~60%，其次为鄂尔多斯地台，佔22%以上，除秦岭地槽外，其他各单元都有分布。

华北地台煤的形成主要有上石炭纪（C_2C_3P）二迭纪、侏罗纪及第三纪，尤以石炭二迭纪与侏罗纪为最重要。例如开滦、淄博、太原、穿登、阜新等都是上石炭纪的煤田，可拉马椅平顶山及淮南都是二迭纪煤田，侏罗纪的煤田主要有陕北、大同、包扬子、内蒙潮、阜新煤田。第三纪主要是抚顺煤田。

华北地台上的煤田完全是地台型，但其时代不同，出现煤盆地的情况也不同。上石炭纪的煤田：都是滨海内陆盆地，二迭纪煤田一个分是内陆盆地，一个分是地堑盆地，如太行山、

中国主要矿产及成矿规律

括乌撒煤田，而侏罗纪大部分为内陆盆地，也有部分断陷盆地，第三纪抚顺煤田为地堑盆地。

2. 矿产叙述

华北地台的煤矿，地质及地理的分布是很广的，在时代上有上石炭纪、二迭纪、侏罗纪及第三纪。上石炭纪煤田中煤层的多少厚薄，都是很不一致的，如山西地台太原附近煤田煤层有5～7层，总厚8公尺多；而河北开滦煤矿有12～14层，平均总厚度达24公尺之多；且日本澤煤田有17层之多，可采者8层，厚度自0.6～3公尺不等，平均总厚度在15公尺以上。二迭纪煤层主要分布在陕西南部，淮南煤矿是最大的煤地，煤层有十层，均在1公尺以上。其次为河南宝丰县及禹县一带，煤层2～4层，每层厚1～3公尺。大青山二迭纪煤田，是蒙地缘上的断裂陷盆地，煤层很少只1～2层，大部分达可采厚度，一般较薄。最大的侏罗纪煤田为鄂尔多斯地台上的陕北煤田，面积很大，在宜君县底只一层煤，厚有3～4公尺至7～8公尺，最大厚度有达10公尺以上者。山西大同煤田亦为侏罗纪，煤层17，可采者7层，为大同煤田之主要煤层。北京西山门头沟煤田含煤13层，可采者6层，厚1～3公尺。旦守年新北票等煤矿，属上侏罗纪，有煤层2～9层，厚0.5～3公尺。抚顺有第三纪褐煤。

华北地台上煤矿的地理分布：除了康滇地轴上没有煤矿之外，其他单位都有分佈。尤其石炭二迭纪煤田，一直分布到内蒙地盾上面。侏罗煤田是内陆盆地堆积，范围大大缩小，其中以鄂尔多斯地台上的陕北煤田为最大。第三纪煤田只辽东地台上的抚顺煤田。

石炭二迭纪煤田分布如此之广，其具体情况也不尽同。根据成煤盆地性质及大地构造关系，可分为下列三种类型：

(1) 华北型——这是一个滨海陆缘盆地，其成煤时期太原世及山西世，其中以太原世为主，在太原世时是海陆交替为主，而在山西期完全为内陆湖盆。这类煤田主要分布在陆台的北部，包括燕辽准地槽、辽东地台、山东地台、山西地台及鄂尔多斯地台，渤海凹陷也可能有分布。其中主要煤田：开滦、本溪、淄博、枣庄、太原、沁水、同煤、阳泉子、石咀子等。这类煤田的煤质，虽然各煤田不完全一样，大部都是很好的烟煤，可以炼焦，供冶金及其他工业用。

(2) 淮南型——也是一个滨海陆缘盆地，成煤时代为太原世至石盒子世，以山西世及石盒子世为主。太原统是海陆交替相，而山西统及石盒子统则完全为陆相，分布地区限于黄河以南河南地台上。其中主要煤田：淮南、平顶山、禹县、嶒崖等。煤质为低费烟煤，适用于燃烧锅炉及制造煤气等。

(3) 西北型——是地质上断陷盆地陆相沉积，以含铁岩层较多为特征，成煤时期主要是二叠纪，仅见于内蒙地质中段大青山地区，煤质为半无烟煤。煤层少，储量小，价值不大。

侏罗纪煤田主要分布在陆台北部，以鄂尔多斯地台上的陕北盆地为最大，其他范围较小，但也是重要煤田，如山西地台上的大同、宁武，燕辽准地槽区的门头沟、北票、阜新，内蒙地质上的石拐子，贺兰山的汝箕沟，山东地方的坊子等煤田。所有地台区的煤田都是下侏罗纪，而内蒙地质及燕辽准地槽区的煤田，西部是下侏罗纪，往东逐渐变为中、上侏罗纪，如北票煤田就是中侏罗纪，阜新煤田是上侏罗纪。侏罗纪煤田的煤质不一，有无烟煤，如贺兰山汝箕沟煤田，有半无烟煤，如京西门头沟煤田，山东坊子煤田等，也有烟煤但不能炼焦，如山西大同、宁武煤田等，也有煅炭，是一种家庭燃料，如鄂尔多斯地台西缘石洲驿、燕辽准地槽西端蔚县等地。

第三纪煤田，主要是辽宁抚顺煤田，是内发地质上的地堑盆地堆积，有煤层，至少在，公尺多厚，储量很大，有几亿吨，煤质原褐性烟煤，可供炼焦，也可以裂馏炼油。

3、成矿规律

华北陆台上的煤矿，按它们的分布及成煤环境，显然有下列各种情况：

① 石炭二叠纪煤田大部为滨海沉降环境，广大地区都有分布，但因燕山期构造变动，破坏了它的连续性，现在只保存在向斜构造部分。

② 石炭二叠纪煤田煤的分布，似乎在靠近地质或长期隆起地区的沉降较大的凹陷区，如内发地质南面的开平盆地（开滦煤矿），淮阳地质北面的淮南煤田，吕梁隆起前的汾水及太原煤田等。

③ 地质上断陷盆地是完全陆相煤堆积的场所。

④ 内陆湖盆堆积是陆台内沉降较大的地区，如陕北、大同、门头沟等。

⑤ 古气候潮湿，表现在岩性多深色，富含植物化石。

(九) 盐 类

1、概述：

华北陆台上的盐类主要是石膏及食盐，产于中奥陶纪灰岩、侏罗纪煤系，第三纪红层及近代的湖中。

2、矿产叙述：

山西的中北部下奥陶纪和中奥陶纪的白云岩层中，都有石灰和石膏产生，其中以石膏为主，石膏呈白色，常见呈正砂透镜状，波浪状，角砾状，网状，而食盐为层状，透镜状，产于运城、太原、灵石及垣曲等区。石膏食盐在本区产量很富。运城的食盐和石膏的产于第四纪黄土之上的运城湖淤土层，棨墙湖淤土层和解池湖淤层中。前运城湖淤层即一般的次生黄土，其间夹杂灰色的石膏砂层和盐渍土层，代表着季节湖泊淤积，棨墙湖淤土层成份相似，仅石膏和盐含量较多。解池湖淤层为近代淤积层，夹有石膏及腐烂的植物臭堆和食盐结晶的隐盐泥盐，有的地方尚含芒硝的夹硝层。运城除产食盐石膏外，共生还有白硝镁钒，用途极广。

平阳的石膏矿产于始新世的红色砂岩中，为细脉状，厚自1公分至10公分不等，但亦间有厚达八公尺者。所产石膏多为块状及纤维状，质地洁白纯净。

3、成矿规律：

盐矿是从母液浓度饱和析出，因此所需的气候是干燥炎热的，因此常见产于红色地层中。

大的盐北矿产出现于与海有关的潟湖和海湾中，其次是大陆湖中（开阔的海洋必无含盐矿层）。这些潟湖及海湾皆为地台上的，斯特拉霍夫曾说："成盐矿层绝大多数分布在地台上，或邻近地台，初级及已形成或几乎已形成的地区，地槽在其发育中实际上无盐矿沉积。即使有不重连续，亦足轻重"。而世界上大的盐矿都产于地台的山前凹地和向斜中。

与盐北相邻的围岩，为含盐或不含盐的页岩泥灰岩，白云岩和其他多种碳酸盐类，一般受到白云石化及石膏化营化。

盐北部在海退期形成，海退者系的剖面中，含盐潟湖相沉积分布于剖面中部，此地为海相沉积，而上部为陆相，湖河相，冲积相。海进不利形成盐北，但必须缓慢，从容不迫的在适当环境下形成潟湖，沉积于潟湖中，在海进花序地质剖面中，盐层分布于底部，与下岩层不整合。

~40~　　中国主要矿产及成矿规律

参 考 资 料

地质知识　　　　　64年4期　　　　找矿普查
山西经济资料
中国地质讲义

（六）石　油

一、生产情况

任何一个值得寻找石油的地区，应当具备以下条件：

①．在大地构造上它是一个广大长期下沉区或．②．在沉积软上它堆积了大厚度的者色相细沉积岩，必有封闭背斜的构造，必有渗透性良好的砂层和储油层。

鄂尔多斯地台面积辽阔，达３０万Km²，是一个长期稳定下沉为主的独向斜，沉积厚度约６６００米上下，其中尤以中生界为最发育，岩类齐有，而且厚度大，只中生界总厚度达5000米以上。鄂尔多斯地台的储油层，主要是中生界，其中尤以三迭纪延长统，侏罗纪延安统，下白垩统的志丹统，皆具有良好性油物性质的砂岩及破裂的岩层，这适于做油的岩系，近长统延安统在东部已证明为含油岩层。

鄂尔多斯地台构造轻微，主要是微弱的扭曲式或局部的隆起，尤以中部地区，只秒或极平缓的大型穹窿构造，倾向一般不超过5°，但边缘部分有一些短轴褶皱及边界地区有断裂，并且没有岩浆活动，更适宜于油量的保存。

综合上述成矿条件，将本区远景进行分级。

（1）油田区：永坪延长靡园的三地区，以延长统为做油一层，次为近安统。

（2）最有希望区：为地台中部西北部和东胜隆起带的中部，主要目的层延长统，保安统，次为侏罗系、石炭系、二迭系地层，东部燕山带凹陷地也有找油希望，最有希望地区。

(3)、有希望的地区：地台东南范区
(4)、希望不大的地区：地台南缘、东缘及西北方缘。

渤海凹陷的广大平原里的探测工作集中，发现有多处油气现象，并在边缘山地的寒陶纪石灰岩的裂洞中发现油迹及沥青，并根据物理资料证明，在平原下面埋藏有适宜于低油的构造。这一切等等，都说明渤海凹陷广大平原是似油希望极大的地区。

三、成矿规律：

华北陆台石油的成矿规律：
(1)、大地构造性质：较稳定的单位。
(2)、长期下降沉积盖层较厚，其中既有富含有机质的生油岩层，也有渗透性良好的储油岩层。
(3)、构造变动轻微，又形成了一些穹窿及背斜构造。
(4)、岩浆活动没有。

参 考 资 料

1、十年来中国的石油地质　　石油勘探59年20期
　　　　　　　　　　　　　　　北京石油科学研究院
2、中华人民共和国石油工业部第三届全国石油勘探会议
　　地质报告集鄂尔多斯地台石油地质勘探工作总结
　　　　　　　石油工业部西安地质调查处
3、中国地质讲义
4、怎样在区域地质测量中注意石油和天然气
　　　　　　　　地质知识　57年第七期
5、鄂尔多斯地台西沿州大地构造轮廓和寻找石油的方向
　　　　　　　　地质学报 35卷 黄汲清

~42~　　中国主要矿产及成矿规律

(七) 油页岩

1. 概述:

华北块台上油页岩有几个时代：石炭纪、二迭纪、三叠纪、侏罗纪、人垩纪、第三纪一般剥蚀允许，此页岩保存完好。其中侏罗纪为我国油页岩发育最广泛的时代。

2. 矿产叙述：

油页岩棕黑色、深绿色，为片及微细的薄层状，比普通页岩轻，烧时灰黄色浓烟，具刺激臭味。因两常加别岩凝岩及普通页岩相相间产生，尤其成与火焰地层夹生。

在华北块台上，主要的油页岩分布于辽东地台及鄂尔多斯台合，前者产于第三纪，后者产于侏罗纪。

辽东地台的抚顺为著名的油页岩产地，矿层出现于第三纪抚顺统中。抚顺统为橘绿色页岩夹数层焦煤，其底下为砂岩或灰色砂页岩。抚顺统发育于中生代末燕造山运动所形成的断陷盆地内。

鄂尔多斯地台本中的甘泉、延安、安塞、长蓬县、南缘诸坡的永寿、邠县、枸县、耀化、耀县、宜君及铜川一带，分属产于上三叠纪延长统和下侏罗纪代地安统。延安统为绿色砂岩页岩，延安统为砂岩、页岩及其层中夹有凡条。

3. 成矿规律：

(1) 湖沼相沉积。

(2) 成岩后无岩浆活动.

(3) 时代愈新、保存愈好。

附图　中国油页岩产地位图　　　　陈江达

中国主要矿产及成矿规律 ~43~

参考资料

1、中国油页岩概论　　　　地质评论，16卷，1期，陈国达
2、我国矿产资源简介　　　　地质月刊　59年第八期
3、中国地质讲义　　　　成都地质学院古教研室

(八) 磷　矿

1、概述

在华北地台上，沉积磷矿的造矿类型，分布较少。至目前所知仅罗于寒武纪底，广泛分布在泰山群的地层的北缘，西南、辛平、南郑、凤台及鲁山，另外在五台山黄柏口亦有发现。因最初发现于凤台，故统名凤台型。

2、矿产叙述

淮阳地槽以北凤台县一带的磷灰岩，产于下寒武系的底部，计有四层，依其岩序自上而下为：

4、浅灰白色含砂白云岩，厚 1.4~20m，层状下，下部含有细小的砾石的圆饼状，及较古爆化层。

3、灰绿色砂质含磷质岩 0~0.7m

2、磷块岩层 0.7~3m，其中含为珠石磷灰岩，亦含有含磷砂岩，下部地区有鲕状磷块岩，亦见层状具线理构造为灰绿色磷块岩，磷块岩中的砂质磷块岩珠石都呈圆的烧饼状，其中杂质为石英粒，被底磷矿所胶结。

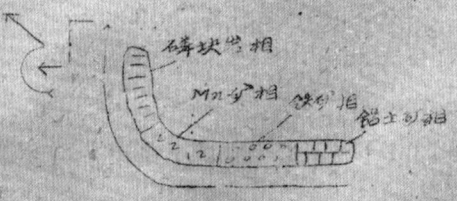

磷块岩相沉积旋廻铩合

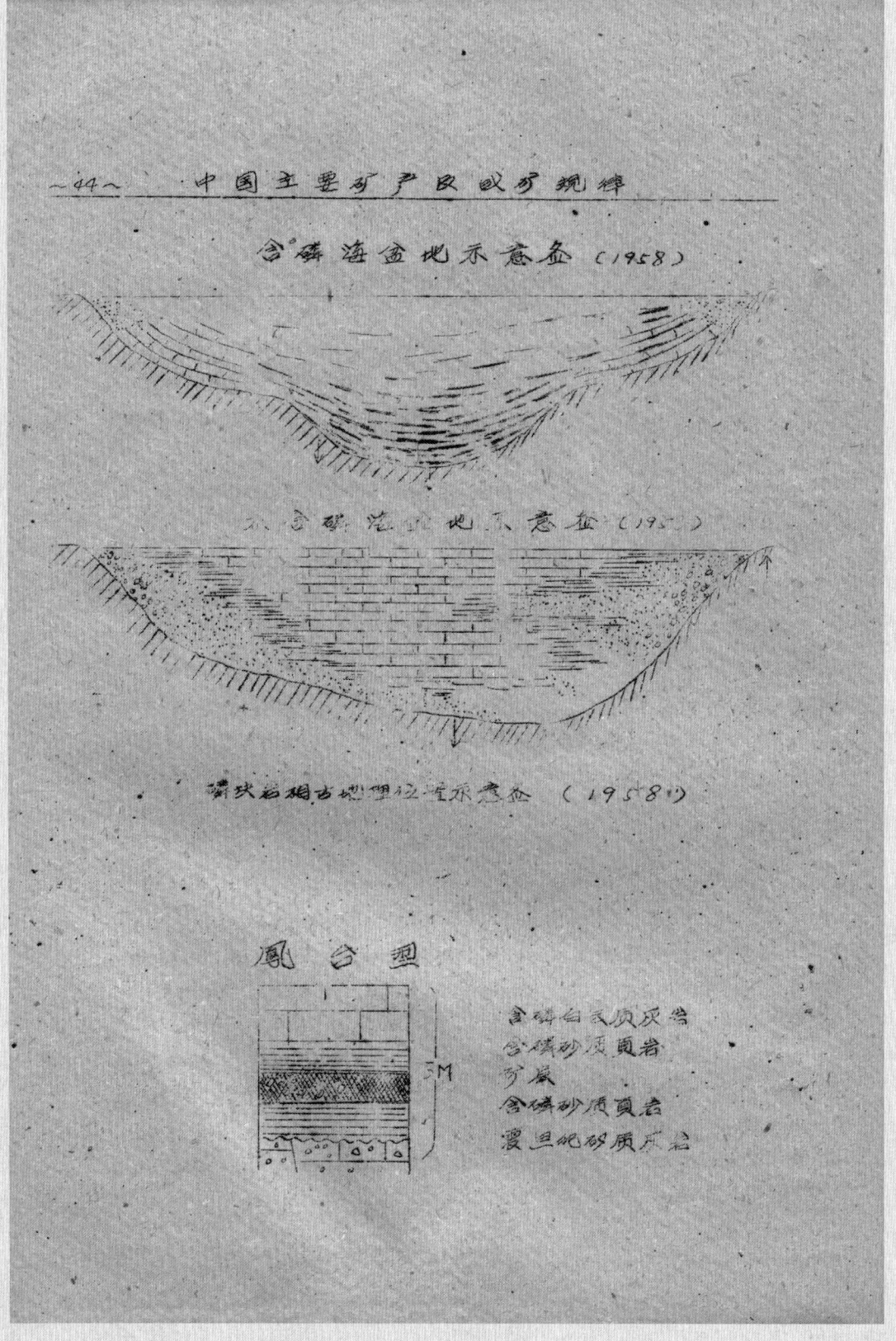

1、灰绿色砂质含磷页岩 0～0.7m。
3、成矿规律：
从上述磷块岩相我们看出

(1) 磷块岩相的底下都直接为一假合或浸蚀的断面，常常有底下砾岩或竹叶状岩，这是代表由地壳运动引起海底升降形成海流变换的结果。

(2) 磷块岩相都代表一个单一的小的沉积轮回，此轮回内纵的岩相变化的一般规律是上下两端粒度大、中部则减小为化学岩，磷块岩却生于中部，此中部代表海浸轮回的顶峰，都位于海浸岩系的底下。

凤台型的磷矿为石灰岩——页岩——含磷石英岩达造此处造开始于磷质砾岩，上面是石灰岩和粘土质页岩。本区磷矿出现于陆台的边缘 陆台内活动地带，在震旦纪时在华北有二个凹陷，其中之一就是淮阳古陆北坡凤台舍山经南一带的淮南凹陷，其北的秦岭地雅淮阳地背斜早已隆起。沅况不断的供给其古老基地的碎屑物质，下伏岩系中含有磷石。因此海底喷发也是物质来源之一。

华北陆台磷矿发现数少，与其大地构造古地理的条件是分不可的。在寒武纪时中国北方是一个不稳定的陆台盆地，地壳时有间断的升降。海盆地亦并有形状都相适。在这些盆地中沉积了岩相变化及来的，同样性的曾有碎屑岩的沉积层。从沉积层的性质 ①岩性变化较多，下寒武纪时合为页岩粉砂岩相，有的地区还为砾岩 ②下寒武纪接近海盆地边缘下分碎屑岩积较加大，向盆地中心则碳酸盐积较，和代表正常的岩相分异 ③岩层多为紫色或红色，常发现食盐，代表陆台上的干燥气候下的盆地沉积，因此华北陆台下寒武纪代表一个不稳定的地区的补偿海盆地。

~46~ 中国主要矿产及成矿规律

参考资料

中国磷岩形成特点及矿石类型及品质评价

中国科学院地质研究所沉积磷矿组

第二节 华北陆台

三、内生矿床。

(一) 白云鄂博式铁矿：

1. 概述：白云鄂博铁矿矿区位于中国北中色戈附近大青山山系的北西，在色头市正北150公里。

大青山及其以北广大地区是由前震旦系变质岩群组成的古老陆块。称华北陆台内蒙地盾的范围。

白云鄂博铁矿区，主要是前震旦纪的互古系和白云鄂博系铁矿就产于鄂博系与中生代燕山花岗岩的侵入有关。

2. 矿产叙述：

(1) 矿床围岩：属于前震旦纪白云鄂博系，本系分层如下：

9）暗色板岩及石英岩（H9）：本层岩地岩相变化很大，主要有黑色薄层板岩，含有大量的绢云母，行板状细粒石英岩层，厚约340m±。

8）泥质石灰岩及板岩（H8）：深灰及黑色板状泥质板岩，下部含砂质条带，有时夹有火黄灰色或灰黑色铜矿石英砂岩薄层，厚约500m左右，铁矿穿于此层中。

7）矽质泥灰岩及石英岩互层（H7）：灰色及黑灰色含石英粗粒之板状泥质石英白色粗粒长石石英岩互层，岩相变化很大，厚度约430m左右。

6）淡色石英岩（H6）：下部为灰黑色，细粒及中粒铜矿长石石英岩，灰铜质板岩夹层，上部为棕色及灰色长石石英岩，厚度约300m左右。

5）暗色板岩（H5）：主要为灰色及灰黑色黄铁板岩，时夹有泥质砂岩薄层，顶部夹有铁质砂岩及薄层石灰岩，厚度170m左右。

4）暗色石英岩（H4）：下部为灰黑色中粒石英岩，含少量长石，中部为灰色长石石英岩与灰黑色板岩互层，上部为灰黑色化石石英岩及石英砂岩，厚度约290m左右。

3）暗色板岩（H3）：下部黑色及灰黑色泥质灰岩薄层，上部为灰色灰绿色及灰黑色板岩，局部夹紫黑色铁质细条及矽质条带，厚度450m左右。

2）白色石英岩（H2）：纯白色块状细粒至中粒石英岩，局部含有少量长石，厚度270m左右。

1）暗色板岩、粗粒石英岩（H1）：下部为黑色板岩夹灰白色细粒石英岩及黄层状灰色矽质石英岩和泥质石灰岩，厚度约为200m。

（2）花岗岩：矿区范围以内与成矿有关系的主要为花岗岩

是一种灰色黑云母花岗岩，分布于矿区南了，呈岩基状侵入于白云鄂博系地层中，向东西方向延长，偶尔有脉状产出。沿花岗岩接触带分布的白云鄂博系地层形成细粒状、条带状、眼球状混合岩。

岩石一般为灰色中粒，常成斑状，主要矿物有石英、条纹长石、钾微斜条纹长石、斜长石、黑云母等。

矿区侵入岩除花岗岩外，还有闪长岩、煌斑岩、闪长玢岩、钠长石岩、花岗斑岩、石英斑岩，均属为细脉岩类。

（3）构造：矿区一带为白云鄂博系岩层分布的领域，其构造线与条西槽级体的方向一致，白云鄂博系地层走向，主要断裂的走向，花岗岩岩岩基的延长方向以及岩侵入方向，一般均为东西向。节理亦以东西之节理最为发育，矿化地区亦为东西带状，说明成矿作用亦受东西向构造的控制。

(4) 矿体构造：

铁矿产于元古代白云岩中，为标准热液交代矿床，矿体一般为作东西向延长的凸镜状或豆荚状体，局部弯曲状，一般地表出露部分及矿体的中部较为宽大，向下或向矿体两端均逐渐变薄以至尖灭。矿体长自数十公尺至一公尺以上，厚度自数公尺至数百公尺，矿体沿倾向延伸自数十公尺至600～700公尺。矿体倾角一般为60°～70°，局部达80°～90°。

矿石中矿物成份种类很多，金属矿物方面有磁铁矿、赤铁矿、镜铁矿、褐铁矿、黄铁矿、磁黄铁矿及铜、铅、锌、钼等的硫化矿等。非金属矿物有砂酸盐、碳酸盐、磷酸盐、矿酸盐等。矿石的构造有块状、层状、斑状、球状、层纹状及致密状等，矿石结构可分为致密的和非致密的两种。

(5) 矿体分布：

矿床全部产于元古代白云鄂博系中部的白云岩层(H3)中，一般带位于花岗岩侵入体的地面，矿体与花岗岩侵入体的距离有数百公尺至一公里，其间分布着白云鄂博系的混合岩体。铁矿床是矿汉交代作用而形成。

白云鄂博铁矿是由大小不同的数十个矿体所组成，分布在东西长达十数公里，南北宽约1、2公里的范围内，矿体排列的方向与区域构造方向一致，大体近于东西。矿体间距不一，近者数十公尺至数百公尺不等，远者可达千余公尺以上。

全部矿体大约可分作平行排列的南北两部，矿体富集在北部东段。

3、成矿规律：

(1) 矿床与地质构造的关系：

白云鄂博铁矿是生于地槽区与陆台的边缘的褶皱区(活化区)域中。岩层的褶皱和裂隙和断裂，既有利于岩浆的活动，又便于矿液的流通，渗透和在合宜的岩石中交代沉积形成矿床。矿床的成矿位置，矿床的富集程度，矿床规模的大小以及体的内部构造，均受构造条件的控制和影响。

区域地层构造对于矿体的分布产状有极明显的控制作用，一般矿体走向受区域构造走向控制，矿体的倾向、倾角也受区域的倾角倾向的控制。白云鄂博铁矿床的南北两组矿体分别位于本区南凸向斜构造的两翼。北部矿体一般均向南倾斜，南部矿体则微向北倾斜，矿带倾向与围岩的倾向大体一致。

矿区内主要的大断层都发生在成矿作用以前。这些断裂构造特别是走向断裂不仅成为矿液上升的有利通路，而且成为矿化程度和蚀变程度深浅不同的控制因素之一。成矿期和成矿后的断裂对矿床影响不大。

矿区内节理可分为成矿前和成矿后的。成矿前的节理，有利于矿液流通，富集和交代作用的进行。成矿时的节理常为各种脉石所充填，铁矿石的位置大大无依。成矿后的节理成为造成矿石破碎的主要因素。

(2) 矿床与岩浆的关系：
　　根据矿床产状，矿石构造，矿石物质成份等的研究证明，矿床的生成与岩浆作用有关。在矿州近可出露的侵入体主要为灰色黑云母花岗岩所产生的代作用等，都说明它与依矿的成因关系。

(3) 矿床与围岩的关系：
　　矿床的生成与石灰岩和白云岩有关，本区所有的矿位都生于白岩以下分为石灰岩层中。

石灰岩上头岩石上的泥质板岩和破碎的破质板岩，对于矿液的富集和促成在碳酸盐夹岩石中交代成矿作用有很大帮助，故在石灰岩夹岩石与板岩接触处矿体常发育。

中国主要矿产及成矿规律　～51～

(二) 大庙式钛铁、磁铁矿矿床:

1、概述:

大庙式钛、磁铁矿，产于内蒙地盾东南边缘、太古代结晶基底岩系中，主要与基性侵入岩有成因关系，并受内蒙地盾东西向构造的控制。规模不大，但也有一定地方工业意义。

2、矿产叙述:

(1) 矿床围岩：矿床围岩为斜长岩杂入成岩体，钛磁铁矿矿床即产生于此类岩石中。在同一区域内典型的超基性杆榄岩及酸性花岗岩等不具有任何相同性质变化现象，说明矿成本身与一定的地质构造、岩相学及有密切的空间及成因上的联系。斜长岩类基本上具有两个岩石类型，它们构成本区内不同形状的岩体。

① 斜长岩：为基性侵入岩体，构造成矿床及其外围的主要围岩，从产状看来斜长岩基本上是一次岩浆侵入的形成其岩性后来受辉长作用有所改变。其矿物组合中，钛磁铁矿及铁铁矿物含量较多，形成浸染状矿石。

② 辉长岩：为再度浸入于斜长岩中的带状及块状岩体，岩体延长一般规模2～3公里，与矿床一般多为空间相伴的关系，钛磁铁矿浸染富集其中，是矿床的直接围岩。

侵入岩的地质时代类：海西期的花岗岩呈脉状浸入于基性岩石中，而呂梁期中处花岗岩与基性岩石接触处有无压理与后者压理一致，由此认为基性浸入岩的地质时代是前震旦纪，呂梁期组因本区缺大规模地质的征据，还有的认为是海西期产物。

(2) 地质构造：内蒙地盾内东西方向的构造主要由变质岩系构成，另有侵入岩、酸性侵入，为分布东西出露长约70公里，平均宽9公里，受其南岩中的东西向深断裂所控制，基性浸入岩体为下以北北东方向的伸展浸入构造较为主导，成岩到北东控制成的张性，钛、磁铁矿即以再度侵入构造下位最为发育。

"尸"即"部"

中国主要矿产及成矿规律

(3) 矿体构造及分布。

本矿床成因胡苏拨矿床 热液性质要性，故矿体产状具有各种类型：有侵染式矿体，贯入式矿体（色格节理构造带中的贯入式矿体，岩相构造带中的贯入式矿体，岩体接触带中之贯入式矿体）。矿石结构具有海绵晶铁结构 和固熔体分离结构。矿石的自然类型有致密块状和侵染状等。 钛-磁铁矿藏存于基性入成岩中，其分布空间不超出在成因上与之有关的侵入体范围。主要矿带位于岩体的边缘下分或接触带间。

节理构造带中之贯入式矿体，发育于辉次岩与斜长岩之接触带间，矿体主要下分位于下盘斜长岩中，矿液间有雁行排列的关系。亚东矿液上升或浸入。说明这种矿体的构造形式与围岩原生节理有关。

岩体接触构造带中的贯入式矿体位于斜长岩与角内岩残留体的接触带及斜长岩体与元南岩体的接触带间。

四、成矿规律

① 从大地构造的观点出发，河北承德之钛-磁铁矿位于内蒙地背东西之缘接近燕山准地槽地区。是吕梁运动形成的与基性侵入岩有关。

② 钛-磁铁矿主要矿带位于岩体的边缘下分或接触带间。而在基性岩体内下有亚势的以北北东方向的再度侵入的构造及部下向北东朱扭转成内张型构造的中位，钛-磁铁矿最为发育。
③ 在辉长斜长岩中再度侵入的辉长岩体内，钛-磁铁矿侵染富集或以贯入式脉状出现。总之，大庙式钛磁铁矿的成矿规律：
1) 矿床分布于内蒙地背，燕山准地槽的过渡带上。
2) 矿床的生成如分布均受当深运动时所造成的东西向构造的控制。
3) 矿床赋存于与之成因有关甚至侵入岩体本身。
4) 矿体发育的位置一般在侵入体的边部或接触带间，为在含岩岩体具有多次侵入构造条件下，矿带发现的部分受侵入体内再度侵入之构造带控制。
5) 在同一岩体内，矿体的局部富集多超岩体的下盘。
6) 主要什区矿床分布于斜长岩体之内，官与辉长岩具有直接地成因上的联系，因内深成性岩岩石氧化类型矿床具代表性的吸什母岩。 (三)、意义：
华北除内蒙外的生矿产除过白云鄂博式铁外愿大庙范然-磁铁矿外，远不够量大突出，不过山东金葵等赤山式铁矿，河北大冶式铁矿，河北兴隆的锅矿，以及其应用的价值等。不过国内资料有限。影响发不大，仅具有地方意义。

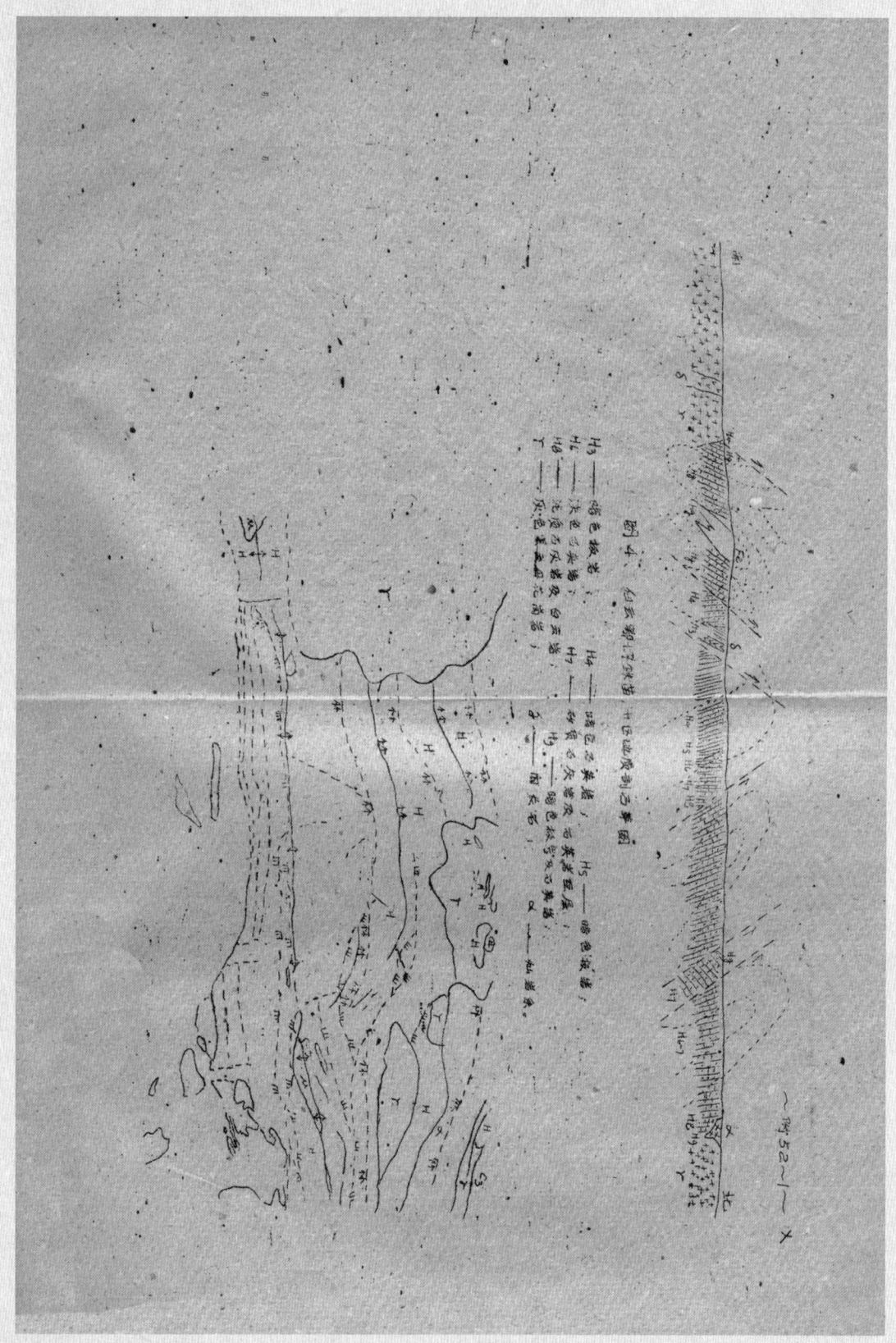

中国主要矿产及成矿规律～53～

第二节 扬子陆台

一、概论

(一) 大地构造的主要特征：

扬子陆台上的海相地层，自震旦纪至三迭纪都是全的，但是各地多有缺失。在姬塞陶斯石山，一般有重要的外生矿产。

扬子陆台上，四川地台、黔桂地台和康滇地台是稳定的刚性地区，陆台上构造线的方向都受这三区的控制。因而主要矿产的分布方向，与这三个刚体的构造线有密切关系。

在扬子陆台的西方如康滇地盾，在北方的汉南古陆，在东方如江南古陆，这些古陆在地史时期是扬子陆台上的主要的岩屑来源地。而陆台上发生了的沉积区，例如四川、黔桂地台、昆明凹陷和川湘凹陷。

扬子陆台的岩浆活动有前震旦纪的峨眉山花岗岩和贺陵花岗岩。有加里东期的喷发岩，海西五期的基性岩，印支期的辉长岩、橄榄辉绿岩花岗岩。燕山期的花岗岩。海西期纪以上的岩浆活动，与陆台上为矿产的生成有密切关系。

康滇地盾在中生代活化，岩浆活动最烈，是陆台上金属矿产最发达地区。

(二) 矿产及分布：

基 1.岩浆岩系中矿产：

东川铜矿——昆明凹陷之小江断层带。

阳 昆明系中铁矿——康滇地盾。

2.外生矿产：

奥陶系中锰矿——华蝉式、昆明凹陷之凉山台陷。

志留系中铁矿——龙门山平北槽及滇黔地区。

泥盆系中铁矿——龙门山平北槽及川湘凹陷、黔桂地台。

湾陵式铁矿——四川地台。

~54~ 中国主要矿产及成矿规律

　　上三迭系铁矿——四川地台。
　　侏罗系中铁矿——四川地台
　　含铜砂岩——四川地台及黔桂地台。
　　遵义锰矿——黔桂地台
　　磷矿——昆明凹陷，四川地台，震旦纪，寒武纪
　　铝土矿——昆明凹陷，黔桂地台，石炭纪
　　石炭纪煤——昆明凹陷
　　二迭纪煤——扬子陆台
　　一平浪煤系——康滇地窗，上三迭纪至下侏罗纪
　　香溪煤系——四川地台，侏罗纪
　　第三纪褐煤——昆明凹陷
　　石油及天然气——四川地台，中生代
　　盐及石膏

3. 内生矿床：
　　攀枝花钛磷铁矿——康滇地窗
　　力马河镍矿——
　　(个旧) 个旧锡矿——昆明凹陷。
　　黔东汞矿——黔桂地台，
　　铅锌矿——黔桂地台，昆明凹陷，康滇地窗。

(三). 成矿规律：

1. 外生矿床

　　铁矿主要分布在古陆边缘之凹陷地带，如奥陶志留泥盆纪赤铁矿。或分布在扎盆地中，如上三迭纪侏罗纪铁矿铝铝铬矿分布在康滇古陆，黔北古陆边缘。
　　含铜砂岩，分布在武武岩分布地带。
　　盐 石油石膏分布在大型盆地中。
2. 内生矿床：

扬子陆台上内生矿床的成矿区主要是中生代成矿区：可分为康滇地轴区、昆明凹陷区与黔桂地台区，与大地构造单元大致相合。（如附图）

康滇地轴的岩浆岩最发达是中生代活化最剧烈地区，本区主要矿产以钒钛矿、铜镍矿、铅锌矿为主。

昆明凹陷区，以铜铅锌矿为主，在本区之南端的南旧台巴则以铅锌矿为主。

黔桂地台区，以汞锑矿为主，其次而次者的铜铅锌等矿。

一 基底岩系中的矿产

(一) 昆阳系中的铁矿

昆阳系中的沉积铁矿，与我国北方元古代地层中的鞍山式铁矿在层位上相当，很拟西南沉积条件，不适该找到有价值的矿床。

前震旦纪康滇地轴区内为一南北向的长坡地槽。沉积厚达几千公尺的砂页岩夹灰岩。主要地层为受轻微变质的昆阳系，在澜沧江、大理、石鼓一带则为变质较强的澜沧江变质岩系、苍山石鼓变质岩等。

此系地层中已发现不少矿点，矿体一般特点：产于板岩及板状砂页岩中为沉积变质铁矿，矿石为致密块状，厚——20公尺，最厚达50公尺左右，品位在50%左右，硫磷皆低。受热液变质成磁铁矿（$6Fe_2O_3 \longrightarrow 4Fe_3O_4 + O_2$）。分布在昆阳系中的有东川、华宁、东山、武定的奥纳厂、鹅头厂、永川、安宁、晋宁等地。分布在澜沧江变质岩中的磨力河、怒武等地。产于片岩中的为含铁石英岩，最厚可达四十公尺，品位只有4名，含SiO_2多。

此区经各昔运动抬起后，长期遭受风化侵蚀，即成为震旦系中的铁矿层之铁质的来源，因此在康滇地轴的两旁，特别是在当时云南省海侵区域——昆阳凹陷中，可以在震旦纪与前震旦纪不整合面上发现震旦纪初期的沉积铁矿。

(二) 东川铜矿:

东川铜矿,位于云南省东北部,会泽以东,巧家两县西北部之轿王山一带,属康滇地轴区为成矿区,其所火成岩是由前震旦已侵入的基性辉长岩或灯影灰岩以后侵入的辉长岩有关,一般东川层状型铜矿床,产在康滇地盾。

矿体为层状,矿石呈马尾辫状,网状细脉,主要为辉铜矿,斑铜矿,黄铜矿及孔雀石,一般属中温热液矿床。

中国主要矿产及成矿规律　～57～

东川铜矿生成的主要地层是元古代巨厚的含石灰岩的复理式沉积，有基性岩侵入。这种地质条件不仅存在於东川会理，而沿康滇地向南延续，经武定、安次、易门、元江、直到红河。因此，在这一带按照前述的主要成矿控制因素进行找矿，最有希望。由会理向北，元古代沉积岩相有所变化，但其中还夹有石灰岩，同矿也由於东北向的深大断裂带的存在给基性岩浆活动以有利的条件。因此，寻找东川式铜矿，沿康滇地盾南北为最有希望。

二、外生矿产

（一）奥陶纪中铁矿：

1. 概述：

在四川会东县有奥陶纪铁矿。矿层位於中奥京灰岩层之中，层位稳定呈层状，略似透镜状，沿走向伸延自会东至雷坡190公里范围之内，断续有露头。矿层最大厚度达9公尺，最薄的为0.1——0.4公尺，矿层由北东往南西其厚度与品位皆有增厚、加富现象。从纵向变化看去，中部厚，东西部变薄，甚至於尖灭。以上资料说明当时铁矿沉积环境，可能为一浅海盆地，故矿层产状之变化，受盆地形状所控制。矿石为鲕状赤色矿，鲕粒直径一般为1毫米，最大为2毫米，最小为0.5毫米，胶结物质为钙质、铁质。共生矿物有氧化铁，鲕状高泥石，长石，方解等。

2. 成矿分析：

中奥陶纪鲕状赤铁矿层之成因为浅海盆地相化学沉积之层状赤铁矿。

本区位於康滇地盾东侧之缘凹陷带，接受地盾上风化后之风化物质，故本区铁质来源於方侄，当 问题。据矿石光谱分析结果，发现矿石中有铬、镍、钴等成分存在，证明铁质与地盾上基性岩风化有密切关系。

本区铁的形成，并非沉积於海侵期之底部，而是在海侵间歇

~58~ 中国主要矿产及成矿规律

的时期沉积的。因海侵是在下奥陶纪开始了，海水从南方或西南方侵入，故成海进期沉积的砂页岩和石英岩。到牛蹄纪时海水继续加深，沉积了泥砂质灰岩。当灰岩沉积之后，地壳曾一度稳定或较缓慢上升，造成时间短暂之现象，同时成不延续沉积现象，给铁质富集造成有利条件，故下层矿与下状层密接潜砂。当下层矿沉积之后，地壳继续下降，钙质成分增加，铁质减少，故在矿层之上沉积有层状泥灰岩。随后地壳稍稳定，铁质缓慢沉积，故铜状粗大。而后地壳再度振荡不已沉积了块状灰岩。

根据区域矿产分布规律与变化情况，推测矿产生成环境，可能为一半封闭之浅海盆地，盆地中心部分，铁矿较富，如宁南、地党等。盆地边缘，如宁南大湾子以及金沙辽宗等，矿质变劣，甚至于尖灭。同时盆地之样多为酸性矿石，SiO_2、Al_2O_3 含量高，CaO、MgO 含量低，而盆地中心则相反。

根据铁矿之沉积环境，多为盆地沉积，特点是小盆地矿层最厚，希望最大，故在宁南、华弹、金阳、雷波一带，特点是在金阳溜斗、施党之间，可找到同类型之矿床。

云南中上奥陶纪海漫，在东经102°以东，北纬27°以北，在康滇——黔桂古陆的北段东部边缘，扬子海的西岸，地质经较长时间的风化，铁质物质沉积於该段浅海地带，人现在奥陶纪古露情况分析，位於滇

东边波带的功泉、永善、鲁甸、大兴一带均有出露，而以功泉以北及功泉与鲁甸之间出露最广，同时该区也有泥盆纪沉积铁矿古视，故在寻找奥陶纪铁矿同时，也可找见盆地中之铁矿。

中国主要矿产及成矿规律 -59-

图 四川省凉山地区奥陶纪地层柱状对比图

纵比例尺 1:25000

(横比例尺在这里没有标志)

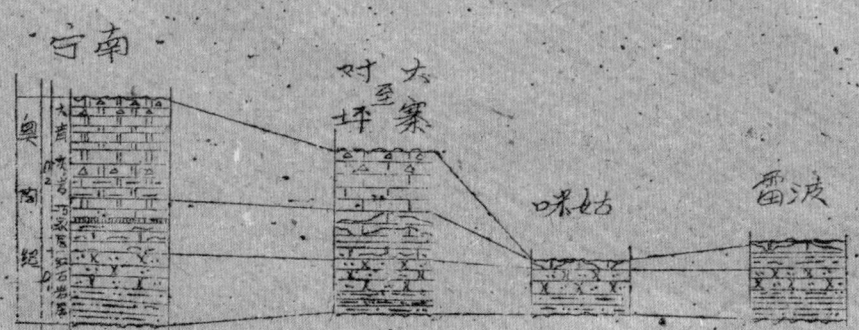

说 明

1. O_2^2 为灰岩中夹有燧石等（即巧家岩层）

2. O_2^1（即巧家层）为虎皮纹灰岩，泥岩及泥质 — 条状灰岩等的地方这里有铁矿。

3. O_1：为白、灰至玫瑰紫红色等的页质灰岩及页岩等。

2. 0.5 cm：0.5G 成假整合接触

参考文献：
杨子久等．地质部四川省地质局华弹铁矿勘探队1957年地质报告．

(二) 老磨沱盆系中铁矿：

在四川茂汶县，有生于石英绿泥石、石榴石云母片岩中或钙质板岩中，局部密集者成为矿体，矿体为透镜状，延长100公尺，最长达300公尺，一般厚一公尺，最厚达8公尺。共有三个含矿带，每带含铁10—40个平行排列的透镜体，含铁平均约40%，含磷较高。仅发现于川西北边缘之茂汶县。成因上可原沉积变质铁

~60~   中国主要矿产及成矿规律

铁矿。在江油马角坝，有志留纪赤铁矿，成透镜体，可能为同时代的沉积。

(三) 中泥盆纪铁矿

在四川江油一带，矿层位于中泥盆纪白云岩层下部，与灰岩、钙质页岩及砂岩成互层。有三个含矿带，三者之间距离在50公尺以上，每个矿带中有铁矿1——8层，每层厚数十厘米到一公尺，矿层延长达2,000公尺，此处有呈大小不等的透镜体之云的。矿石为鲕状，粗粒，并堆聚腕足类化石，胶结物为碳酸钙及二氧化硅。含铁量低，而含钙成分较高（10%～20%）。些外西荣经大小矿山一带，黄铁矿岩或砂岩中，仅有铁矿一层，厚度不一米，含铁量37.98%～46.86%。含磷0.84——1.28。此为海沉积。

综合上述，四川发现的志留泥盆系沉积赤褐铁矿，从矿产和层位上可以与江油所见的志留纪沉积铁矿对比，故不同者，是属有遭受区域变质再沉积集而成，故在四川盆地西北边缘地带的西南段，志留泥盆系地层均甚发育，在邓处寻找此类矿床颇有希望，如像石棉蟹子坪即有此种铁矿。至于中泥盆纪赤铁矿，在四川只见于江油县境内。

参考文献：
  刘鸿寿等：四川盆地地质特征与沉积铁矿 1957年地质论评17卷3期。

(四) 西南台上之宁乡式铁矿

1. 概述

与华南上泥盆纪相当的赤铁矿，在西南地区亦有广泛分布，一般多集中在川鄂黔相接之边缘区，即是在江南地盾的西北边缘。

宁乡式铁矿在西南的分布和它在华中的分布一样，与大地构

中国主要矿产及成矿规律

造有密切的关系，它严格的受古陆的控制，有规律的分布在江南古陆与四川地台之间。

据目前在鄂西南之长阳新发现的铁矿来看，宁乡式铁矿多沿着江南古陆西部边缘呈北东方向分佈。也就是分佈在川湘凹陷中。

以前认为慈利石门一带，位於上志留纪之上，下二迭纪栖霞灰岩之下的石英岩。与长江下游的五通系相当，属於下石炭纪陆相沉积。但从1940年以来，在川东南彭水、酉阳一鄂西南长阳、宜都及黔东之翁项区陆续发现海相泥盆纪，同时在慈利、石门、桑平等湘西北一带发现上泥盆纪云南贝等腕足类化石及铁矿层，证实川湘凹陷中有泥盆纪地层之存在，并有宁乡式铁矿。

2. 矿产叙述：

(1) 矿产分佈：

宁乡式铁矿在川鄂黔的分佈，与古地理条件是相适应的，即分佈在西北之泥盆纪区，如鄂西南长阳、宜都、湘西北石门等地以及川东南、黔东、桂北等均见有上泥盆纪赤铁矿。

(2) 矿产层位：

湘鄂边区长阳、建始、恩施、慈利、石门等县，有鲕状赤铁矿多层，过去一向称为"五通式"铁矿，认为属下石炭纪，以后改称泥盆石炭纪。其实这一带铁矿并非位於以前所谓的"五通石英岩"中，而实位於泥盆系中。

云台观石英砂岩 赤铁矿。但实之鲕状赤铁矿层，实际上位於云台观石英砂岩之上 yunnanella 之腕挂亚组下的黄家磴组中。 60——290 M

剖面从下到上：

①云台观组：底部为厚层状细粒砂岩及石英砾岩，向上过渡为含铁质砂岩，最上为纯石英砂岩。厚度变化颇大，向北变薄。

②黄家磴组：本组与下伏云台观组为整合接触。其岩性为

~62~ 中国主要矿产及成矿规律

底及塞层石英砂岩，炭质页岩及砂质页岩，其中夹鲕状赤铁矿是主要含矿层。矿层下砂质页岩中含化石 Dicyanophyton sp. Lingula sp.等。　　　　　　　40M

③写经寺组：本组连续沉积于黄家蹬组之上，底部为钙质页岩，结晶灰岩及泥灰岩，上部为石英砂岩及页岩。泥质灰岩中含 yunnanella 动物群，厚度因受剥蚀侵蚀，故无法确定。

湖南慈利石门一带泥盆纪柱状剖面图　（图1）

地层系统	柱状图	国际代号	厚度(m)	岩　性	化　石
栖霞灰岩		P_1			
写经寺组		D_3^2	5/60	淡黄色、灰白色泥质灰岩及瘤状灰岩，常夹瘩页岩	yunnanella synplicata Gr. Y. abrupta Gr. Tenticospirifer supenilis tion. cynospirifer sukerpensus (Martalli)
黄家蹬组		D_3^1	8/10	灰绿色薄层或中厚层状石英砂岩及灰白灰岩，夹鲕状赤铁矿多层。	Dicranophyton sp. Taemocrada sp. Lingula sp.
云台观石英砂岩		D	60	主要为纯质石英砂岩，顶部常可作玻璃原料。	
纱帽统		S_3			

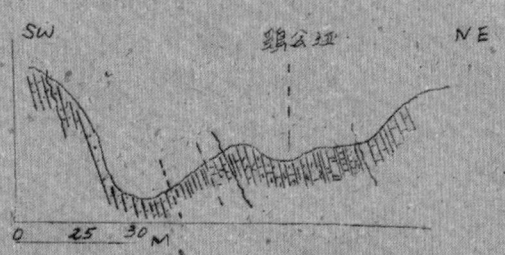

图2 熊利竹叶坪乡地质剖面

1. 中下泥盆纪(?): 云台观石英砂岩
2. 上泥盆纪: 黄家磴组: 砂岩、页岩至局含腕足类碎屑
3. 上泥盆纪: 写裢寺组: 浅黄及灰白色瘤状灰岩夹钙质页岩 yunnanella 等化石
4. 下二迭纪栖霞灰岩
5. 下三迭纪大冶灰岩

（S_3：上志留纪、纱帽坑）

(3) 矿石特主：

矿石中主要成分为赤铁矿，其次为绿泥石、褐铁矿、石英、方解石、海绿石、黄铁矿及少量毒砂矿。矿石结构为鲕状、结核状、砾状。鲕状直径小于1毫米。鲕粒主要由赤铁矿及绿泥石组成，鲕粒中心常见有石英或白云石。赤铁矿为鲕状主要胶结物，结核状亦常见有，结核很不规则，大小不一致，通常有一小部分含赤红色铁质或泥灰质是磁铁石矿物。由于铁矿形成过程中经受不同程度的风化作用，故在形成的矿层中，可见到砾状结构的赤铁矿，与砾石很相似，但它是由鲕状赤铁矿组成矿。绿泥石在铁矿中的出现是较普遍的现象，其含量与铁的含量成反比。

3. 成矿分析：

根据地质剖面研究可以知道泥盆纪的写裢寺组，黄家磴组三台观组间求一整套连续沉积，上下以假整合关系与志留纪石炭纪分开（图X剖面）是一个一级旋迴，下部为不含矿的碎屑岩，中部为一泥质泥灰质岩石及矿石，上部为不含矿或为不含矿的碎屑岩、碳酸盐类岩石。铁矿只出现在本旋迴的中部，而不出现在旋迴的底部和顶部。这是因为在泥盆纪地壳风化的较后阶段，山脉曾夷到夷平，强烈的化学风化作用可使母岩释放大量的铁质，迁移入海，而被富集成矿。因此铁矿只分布在旋迴中部，而不分布在旋迴的底部。

泥盆纪地层沉积后之后，曾有一海侵期，它使上泥盆纪上部因遭受侵蚀而保存不全，从而不能正确反映出原始沉积情况，但我们仍可根据现状进行了解。我们从上泥盆纪等厚线图可以看见到，在靠近古陆边缘的铁矿层中含有部分碎屑岩，稍向中心，则是碎屑岩，以泥灰岩及页岩为主，中心部分为石灰岩及砂质灰岩；这种情况说明当时海水由边缘向中心逐渐加深，也种地层的分布就大致反映了当时地壳沉陷幅度。

含矿层或含矿系的发育厚度受当时当地的地壳沉降幅度和沉积物补偿情况的控制。而矿层发育的厚度则受该处含矿层厚度的控制，也要受当古地理条件的控制。

宁乡式铁矿基本上形于浅海底体化学沉积和机械沉积，生成于地台上沉陷地区内之上泥盆纪地层中。

泥盆纪海水来自印度大西洋，先经广西而进入贵州、湖南（图3）在这海进过程中，在江南的地区就产生了不同时代的铁矿，如广西的下泥盆纪铁矿，贵州的中泥盆纪铁矿，在川湘鄂地区则是上泥盆纪铁矿，在湖南的铁矿亦为上泥盆纪，这些铁矿的形成在浅海滨地带，特别是在海水中夹含氧的地带，最有利于铁矿的沉积。又该时因气候炎热的，因而不利同含矿的沉积。

另据勘资的共同点，这是一个古老侵蚀面关系湖，含铁矿岩众多以带状大致呈北东方向分布。这一分布恰与当时江南地盾海岸线方向一致的。这无疑是为江南地盾有关。

上震旦纪时,江南地盾大部为含矽酸铁的灰绿色板岩千枚岩,岩石经长期风化侵蚀作用,於是其中的矽酸铁便被冲刷而运入浅海,从而充分保证了成矿物质的供应。所以说江南地盾是宁乡式铁矿成矿物质主要供应区。

从泥盆纪地层剖面中可以看出当时地壳运动是很频繁的，它对泥盆纪宁乡式铁矿的形成起了很大作用，这点我们可以含铁岩系中的一些旋迴得到证明，即当时的地壳本是宁静的，而是经常处于震动的。此外，当时的气候条件和地形条件等对铁矿的形成起了应有的作用。

宁乡式铁矿在华中及西南地区，特别是在江南古陆的周围广泛分佈，是我国南方最有希望，最有工业价值的大型沉积铁矿。到目为止，所发现的这类铁矿产地不下数十余处。

已发现铁矿区的分佈：
(1) 湖北西部：长阳、血炮、思施等。
(2) 湘北西北区（湘中、湖南及桂北的江南地盾东南部）：慈利、石门、红岩界、人潮泛等地。
(3) 广西：广西北部，以广西弧形构造的北缘为常见。
(4) 贵州：独山胡一足、班台、采董、平黄山、荆袭三郁、都匀等地。
(5) 四川：酉阳、彭水、江油及川西荣经。

宁乡式铁矿今后普查方向似应以江南地盾西缘川湘凹陷及黔桂地台东北部为重点，结合周围地区进行。
(1) 川湘凹陷地区：长阳、建始以北之枝江、宜都一带。
(2) 黔桂地台区：黔东月霄、二郁、荆匀、贵定及贵阳以东，以及桂北河池等地。
(3) 滇黔边区：黔东北及黔东之泥盆纪地层发育区
(4) 四川：川东南、酉阳、彭水及綦江东南，西北江油、荣经、汶川等地。

参考文献
廖士范：贵州部分铁矿地质情况   地质学报30卷4期
村泉侯：鄂西宁乡式铁矿的形成和分佈规律 地质评论

敖振宽等 湖南慈利五门洞泥盆纪地层　地质学报39卷1期

（五）二迭纪底部铜矿溪层中涪陵式赤铁矿

1. 概述

目前已知，在川黔交界一带之铁昌、叙永、古蔺、南川、涪陵、丰都、武隆、彭水、酉阳、沿河、德江、思南一带作近似北东向的分布於铜矿溪层中，有赤铁矿——即涪陵式铁矿。位於天地构造四川地台与川湘凹陷的交界处。

此区折皱起伏频繁，多或为背斜层和盆地。主要背斜层之两翼又往往小折皱存在，轴向南北或东北向。

断层以走向小断层为多。

2. 矿产叙述

(1) 矿区地层

以武隆三江口附近贾角山作为代表

上伏地层：二迭纪阳新灰岩

二迭纪底部铜矿溪层

    黑色炭质页岩　　　　0.3M

    绿灰色粘土状页岩　　1.1M

    灰色粘土页岩　　　　0.7M

    黄色粘土页岩　　　　0.4M

    灰绿色铁质页岩，有时具豆状结

    鲕状或豆铁矿层位　　1.3M

    绿灰色页岩　　　　　0.8M

    ------假整合------

下伏地层：志留纪韩家店页岩。

3. 成矿分析：

志留纪后，四川地台上升而缺失了泥盆石炭纪。二迭纪四川地台开始下降，铁矿沉积处是在遭侵蚀的浅水地带。可以说法陵式扁豆状赤铁矿，是在沉积间断面上发生海侵在浅水条件下，由于盆底起伏不平及铁质来源不丰富，才造成了透镜状铁矿体。

此种铁矿多在四川地台及川湘凹陷相接处，即在四川地台的东南方向。与这种古地理条件相似的还有川东及川东北及黔北古陆贵州修文、贵筑一带。可以造成相似的矿层。在其他具地区凡有铜矿溪层出露的地方都可以注意。

参考文献：
四川省武隆县贵州省道真县普查地质报告
中国地质学讲义　　　　　成都地质学院　1959年8月
中国区域地层表（草案）　　　　　　　　1956年8月
中国地理图　　　　　　　　　科学出版社

(六) 上二迭纪铁矿（川南地区）

1. 概述：

乐平统系为中菱铁矿层发现于四川南部古蔺县一带，及四川西部大邑境内，皆属于四川地台。

2. 矿产叙述：

在古蔺一带，地层折皱较为强烈，倾斜较陡，一般成东西向。背斜较开阔，而向斜则较窄。背斜核部由奥陶纪或志留纪组成，向斜由侏罗纪或白垩纪组成核部。乐平统系分布于翼部了小井道县多，菱铁矿产于乐平统系中，其剖面如：

⑬ 长兴灰岩　　　　　　　　20M
⑫ 砂质页岩　　　　　　　　20M
⑪ 含矿层（含矿三层，每0.5M）　2.5M
⑩ 炭质页岩及灰质页岩　　　　7M
⑨ 细砂岩　　　　　　　　　14M
⑧ 含铁砂岩　　　　　　　　6M

中国主要矿产及成矿规律 ~69~

⑦ 含矿层（含矿10层，厚1.2M）   4M
⑥ 砂质岩、炭质页岩夹灰层   15.7M
⑤ 含矿层（含矿10层，总厚1.5M，底部透镜状、上部层状） 5M
④ 砂质页岩、炭质页岩及灰层   12M
③ 含黄铁矿的铝土质岩   3M
② 褐铁矿及含水高岭土（厚度不等）
① 阳新灰岩

永平灰系厚约100公尺：由于阳新灰岩表面因侵蚀不平，并有褶皱作用，使灰系厚度变化较大，含矿层一般较稳定，但质量变化较大。

铁矿有下列形状：

层状：常见为10厘米，最厚为40厘米。

透镜状：透镜体大小不一，一般10——15厘米，最大达50多厘米，排列成层，疏密不同，长轴平行岩层之纹理。

结核状：夹在青灰色、灰色页岩和炭质页岩中，结核大小不一，0.5厘米到数十厘米。排列一般不规则，但也有逐层排列。

矿体层位较稳定，矿层厚度变化亦不大，仅见局部矿层有分叉现象，但透镜体结核状变化较大，铁矿向下延伸变化一般不太大。

在大冶境内，赤铁矿位于永平灰系中，其剖面由老到新表示如下：

① 永平灰系：厚50公尺，主要由炭质页岩、砂质岩及二层灰，灰层变化较大，一般为0.8公尺。在中部薄层石灰岩之下，有赤铁矿层及炭质岩二层夹现，矿层平均总厚10公尺左右，矿层伸延达数十公里。

② 长兴灰岩：厚100公尺以上，深灰色厚层灰岩。

矿区成单斜层，倾角30°至45°。

矿体完全存在二迭纪地层中，已知矿点几十处，已达数十公里以上，矿体呈层状，共四层。厚度都在1公尺以上，最厚达20公尺，且变化不大，品位50%以上。

矿体有下列特征：

① 铁矿夹于灰岩底部，上下盘都为石灰岩，为灰质岩间呈夹层产出。

② 矿层层位较稳定，厚度变化亦不大。

③ 矿层上下盘与灰岩接触处皆有一层很薄页岩间夹，且变化稳定。

④ 矿体向西南倾延，上下盘灰岩中镁的含量增加变大。

⑤ 铝土质岩呈块状，状结晶产于矿层下部，产状稳定。

⑥ 矿层中含有磁铁矿，保要为岩浆热液影响所成。

3. 成矿分析：

二迭纪时，由于地壳发展不均衡，在西川地台主要表现为地壳的升降运动，下二迭末，由于东吴运动的影响，造成盆地的暂时上升。

上二迭开始，在川南海水来自南方，由于近康滇地盾位于黔北方的边缘，故下沉幅度不大，形成海陆交替相。其沉积环境并不十分稳定，物质来源也不十分丰富，加以气候温和，造成了矿物的广泛发育，增加了沉积介质的不稳性，因而造成结核状与透镜状矿石，在稳定时期可有层状出现，石灰海水继续加深结束了矿石形成条件。

大邑赤铁矿的形成，因当时地壳振荡运动较剧烈，故与灰质岩相互成层，成结核状以至豆状及极微量肾状的赤铁矿。当时当气候温湿润，氧气充足，铁矿赤铁可能为二迭纪末式当

上述两种矿矿代表了同一时代不同岩相的沉积类型。

中国主要矿产及成矿规律

东平化系在扬子陆台广泛发育，依上述分析的沉积条件，在扬子陆台最有利地区应在川南黔北找褐铁矿，而在川西北找赤铁矿。在东平化系出露之处可能发现。

参考资料

（七）威远式及綦江式铁矿：

1. **概述：**

四川的侏罗纪香溪化系中，一般夹有铁矿，位于香溪化系之中下部者即为威远式铁矿，位于顶部者即为綦江式铁矿。

2. **矿产描述：**

威远式铁矿的分布，四川地台上凡是有香溪化系存在之处凡子都有。一般是褐铁矿生于香江系中下部化层之下的较多，也有生在化层之上的。矿层都生于白色粘土或砂质粘土之中，矿层厚数公分至数十公分，有时有许多层组成一个矿带，可以同时开采。在川南、川西、川东南以层状为多，在大巴山和龙门山地带则以结核状为多。这种铁矿在威远开采较盛，称威远式铁矿。此种矿分布较广，冶炼容易，最适宜土高炉生产。

綦江式铁矿分布于四川綦江、巴县、铜梁境内，矿体呈层状或大透镜体产出，变化大，这种铁矿以綦江最好，开采亦最盛，故以称綦江式。

现将含矿层及矿石结构分述于后（由老到新）：

上三迭纪：雷口坡组灰白色白云质灰岩及薄层灰岩之互层

下侏罗纪：香溪化系

底砾岩：含直径不到1公分之碎石，厚不到1M

黄灰色砂页岩、红色页岩、薄层砂岩，其中夹可采化及褐

~72~ 中国主要矿产及成矿规律

　　铁矿砂层　约250M.
　　灰色砂岩及页岩．厚约98M.
　　灰白色长石砂岩，常呈山嶺，在顶部黄色砂岩中常可见赤铁
矿及黄铁矿（即綦江式铁矿　厚60M左右．
　　中侏罗纪：自流井组
　　威远式铁矿的矿石结构和构造：
　　　① 层状：在短距离内可由20公分减少到3——4公分．
　　　② 扁豆状：厚达20公分以上，长约70公分，杂乱分布或成
　　　　　层状．
　　　③ 结核状：形似猪腰，大小不等，排列不定，普遍夹于两
　　　　　种铁矿之间．
　　綦江式铁矿的矿石结构和构造：
　　　① 鲕状赤铁矿：鲕体小于1毫米左右．
　　　② 块状赤铁矿：结构细密，浅红、鲜红、暗红．
　　　③ 流枝状赤铁矿：结枝不规则，较为零乱，常为黄色或红
　　　　　色之泥土所充填，铁壳几乎全部脱铁，呈青灰色．
　　3．成矿分析：
　　　三迭纪末，由于印支运动的影响，海水退出扬子陆台，四
川盆地周围均上升成为陆地，侏罗纪初，四川盆地成为秦岭南
面的一个大湖泊区．沉积有下侏罗纪香溪煤系，此时盆地北有
龙门山古陆，北和东北为大巴山古陆，东南为江南古陆，南已有
黔北古陆，西南有康滇古陆．这时总的情况是盆地基底逐渐隆起，
沉积时震区频繁，当时盆地周围山地盡受风化剝触，而铁被溶
解带到湖泊水中，在有利的情况下则沉积形成结枝状及层状黄铁
矿．大巴山及龙门山地带，由于地壳运动频繁，故而合成结核状
且层数较多．在威远地区，由于接近盆地中部，比较安静，因
而形成层状黄铁矿．在威远式黄铁矿沉积之后，盆地周围地壳

继续上升，
地形高差相
悬殊，陆地
上风化后之
碎屑物质较
多，下降与
沉积的差距
很大，因此
沉积了较厚
层数的长石
砂岩。当时
铁质来源较
多，被带到盆

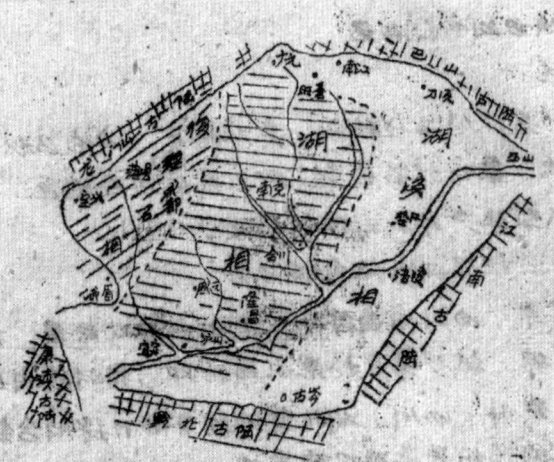

四川盆地侏罗纪沙溪庙岩相古地理图
根据四川石油普查大队

地中在有利的条件下，即沉积成铁矿。这种铁矿在石柱、丰都、长寿、万县均陆续有发现。

大致说来，威远式菱铁矿应该在川东北、川东、川南的下侏罗纪香溪煤系中均有存在，盆地之周围也有分布；綦江式铁矿则多分布在川东南地区。

参考资料：

綦江铁补志　　　　李贤诚著　　民国26年7月
中国地质学　　　　喻德渊　　　1959年
中国地质学讲义　　成都地质学院　1959年8
四川盆地陆相地层中烟气之构造岩相控制　四川石油普
　　　　　　　　　　　　　　　　　　查大队

(八) 扬子陆台的含铜砂岩

1. 概述：

含铜砂岩一般品位较高，产状稳定，分布面积广大，又因岩石露头松软，氧化矿石居多，故在我国西南地区，开采颇盛，在目前土法小型生产中具有很大意义。

(1) 二迭纪及三迭纪含铜砂岩

贵州遵卓、四川峨眉等地二迭纪东平处余里，有沈积铜矿，很早即被发现，铜矿常产于黑色页岩中，有时成为自然铜。

云南、贵州、四川、湖北等地许多被开采的含铜砂岩，大都产於三迭纪的飞仙关系或巴东系中。

四川荣经、天全、洪雅、云南牟定等矿层，矿石以黄铜矿、斑铜矿及黄铁矿为主；局部有孔雀石。铜矿多集中在岩石中植物化石碎片周围，矿体呈似层状、透镜体和薄片状，厚数公分。围岩为杂色页岩。云南宜威、玉溪及弥勒等地，矿体呈扁豆状夹赋於红色页岩中，出黄铜矿、斑铜矿、孔雀石等矿物。湖北巴东、利川、四川云阳、奉节、巫山及石柱等县含铜砂矿，产於巴东系红色岩层中，矿石多半富集在植物化石周围。贵州盘县、遵卓等地三迭系滨海相地层内亦发现有含铜砂页岩。

(2) 侏罗白垩纪含铜砂岩

四川盆地边缘，玄武岩的邻近区，自古蔺到天全断续地发现於与重庆统上部地层相当的绿色砂砾岩里。作为又在四川会理炉厂有"炉厂式"含铜砾岩的会理炉厂矿区，夹於侏罗白垩纪红色岩系内。條黄铜矿、斑铜矿、辉铜矿、兰铜矿及孔雀石等矿物成条带状或散染状分布在灰白色、淡绿色的孔隙和裂缝内，或散集在砂岩胶结物中。

2. 成矿分析：

尽管含铜砂岩在不同地层的不同层位内发现，某些地质特点

中国主要矿产及成矿规律 ~75~

虽有差异，但其主要的成矿条件和规律性还是可寻的。

从大地构造和古地理环境来说，已知的含铜砂岩大都是产在地台与地槽（或准地槽）之间过渡带内的山前凹陷、山间盆地的红色岩系中，当这些红色岩系的主要沉积来源为基性岩或碳化矿物时，对于含铜砂岩的形成极有利。例如众所周知的峨眉山玄武岩，南至昆明，北抵峨眉山，长达　　公里。岩流喷发之后，各时代均曾遭受侵蚀，故晚期的二迭纪末不去，三迭纪其仙关巴东去，侏罗纪及白垩纪的红色地层，陆相或海陆交替相的碎屑岩的沉积中，都可以有铜的沉积。

含铜砂岩的岩相表明它们都是在于燥气候条件下的陆相、滨海相形成的。这种地层大多是紫红色砾岩、砂岩、页岩及含铜白色或杂色砂岩、页岩、黑色页岩等组成。初期由于地区沉积速度较快，水中化学作用不强，不利于含铜砂岩的形成，而到沉积世纪的中期、末期，沉积速度慢，水中铜的成分随沉积物增加而扩大。当其有利于铜沉淀条件下（石灰质增多、有机物或生物作用加强，及其他水的物理化学作用变化原因等），铜即堆积下来。所以含铜砂岩在红色岩较少，一般多在中部或上部层位中发现。由于地壳的振动，沉积物的成分沉积环境的变化，故某些含铜砂岩呈层状或呈扁豆体夹层。

在四川西南部、云南、贵州等地的含铜砂岩，可以在不同时代的地层内分布，这种情况可能与区域地球化学特点有关。在许多含铜砂岩中，常见到一些铜矿富集在植物化石碎片周围，或直接交代（仍保留有外形特征）。还有一些含铜砂岩是生在黑色炭质页岩中。以上都被认为是一部分生物具吸铜作用，因而含铜量较高。

综上所述，含铜砂岩的分布与红色地层的分布（尤其是三迭纪、侏罗纪、白垩纪）或海陆交互相的未平几系的分布，有密切关系，今后都应注意。又因铜质来源主要是二迭纪玄武岩，故在二迭纪玄武岩附近更是成矿的理想区域。

参考资料：
彭有先：我国含铜砂岩分布的若干规律及找矿方向 地质勘探1959年3期
朱熙人：中国铜概论 中国建设 1935年12卷4期

(九) 贵州遵义锰矿：
1. 概述
贵州遵义锰矿位於黔桂地台的北部，矿区分佈在遵义市的东南出露地区

中国主要矿产及成矿规律

(十) 寒武系底部磷矿：

1. 概述

就目前我国磷矿产地及储量分布情况来看，是很不均一的，而西南区扬子陆台所在之处则是主要分布区之一，含磷区的寒武系地层岩相比较简单，含碎屑岩较少，含碳酸盐岩较多，且为连续沉积，它代表了一个正常稳定的陆台下陷盆地，不是补偿性的，从沉积性质来看，当时是比较平坦的地形，在地壳稳定条件下的浅海盆地中方形成具有工业价值的磷块岩矿床。

下寒武系是中国的一个海侵期，当时海侵来自西南方的印度洋，在越北地块和康滇地盾间的开□海峡，是海侵的通道，随着此次海侵，形成了□中部以昆阳地区为代表的磷灰岩沉积。由于这次海侵范围广大，不但在西南大部地区，就是在东南和华北的一部分地区也有磷酸盐化的岩层，在扬子陆台下寒武系的磷矿多半与炭质页岩伴生，说明当时气候温暖湿润。磷块岩中常含较多有机质和黄铁矿，这都说明它是在还原条件下形成的，具有工业价值的磷矿几乎全与白云岩伴生，有时含有不少石膏层；并具鲕状构造。

云南昆阳磷矿（Cm_1）矿区柱状图

时代	分层	柱状图	岩 性 描 述
下寒武纪	上 Cm_1^4 砂页及		黑色页岩及紫色砂质页岩
			底部块岩
			砾状或结核状及柱状鲕状
			含海绿石碎灰岩
	Cm_1^3		玫瑰砂灰岩偶见砂灰石
			结支晶
			鲕状及条带状砂灰岩互夹
			砂灰岩夹白色硅质页岩夹层
	白色Cm_1^2页岩夹	Cm_1^2	白色页岩夹透镜状
			砂灰岩 底部含
			Hyolithes
	下 Cm_1^1 砂灰夹	Cm_1^1	含 Hyolithes 砂灰岩顶部是 泥拼造
			含燧石条带的砂灰岩
			鲕状砂灰岩
			砂状或结核状砂灰岩
上震旦纪	灯影灰岩		砂屑灰岩顶部为白云质灰岩

中国主要矿产及成矿规律

2. 矿产叙述及成矿分析：

根据已有资料和大地构造情况，将扬子陆台产磷地区分为东西两区分述如下：

(1) 康滇地盾边缘滇东海槽区：

南北长达600公里的狭长地带，也就是昆阳的磷矿和雷波、马边屏山以及峨眉等地的磷矿，北至川陕边境的南江、南郑、宁强、沔县等地。此区磷矿层厚度巨大，如昆阳及其邻近区砂矿有时分为上下两层，其间夹有白色、黄白色粘土质页岩，此层页岩局部含矿，有时页岩消失，矿层拼为一层，平均厚度达11公尺（中含 P_2O_5 8%以上），矿层中含   矿石呈致密层状或条带状，并有疏松或鲕状，尚有呈烟灰色磷块岩及磷质白云质磷灰岩，鲕状者粒度为0.5——1.5毫米，矿石中除钙磷酸盐外，尚有石英、海绿石、粘土质、铁质及磷酸盐。

矿区	矿石类型或矿层	P_2O_5%	SiO_2%	Fe_2O_3%	Al_2O_3%	MgO%	CaO%	CO_2%	F%
昆阳	上层矿	26.33	19.39	2.22	3.65	0.87	29.91	6.93	2.59
	下矿层	29.55	14.78	1.21	1.83	0.86	41.91	1.78	2.74
	一般平均	27.35	11.64	2.08	3.71	2.33	39.39	6.52	9.24
雷波	条带状磷灰岩为主	17		R_2O_3 2.36		1.50	27.02		

(2) 江南地盾地区：

分布在川黔边境的遵义、金沙、四川的酉阳、秀山，此区磷矿多围绕四川地台出现，在江南地盾边缘地带，黔中开阳瓮安及黔东湘西亦有（时代未肯定）。此区矿层较   矿层薄，但层位和厚度稳定，如遵义上磷矿层分布达500公里，这可能是由于海侵到达较晚。

由以上情况看来：要在扬子陆台上寻找寒武纪底部磷矿，除扩大现有矿及远景外，还须沿古陆边缘相地带，在海进层序地层中去寻找，同时还应注意，在找寻砂矿层和它们的顶底岩层页岩中，往往会有放射性较强之矿物，有时可达工业品位，所以必须重视此种情况。

参考资料

王忠福等：中国的铬铁岩 地质矿产部矿物原料研究所
1958年9月

叶连俊：中国铬铁岩的形成条件 地质科学 1959年2期

(土) 铝土矿

1. 概述

铝元素在地壳中的分布是非常丰富的，从地壳中各元素分布情况而论，它仅次于氧和硅（砂）比大家熟知的铁（在地壳中的含量佔4.5%）还要多，如果按金属元素来说，铝在地壳中的含量就佔第一位了。

铝土矿，系指矿石之含铝量较高，而铝与砂之比大於或等於2.5者，其比值小於此数者称为粘土矿或铝土质岩。若从矿床的一些类型上看，则有海相地槽沉积铝土矿床，陆相地台型沉积铝土矿和风化壳矿床。而风化红土型铝土矿（即风化壳矿床）主要生在气候湿润的古生代或现代红土风化壳发育地区内，经过红土化作用而产生的，矿石以三水铝土矿为主。沉积类型包括地槽型和地台型的沉积矿床主要是经过红土化或铝土化后的风化物被搬运到附近海边（地槽型）或湖沼内（地台型）沉积而成。其矿床多为一水型，其中可见一些水软铝矿，很少三水型铝土矿，因此，铝土矿的寻找与其区域的大地构造、古地理、沉积环境和物理化学条件，以及成矿以后的次生作用等密切相关，这是我们寻找铝土矿时应该特别注意的先决条件。铝土矿的成矿条件，可归纳如下：

(1) 多为海岸相沉积，紧接为大陆或长期侵蚀区而分布於沉积盆土壤地带。

(2) 生於海进过程中，海进层之底部为一长期侵蚀面，代表一般沉积者为假整合或不整合。

(3) 生于陆相或海陆交互相的盆地内。

(4) 已发现之铝土矿床上部，往…均凡系，铝土矿也往之生长凡系盆地内。

所从大地构造位置上说多保於地合型（地槽型铝土矿尚未发现），并且产在中或上石炭系底部之上寒武或中奥陶系侵蚀面上，石质以一水硬铝矿为主，而且矿石中含铝，致均高，这些特征给我们今后找铝土矿床提供了良好的根据。

2. 矿产叙述及成矿分析。

在扬子陆台上南年有的铝土矿床，如昆阳石炭系中之铝土矿，分布於康滇古陆之东缘，贵州中部的铝土矿分布於黔北隆起带的南缘，即含湄、赫章、毕节、息峰之南部及朱苟山之西部和北部，其他如英铭一带，均有分布。说明在此区找矿有广阔前途。

贵州中部以修文式铝土矿床。修文式铝土矿在石炭系黄浒江岩下部为二迭系极预太岩底部，被层均复在寒武纪白云质灰岩的侵蚀面上，而而复灰岩底部及茅口岩与之尚这高岩与其陶岩层等灰岩等的侵蚀面上的接触层位，也有个别此区为铝土矿，东平凡系与茅口灰岩的侵蚀面上，有时也有铝土矿，其侵蚀基底以白云质灰岩最好，而页岩、砂岩的基底则较差，尤以砂岩最差。

在黔北隆起的南北两侧，均有质量好，厚度大的矿产分布，而含矿层厚约5—30公尺；矿层厚1—8公尺，一般2—30公尺，铝土矿层居含矿层之中部，二迭纪或石石炭系白铝土矿与围岩都呈渐变或突变的关系，矿层与围岩肉眼较难区别，一般矿的外形有的似砂岩、有的似石灰岩、铝土质岩等，不地结构来分、主要是土状铝土矿、粘土状铝土矿、破碎状铝土矿、鲕状、豆状、结核状等矿石，颜色变化也大，白、红、黄绿等，矿物组成主要是水铝石、高岭石、绿泥石、赤铁矿等，说明为滨海海相的浅海盆地化学沉积矿床。秩於矿层在贵州中部的分布范围很广，大致东经106°～106°50′，北纬26°30′～26°50′范围内，矿区和矿点很多（参看附图：贵州铝土矿的分布及主地质图）。

中国主要矿产及成矿规律 ～83～

矿区的大地构造位置在黔桂地台上，江南地盾西侧，黔北古陆的南缘，这个黔北古陆是上寒武系、石灰岩沉积以后，陆盘向上隆起（即云贵上升以后），它经历了加里东运动及部分海西运动至中石炭纪初期才为海侵淹没；当时石炭纪海水由南而北向黔北古陆超复，掩盖了贵阳、贵筑一带，而海侵边缘达修文织金以北，就在修文石炭纪以下的奥陶纪地层，因经长期侵蚀而形成了一个侵蚀面，这样的侵蚀期给铝土矿的形成创造了有利条件，所以当石炭纪海侵徐徐进入的时候，造成了一层铝土矿，据资料，可在此带铝土矿层底部，往往有一层含铁的红色砂岩及粘土，其厚在1公尺左右，有时成为完全的赤铁矿，有时成为浅黄绿色的粘土层，厚约1.5公尺，有时粘土变成豆状或砾状铝土矿，再上为浅红或浅黄色鲕状铝土矿，厚2公尺，再上为象牙黄色致密而均匀的铝土矿，厚约3公尺。

扬子陆台上铝土矿床的分布很广，同时根据大地构造单元、古地理、地壳运动、沉积环境以及成矿的物理化学条件分析，有广阔的找矿区域，在贵州东部可以注意在炉山、都匀找寻铝土矿。

在贵州中部，除以知修文等矿区之外，尤当特别注意在寒武奥陶纪时形成的侵蚀面上的石炭纪地层中的铝土矿床。而此层矿床的找矿特征是矿层上面时有时无不规则的烟煤或碳质页岩，在黔西北二迭纪栖霞底部化系以下有黄龙灰岩，其下便往往是铝土岩及铝土矿了。甚至贵州东部多处无古代被侵蚀地层之上的二迭系底部也有铝土矿，贵阳以南地区朱平系底部与茅口灰岩侵蚀面上也有铝土矿。

如上所述石炭纪海侵由南北向黔北古陆超复，同时石炭纪海水也向西往康滇地盾超复，在昆明、安宁及昆阳一带，石炭纪才为山凡系超复在寒武系或更老的地层之上，由于古老侵蚀地上寒武系或更老地层的准平原化，造成铝土矿形成的良好环境，铝土矿营则分布于上下两部的石炭纪地层中，与此东西为消长，为一边缘山凹中的沉积，分布于滇北东滇地槽地带，产地有昆明黄土坡、安宁温泉、呈贡一朵云、昆阳清水沟、沿江杨家海等处，即在昆明呈贡富民一带。故南北延展游荡填古凹的黎壤生石岩系中（包括下石炭纪在内）可以找寻修文式的铝土矿床。

另外在四川乐山、峨眉、古蔺等，贵州毕节、安顺至昆金以西找到桃树底部铝土矿，以及朱罗系子中的铝土矿床，对此注意上二迭纪在西南广大地区分布甚广，可能是古陆古风化面的铝土矿床，因上二迭纪陈武花岗岩喷发甚旺，而且当时包大颤动强裂，有沉积间断状现象，这可能也给铝土矿的形成造成了有利条件。

参考资料
中国地质学，成都地质学院古生物教研室
地质与勘探 1959年1、2、5、6期
贵州修文式铝土矿 田北祥
贵州省中部铝土矿床特征 赴川贵阳普查会议汇编 1957年
中国铝土矿 地质月刊 1957年合订本

(十) 杨子陆台上的煤层
杨子陆台成煤时期主要如下：石炭纪的万寿山煤系，上二迭纪的乐平煤系，上三迭纪煤系以及侏罗纪煤系。此外在下二迭纪栖霞灰岩底部铜矿溪层也生烟煤，但由于分布不广，层薄，没有价值性。而四个含煤地层中，以上二迭纪乐平统分布最广，成煤条件好，形成西南各个主要煤田，也是西南工业用煤的主要来源，其他三个时代含煤地层都分布有局限性，煤层变化大。

煤层厚度小，只可以局部形成比较大的煤田，下面分别介绍各个时代的煤层情况。

附各单元各时代煤系发育情况：

单元 时代	四川地台	川湘凹陷	康滇地盾	昆明凹陷	黔桂地槽
C_1	无	无	无	有	有
P_2	有	有	无	有	最发育
T_3	无	无	有	有	无
J	有	无	无	无	很少
Tr	无	无	很少	有	有

1. 下石炭纪煤：

下石炭纪开始时，四川坦台地成陆地，川湘凹陷也在上升中，康滇地盾仍在雪海面以上，只有黔桂地槽和昆明边缘凹陷是处于下陷中，开始时为海进沉积，到下石炭纪后期由于当时处于海陆交替和滨海环境，气候条件适于大量植物繁殖而造成煤的沉积。

在黔桂地台东南部，贵阳东南尤里附近，发育比较好的煤层，煤层也比较薄，由于未形成大型煤盆地，同时煤层变化也大，目前的资料也不充分，还不能作出肯定的结论。

昆明凹陷中各地的下石炭纪煤系发育不一，称为万寿山煤系。主要沿康滇地盾分布，在昆明附近，宜良可保村、昆阳、澂江、通海、富民、嵩民等处，大致成南北向。向西往往煤层为铝土矿所代替。

只有在昆明附近，宜良可保村煤层比较好，煤系下部为石英砂岩，厚约30公尺，上部为黑色、黄色页岩及薄层砂岩。煤层变

~86~　　中国主要矿产及成矿规律　　　十

于二者之间，可供开採利用者，只有一层，平均厚2.5公尺，煤层不稳定，变化很大，向北为一层或变化为二层，厚度变小，都不超过1公尺。再向高的以北则不清楚。向西到滇北西周，煤层变薄，煤层亦只有一层，而且厚度也不稳定，由几公分到一公尺。

煤质大部为无烟煤、半烟煤，也有为变质轻微的烟煤，一般都不可以煉焦。后期的破坏作用比较强烈，有断裂、折皱，使煤田进一步破裂，形成小块煤盆地。构造线的方向，大致受康滇地盾影响成南北向，在小型盆地中，也作南北向的条带状。

2. 二迭纪煤

(1) 概述：

在中国西南部二迭纪时期共有二次含煤沉积：第一是在下二迭的栖霞底部煤系，分佈范围遍及川、滇、黔、湘、鄂等省，但煤层薄，煤质差，很少具具有开採价值的矿区。目前仅知在湘西及鄂南一带，含可以开採的烟煤层。第二次是在阳新灰岩沉积之后，分佈范围遍及我国南部各省，在西南区尤为发育，这两次含煤沉积的形成时代，曾经不少地质学者反复研究，根据所含化石和层位，业已定前一次为下二迭纪，后一次为上二迭纪，现在详细讨论后者。

如下图所示，在下二迭纪阳新统上部，等口灰岩沉积以后，不止有峨眉山玄武岩流的大量喷发，其覆盖积十分广泛。在康滇古陆以东玄武岩流分佈的范围内，根据中国各个学者的研究结果等异，大致认为玄武岩喷发主要时期是在合山地层沉积以前，而在主要的玄武岩流喷发之后，岩浆活动尚未完全停止活动，玄武岩还有间隙喷发，所以在一些地区在煤系地层底部岩层中，还夹有薄层的玄武岩流。同时，在一些地区，則在主要玄武岩流形成后，继有较长时间的间断，然后，含煤沉造才开始形成，这在又部地区尤其黔中、黔东及四川（除东西南部）的大区域内

（以前简称菜部）上二迭纪含煤建造均系直接覆于阳新灰岩上部的茅口灰岩之上。在川西北地区、华蓥山区及川东南等地，两者之间接触处常有灰白色含黄铁矿拟主页岩一层，茅口灰岩顶部遭受古代侵蚀的现象极为显著，生物化石属于浅水变现象，熊以肯定上下二迭纪间是假整合接触。

含烟地层在本区的西部多为陆相沉积，其下伏地层为峨眉山玄武岩，其上无其地沉积，本区的东部，多为海陆交互相沉积。

其下为地层为寒口灰岩，其上均有长兴灰岩出现。在东西两部交界地区，如贵州的遵义桐梓等地，则为过渡型，融有在含煤建造顶部有长兴灰岩，而底部有武武岩。此种上伏地层与下伏地层有规律的变化现象，可能反映形成的。这与含煤建造沉积时的古地理环境有关。

(2) 剖面叙述：

本区的上二迭纪含煤建造分布和古构造单元符合的，其范围正亚藏滇地南，东至江南地块，北至汗南地块，南至越北块，另在各地以同方向互连接（图 ）本区含煤沉积的厚度在贵州威宁德卓一带达690公尺以上，但一般为100—300公尺，厚度的变化有一定的规律，含煤建造的等厚线大致与古古陆的边界平行。但在成煤的盆地中，有起伏不大的凹陷带和隆起带。凹陷带的延长方向亦大致为具相偶古陆边界平行，隆起带的延长方向则大致平行于现代四川盆地南缘。在成煤的过程中，地壳的颤动现象在四川华莹山区相当明显，其它地区研究不详细，东部地区有显著的下降趋势，含煤建造在上部逐相石灰岩灭底显著的增加，最后过渡到长兴灰岩，西部则直到下三迭纪时期仍保持陆相地积，说明向时下沉的幅度是不平衡的，长兴西侵一直未达西部，西部含煤建造多以陆相页岩和砂岩为主，常呈黄灰色，只接近陆边缘均珠岩，含煤数多，可达30层，东部岩性则有海相石灰岩、硅质层、锰质页岩等。在煤层上下十有砂锰质岩和砂岩，所含煤也达十层以上（华莹山区），但一般均不到十层，南川煤层一般均可以焦焠，但在华莹山，煤的含硫量很大，最高达5.06%，最低达1.7%。黔中的注义至普谷一带和川南筠连至古蔺一带以及黔东至川东区部均为无烟煤。

含煤建造沉积以后，本区切继续下降，经长期的演变均升为陆地，而各地的下降幅度是不均匀的，因此，复接含煤建造上的

中国主要矿产之成矿规律　～89～

地层厚度各州颇不一致。公洪东约为1000公尺，黔东2000公尺，川东2000—3600公尺，川西北3500—5000公尺。含矿造成矿的变储程度也不同。

(3) 成矿分析

扬子陆台上，除长江地区没有朱罗纪系而外，大部份都有朱罗纪系的沉积。但从含矿建造的性质和成矿的情况来看，东北、东西南部显然有所差别。各地的具体条件，如地壳的升降幅度，成矿时间的长短，距离古陆的远近等，都不一致。特别是经过燕山运动以后，各地所受的持压强度不同，因而所产生的折皱断裂的形式比方向。根据以上特点，可以初步的把本区划为以下的若干小区(盆)。由于资料研究尚不够细致，因而此区的界线有很大推测性，还待今后修正。兹分区简述如下：

1. 川西北区：原龙门山褶皱带，含煤建造常呈单斜或背斜两翼出露，折皱轴为北东南西向，折工强烈，逆掩断层甚多，并有龙朱峰拼造，向边缘向中心推复，对煤矿床的破坏很大，含煤沉造以海相煤为主，煤层只有一层，位于煤系底部，厚度变化大，但具有一定稳定性，含煤建造向东有增厚的趋向，但由于被大量新地层所复，煤层埋藏太深，因而减少了煤田的价值。

2. 川东北区：原大巴山孤形折皱带，含煤建造沿宽大平行而不对称的背斜两翼出露，北翼平缓，南翼陡峻，断层较少，一般向南逆掩，对煤层的破坏大，折皱轴由北西西渐渐的变为北西向，与华南古陆平行，含煤建造以海相石灰岩为主，煤层位于底部，时有时无，煤系向东，而西部有增厚，但大部为海相石灰岩和砂页岩夹含煤的部分不大。

3. 华莹山区：原川东子午线折皱带，含煤建造常在疏状折皱的背斜出露，往往有天向逆断层伴生，煤田常被几个断裂连续切断而得以重复出现，侵矿区的拼造很复杂，折皱轴为北北东向，两翼陡坡常近对称，横断层较少，含煤建造以页岩，砂质页岩为主，有薄层灰岩，上部纯灰岩变化多，沉积旋迴显著，向东，向西，向南，向北海相地层亦有所增加，煤质变薄，煤也变为贫煤。本区成煤条件较好，煤以可炼焦(但含硫较高)为国前主产区有天地、天府、　　煤田，由于四周为新地层所复，除向深部发展外，外围发展希望小。

4. 川东南区：本区目前资料不多，位于华莹山区之南，由彼此不完全平行的背向斜组成，含煤建造在背斜或向斜的两翼出露，折皱轴由北东向渐转为东西向，地层走向变化较大，常在转折端构造成优良的煤矿区。含煤沉积在西南段为滨海沼泽相，成煤条件好，煤质由于资料不详，向东海相石灰岩变为海陆交互相的，成煤条件差，煤层少，煤可以炼焦。

⑤滇东北地区：本区紧接康滇古陆的东侧，地级在大地构造上属峨眉山沉降带，块状断裂极为发育，含煤建造厚度变化很大，煤层时有时无，很难形成大矿床，南段紧靠山折皱带向西南延伸的尾部，构造轴常为北东方向，断层很多，特别是横断层异常发育，对煤矿区破坏极大。同时含煤建造的厚度变化大，由西向东逐渐增加，为滨海沼泽相，煤层的层数和厚度均不稳定。从煤田地质来看，本区的远景是有限的。

⑥黔西区：本区成煤条件特别优良，在构造上属于黔中斜区，折皱轻微，主要为平缓的短轴背斜和向斜。向斜特别发育，间或被断层割裂，含煤沉积为滨海沼泽相，煤系厚度变化有一定的规律，由南向北煤系变厚，由西向东煤系不但变厚，而且由陆相逐渐变为海陆交互相。煤偏佳，含灰低，可以炼焦集团煤，贮量极为丰富，特别在盘县附近煤层厚度6——10代尺，又威宁附近，煤田含煤五层，最厚可达4公尺，煤的埋藏示深，是西南很好煤田之一，煤层主要集中在含煤建造的中上部，夹于砂页岩之中。

⑦黔东区：本区南级乐湘桂古陆之边缘凹陷带，近古陆处含煤建造显，凹陷带中主要为海相沉积，煤层只产生在海进的煤系底部，成煤的时间很短，煤层虽较稳定，但太薄、太少经常达不到可采厚度，构造上属于都匀、独山断折带，挤压强烈，背斜比较开阔，向斜紧密，含煤建造多发育在向斜两异，断裂发育，对煤层破坏极大，构造线多近南北向，由于构造复杂，煤的变质程度高，无甚价值，但向西部在贵阳附近煤层的层数变多，煤层厚度也变大。

~92~ 中国主要矿产及成矿规律

⑥滇东区：本区以滨海沼泽相，南部受越北古陆影响，西部受康滇古陆影响，煤系由南向北逐渐变厚，再向北进入黔西区。向东煤系与黔西区一样，不但厚度变大，而且发生相变，由陆相沼泽相变为海陆交互相，煤层在煤系中下部，煤质一般为烟煤，可供炼焦。

附扬子陆台上二叠纪煤区的基本特征

项目 地区	煤系地层总厚度(m)	可采煤层数	含煤系数(%)	煤层厚度一般/最大(m)	煤的牌号	煤变质增加方向	可采煤层稳定性
川东北区	40-110	1	0.1-1.55	0.20-1.00	石煤可炼焦	—	较稳定
川陕北区	60-153						
华蓥山区	105-135	1-10	5.07-7.45	0.45-2.00/5.70	石煤可炼焦		稳定
川东南区	68-155	1-4	0.50-5.05	0.45-1.00/3.00	石煤-无烟煤	东北-西南	较稳定
滇东北区	5?	0-1	0	0.69	0.30-1.00	石煤可炼焦	不稳定
黔西区	70-400/670	3-11	0.25-4.00	0.50-2.00/9.5	石煤-无烟煤	南北西东	改稳定力稳定
黔东区	20-400	1-3	0.24-3.00	0.40-1.8	石煤-无烟煤	东-西	稳定
滇东区	60-300	1-6	0.30-4.90	0.50-4.00	石煤可炼焦	西-东	较稳定

3．三迭纪煤：

印支运动后扬子陆台上发生大海退，以后四川地台和川湘凹陷部为湖相沉积，康滇地轴亦露海面之上，只有黔桂地台中部沉降还比较强烈，发育了放腕灰岩及碎屑岩的互层，而在昆明凹陷中，形成海陆交互相诺力克期的火把冲煤系，在康滇地轴上则形成陆相山间盆地沉积的瑞蒂克期一平浪煤系。

陆相瑞蒂克期煤系分布较广，特举例说明如下：

中国主要矿产及成矿规律 ~93~

(1) 云南省康滇地槽之东部：

在广通—平浪南端带煤相煤系，为浅灰绿色页岩及灰色长石砂岩，砾岩及炭质岩和煤层组成。下与三迭纪玄武岩流或三迭纪青龙灰岩成不整合接触。煤系中发现有淡水化石，故系陆相河湖沉积。煤层有1——3层，内中必有一层可达1.5公尺左右。最上层煤，不仅薄，且煤质也差。其他如康滇煤田，但变化很大。在广通—平浪较好，为焦性烟煤，硫及灰分异常浪低，但就在这一个矿区中也是变化异常，也有的不能炼焦。

(2) 四川会理白果湾附近：

煤系可分为三部分：上部以砾岩为主，有砾岩四层，砾岩台有时夹有砂岩，不含煤。中部以页岩为主，以下以砾岩，上下都以砾岩为界，共含十六层煤，一般而言不大，最厚可达4公尺，最薄为0.2公尺，可採煤茷不多。下部以砂岩为主，其中夹有砂质页岩，内含3层煤，最厚不超过1.5公尺，最薄为0.4公尺。此煤层变化较大，大都为透镜状似层状，稳定性较差，厚度10公尺，为山间盆地型，下部煤层夹分量。以中部11层煤最好，可以供炼焦和民用。

(3) 永仁那拉箐煤田：

此煤田床康滇地台之西部的山间盆地型，厚度为2081公尺，可分三部分：上以砂砾岩为主，中夹有黄质岩石含煤五层。其中四层可採。中部为灰白色长石砂岩和砾砂岩，内夹砂质顶岩和炭蓝顶岩，共含煤13层。其中几层可採。下部为灰色至白色页层长石砂岩和砾砂岩。中夹有泥灰岩，泥灰砂岩，顶岩，含煤九层，有四层可採，可採厚度为0.5公尺。此煤系含煤层很多，但煤层厚度几乎都在2.5公尺以下。煤层变化大，大都为透镜状，短距离内有变薄和失灭的现象，煤系向西北方向都失灭，延长不远，分布的亦致约15平方公里，煤质大部可以炼焦。

总结以上三处，证明上三迭纪煤系的沉积环境是不稳定的。含有变质的长石砂岩和砾岩，而砂岩内中有交错层，都证明当时的地形高差相差很大，在这样的环境中，不可能成规模巨大的煤田，只可能局部的造成小型煤盆地，煤盆地中后期破坏不大，只有折破作用，此种发育，断裂比较大，一般在昆凹陷中的断裂比在康滇地盾上为多，而昆明凹陷中南部又比北部多，构造线方向要康滇地盾和昆明凹陷的大地构造方向相一致为南北向居伟，一般影响不很大，此类三叠盆地煤田，一般分布在康滇地盾，南段煤田较北段煤田多，煤质亦较好。

4. 香溪煤系：

自三叠纪后，扬子陆台发生强烈的造山运动，造成表现在地形上的分化，在四川地台大部以及黔桂地盾的边沿附近，和昆明凹陷地段即发生了规模不同的，形状和大小不等的陆相盆地，这些陆相的盆地由於当时的气候温和温润，造於大量的植物繁殖，故是成煤的良好环境，但造成的煤层厚度一般很小，绝大多数不超过1公尺，除四川地台外，其他地区的煤盆地都由於范围太小，没有什么价值。

四川地台上的侏罗纪香溪煤系的分佈，几乎与大地构造一致，西北以龙门山淮地槽为界，东南为川湘凹陷交界，南到黔桂地台一直到峨眉附近，东北部到大巴山，是侏罗纪时秦岭南部一个最大的沼泽地，盆地内侏罗系厚度变化不大，川北约为三百公尺，到嘉陵江下游约为七百公尺，表示当时的湖底 差异不大，而边缘部龙门山地槽沉积发育，约为1500公尺，向南侧延到天全附近尊约1000公尺，其他地层均300—500公尺。内部煤层在龙门山地区可达30层以上，其他地区也有十几层，但厚度不大，一般都0.5公尺以下，最厚可达一公尺，煤层绝大部分都夹於粘土岩中，有时与黄铁矿共生，但一般规律为黄铁矿发育的地方，而煤

中国主要矿产及成矿规律 ~95~

不好，反之则沉积好的区域而铁不好。

从系地层上部为粘土和炭质质岩夹层，中夹细粒长石砂岩。内小俗沉层少，中上统以黄色、浅黄色、灰色、灰白色等层细粒长石砂为主，中支下灰黑色、灰色砂质质岩和半钙质岩，质岩中含有沉层和黄铁矿，有时也有少许的碎碎岩。足主要含沉层。岩石变化特大，在短距离变成尖灭形成透镜状。全区无法对比，但是岩性是一致的，由此可知，四川盆地在迅速沉降中，可形成长石砂岩，这样的环境下，当时对沉层的发育不利，所以虽成气溪沉系中的沉也是变化无常，短距离内，可变成尖灭，其因受各期的燕山运动的折皱影响，使煤系出露更为复杂。一般来说，煤层结合硫低，胶结性好，适用於炼焦。

地质构造影响基本上同井平煤系在四川地台上各区的构造情况相同，如图所示。东部的煤系，出露在各个弧形折皱上，但往往地层的倾角较大，埋藏深，煤层薄，不易形成大煤田。南部和西部多穹窿形构造，也较易形成大型煤田。如建东煤田和威远煤田，就是其例。北部古漠盖至更广，绝大部分为中上侏罗纪以及白垩纪组成平缓的穹窿和小背斜，香溪煤系埋藏过深，没有工业价值。

总之，由於香溪煤系变化大，煤层薄，折皱的倾角陡，埋藏深……等，除个别地区而外，不可能形成大型煤盆地，但其分布广、开採方便，并可煤铁同採，这就给人民公社开发煤铁了，提供了有利条件。

5. 第三纪褐煤：

经过燕山运动以后，黔桂地台、康滇地盾和昆明凹陷基本上形成了今天的雏形，被折皱的地区，地形崎岖，到喜马拉雅运动后，又发生不毁的折皱和断裂，在这新的基础上形成一些新的沼泽盆地，其中植物繁茂，造成新第三纪的褐煤沉积，由於各盆地相互隔离，各盆地中沉积环境、盆地大小、物质来源……等各有不同，故有的盆地有价值，有的没有价值。

目前已经发现的地区，只有黔桂地台、昆明凹陷和康滇地盾有新第三纪煤层。

黔桂地台上分布在右江至邕田东、百色一带，称为邕宁统。在左江和右江河谷中，出露较广，与老地层成不整合接触，倾角大於10°，内有小型腹足类化石如 Kuangsipora Vivipara 等，由泥灰岩、粘土、鬆砂组成，最上部夹於粘土层中有褐煤成层。

中国主要矿产及成矿规律 ~97~

昆明凹陷中的新第三系分布在南部宜良可保村、开远小龙潭，褐煤层含于砂质粘土泥灰岩、炭质页岩中。而露在第三纪的顶部。新第三系与下部老地层成不整合接触。本身具有一定的倾向但无折皱。在宜良可保村有两层，厚度不超过5公尺，价值不大。而在开远小龙潭和布□坝只有一层，厚度可达60公尺以上，储量极为丰富。

褐煤作黑色和棕褐色，呈块状，炭化程度不深，木纹明显，及湖积黑色泥砂混住，由于无露在地表，受到第四纪侵蚀破坏较大，往往一块整体被剥切成几块。影响其价值。

其他还有在云南明道豫自以及四川的盐源等地都有褐煤发现，基本上与前述相同。

扬子陆台北 56108 2/2

参考资料

1. 西康会理向果湾煤田地质   阮维国 地质学报 35卷
2. 云南开远乘马挡煤田   王竹泉 喻北治全著 地……33卷
3. 布旧坝褐煤田   "
4. 云南宜良可保村附近煤田   王日伦   地质学报35卷
5. 云南宜良高明间大似山煤田   丑兆祥   地质学报33卷
6. 云南宜良高明间波羊塘煤田   丑兆祥   "
7. 云南泸西路□山煤田   王竹泉 喻北治
8. 云南矿产志简略   都令昭、朱世人 袁见芳著
9. 中国地质学讲义   成都地质学院
10. 中国地质学   俞建章著
11. 云南永仁那拔菁煤田的初步设计
12. 中国西南上二叠纪乐平煤分布规律 王明约等著
13. 中国地质学   常正著
    附图 三幅。

〈98〉 中国主要矿产及成矿规律

(壹) 石油及天然气

1. 概述

随着我国社会主义工业化的发展，迫切地需要大量的工业血液。近几年来在党的正确领导下，在我国各地发现了许多油气苗，尤其是在1958年大跃进以来，在石油矿的寻找方面获得了巨大的成绩。发现了祖国的第二克拉玛依——川中油区，这就更加展示了祖国西南地区的贮油远景。

从时间上来看，中生代含油远景区是四川地台，以成都平原至华蓥山一带为主。此区有油气显示，含油气的岩系有志留系、泥盆系、二迭系、三迭系及白垩系。中生代末的地壳运动造成适宜的构造，三迭系、侏罗系、白垩系地层也构成了一些岩性封闭，都是一些很好的贮油层。在四川地台的含气层是限于三迭系嘉陵江灰岩之中，此灰岩性脆、多裂隙。主要贮油层是震旦层底部的砾层砂岩。四川石油一般产于此层。此外较有希望的地区是贵阳以东的 褶皱区，那里志留系有油页岩，奥陶系和三迭系都有油气显示。

在广西西部，贵州西南部褶皱平缓，是值得注意的含油远景地区。最近在云南省也发现了许多油气苗，这都需要进一步进行探讨。现就已有资料对四川、贵州两地的油田进行初步探讨分述如下：

2. 矿产叙述及成矿分析：

(1) 四川油田：

四川油气苗的分布在空间上遍及全四川，时间上从寒武纪到白垩纪皆有，而油气苗的地质年代分布对于不同的大地构造分区来说是不同的。川东地区油气苗分布极不均衡，陆相和海相地层中的油气苗各自成为一体，而以香溪统隔开，以自流井统陆相地层生油最有利，而川中及川南因资料不多，大致知道其油苗的分布是

中国主要矿产分布规律 -99-

从二迭纪到重庆在递减，油气苗的分布则是突得。由无初步看去生成油气之岩系是中生代以前的地层（下志系），其次应可能是三迭系式更新的地层。在川中、川南区三迭系以下皆是含油层，而浸陆方相地层的油气不甚视以分析。三迭系的相地层，尤其是上部的嘉陵江灰岩，为一种内海浅部时期的沉积，海水含盐度相当高，洪水冲来的胶体有机质到这里沉积而很可能为生油的来源，钻探井得知天然气普产在这个地层，也很可能就是母油岩。在川东自流井统下部多为灰色页岩粘土，含介壳化石很多，亦有生油的可能。另外还发现在重庆统沙溪庙层底部砂岩中，油气苗的分布方在下部的黑色含叶较介的有机质页岩的发育程度有密切的关系。

四川盆地中的新褶皱既不是大创构折皱更不是黄汲清所说之盖底折皱的表层折皱。在盆地东南指褶折皱带，折皱残型，虽不宜石油聚集，但选择较平缓而完整的倾斜层或旁侧层亦可能有希望。如在龙王洞背斜的南端倾没处和西奇附近巨野以拼连上的倾桐地层（中侏罗纪第五层）中获得工业性的二迭，三迭系天然气和重质油显示。川口油区，油气苗的分布特征是：地西多为气苗，油油少见，气苗皆受裂缝控制。就在自流井统和重庆统沙溪庙层中获得了工业油，特别是自流井统，但其他区则少。此区主要受裂缝控制。

由上列分析，可看出油气的区域分布是受区域构造和岩相所控制，其规律可总结为如下几点：

①岩相地层中最主要的油气生成的相为自流井统，次为香溪统和重庆统中叶较介页岩。

②自流井统最有利的油气生成带为川东的内陆湖相，次为川中的浅水内陆湖相。香溪统的最有利油气生成带为川中及川南的内陆湖相。重庆统的沙溪庙期末最有利油气生成带为川中及川

气的内陆湖相分布地区。

③陆相地层中最有利的油气聚集带，首推川中平缓有利带，而其中又以川中帚状式平缓背斜群最为重要。次为川东台凸中的华蓥山隆起、南垄山及其弧形背斜带。第三为川西凹的龙泉山隆起及龙门山洋地槽的西南区。

由上可以看出今后在四川盆地陆相地层中寻找油气时应大力开发川中，并采取撒大网，捉大鱼的方针，区域勘探和集中勘探相结合的方针，迅速地探求大量石油以供社会主义建设的需要。

参考文件：

地质月刊 6 1959	四川盆地阶相地层中油气之构造岩相控制	四川石油普查大队
地质论评 16卷 1951年9月二期	从地质构造看中国油田	李春昱
地质论评 10卷 5·6合期	四川盆地及其中生代含之油气滴叶状床	谢家荣
	中国大地构造纲要	
1959.8	中国地质学讲义	成都地院 地质教研室

(2) 贵州油田：

由于目前对贵州区域构造的认识尚很肤浅，因此，不可能提出确切的大地构造名称。只能说贵州地区在古生代时，区域构造较稳定，沉积了浅海相、泻湖相地层，中生代时期，其大地构造则向着一种新的特异的方向发展，而绕孔了反方向的固定的骨架，使沉积的性质也随之而改变。

贵州地区在构造发展上和地表特征上有三个明显特征：

①地表构造差异很大，区域性大断裂密集，反映了其岩浆力强烈。

②地表构造排列，主要有三种方向：北东西南向为主，北西南东向很少，是分布在黔西北一带，也有围绕黔中隆起和牛首山隆起成弧形方向而延伸的。其他在黔中、黔南部分构造线成东西向，异受上述隆起的干扰。

③全区沉积岩，以碳酸盐佔70%，因而呈现表呈折皱，具有巨大的坚硬性。

根据地面地质、地球物理各部分钻探资料及区域大地构造和沉积条件等资料来看，贵州含油气远景是大有希望的。

①具有近要的海相、泻湖相及海陆交替相之碳酸盐类和碎屑岩类的沉积，矿物和微古生物等有机物质。奥陶系至三迭系的

〈102〉　中国主要矿产及成矿规律

有不同程度的分布，这都是油气生成的必要而有利的条件。

② 从岩石性质上看，有灰岩，粗粒结晶灰岩，结晶白云岩，砂岩，页岩，甚至还有砾岩（如栗庐山志留系底部砾岩），裂隙卽网也非常发育，这些都给油气的运移和聚集提供了良好的条件。

③ 从油气苗分布来看，目前已发现的油气苗达160余处（其中油苗150处，气苗10余处）。从古老的寒武系到第三系地层几乎没有一层不含油、气的，尤以下三迭系及志留系的油苗更为著遍于贵州，特别是黔中隆起的南缘和江南地盾边缘最为集中，都在不同层位。

④ 从贵州大地构造特征来看，不同于我国其它地区，它在些地方具有地槽的复杂式海相沉积，但同时又具备地台型的构造特征。有的原地台型的沉积（如黔中隆起，距基底较浅），但又具近似地槽式的复背斜或向斜，断裂丛生。从大地构造分区情况来看，有多种多样的隆起和拼造，而背、向斜又多集中在隆起的斜坡地带，同时大量的地层向着隆起的斜坡地带夹及或叠超，岩性也由细而变粗，这对油气的运移和聚集都提供了最有利的条件。由此可知，

A. 最有含油希望的地区：在贵州的南部和西部地区，从大地构造来讲，处于黔中隆起的西南坡，和江南地盾的边缘拗陷带及牛首山隆起的斜坡地带，包括了水城地堑的西北边缘地区以及黔南凹陷的边缘部分，其中金沙山地区、黔中组金陵关山区和毕顺盆地一带最有希望。

B. 较有希望的地区：上列地区以西以南部分（包括滇东西北部的贵州境内地区）。大地构造位置上处于黔南凹陷南部，牛首山隆起西坡及水城地堑的中心部分，该区有较多的良好贮油构造，具有生油，贮油的巨厚沉积岩，但由于目前勘探工作做得较少，故列入二类地区。

C. 可能有含油希望远景的地区：包括息烽、镇远、遵义以北地区，属于川湘凹陷地带，此区缺失泥盆石炭系之一部分。志留系只零星分布，有油苗和少数贮油构造分布。由于目前资料缺乏，工作不多，故列入三类地区。

D. 很可能有含油远景的地区：包括瓮安以西；金沙金以东、修文以北，遵义以南地区，即黔北隆起的中部、东北部及北部。此区多由震旦系和寒武系等老地层所组成。缺失奥陶系志留系、泥盆系、石炭系、二迭系、三迭系零星分布局部。

此外，整个江南地盾区及牛首山核心部分目前暂列入无含油希望区。

(西) 盐矿 附芒硝及石膏

入概述：

四川盐滷除川南长宁及川东彭水一带，滷水来自奥陶纪地层者外，其他所采自中生代地层。

盐矿层有关系者，分述于下：

(1) 瞿塘峡盐斜威，分布于奉节西，大溪陵一带，科向NE—SW，内轴呈两翼则见大冶石灰岩(T₁)巴东系(T₂)

~104~ 中国主要矿产及成矿规律

（T₃）侏罗纪化（T₁）及白垩纪 层（K），岑节盐场位于此背斜层之西北翼大冶石灰岩内。

(2)云定镇等斜层 位于云阳、梁山及沾陵一带，成一弧形状，方向西北向，轴部皆为T₂T₃等，两翼则有丁—C，云阳盐场位于背斜轴附近，滷水则由巴东系流出。

(3)温塘井道斜层 分布区 □南 开江附近，背斜轴层亦是下灰冶灰岩，两翼则尽有T₂巴东系及T₃三迭系及丁—C。盐井位于背斜轴附近，滷水则来自大冶石灰岩。

(4)自贡井穹隆层 位于富顺威远 内，长轴反东北向，所 积若以大安紧灰岩 约二百平方华里，东南地层倾斜较大，而西北则较小，不对称，东西地层向下向垩纪，所 岩位及 滷则浓堪地下约800m。

(5)老龙坝大背斜层 □南县老龙坝附近，西端与三山相接，东向达于鄂境内，为一倾斜性大背斜层，轴为 NE—SW，地层由西至东，係由老而新，白垩束，盐及在此背斜层之北，即五区桥牛华溪等地。

(6)川北大向斜层 西秋最宽，南至合川 东止岳池、围江、北达广元、昭化、彰明、绵阳，西抵中江、简阳、资阳等地，此 纪层为西秋层分布地带，地层倾斜亦极小，几近于舖山势平缓，间有起伏为具特性，盐 亦散布各处未能集中，而排造销处，稍有助于滷水之聚集，盐叶繁荣。

除川北向斜层处，拟压 摺急促地带，往々以 之太急，常有局部断层发生。

2. 矿产概述：

扬子陆台上的盐矿，以四川地台开採最盛，兹介绍四川情况。在四川地台产矿地层有奥陶系、三迭系、侏罗系及垩系，

分佈區域：北起大巴山，南抵五贵、西达资边、东及三峡。

川东北区：万县、奉节、云阳、开县、达县、巫县及彭水等地。
川南有自流井及邓井关等地。
川西有盐源、仁寿、井研、犍为、乐山、眉山、彭山、邛崃洪雅等。
川北有蓬平、资阳、简阳、中江、绵阳、三台、盐亭、南部、阆中、达县、蓬溪、乐至等地。

四川盐按成分类有盐岩及卤水两种。
卤水有白、黑、本、黄及硝卤之别。
盐岩、黑卤及本卤，生于震旦系嘉陵江石灰岩内。
白卤产于川东盐田大沽及嘉陵
黄卤产于川北、川西、川东南各地之中上部，层向中白垩中下统地层。
硝卤产于封固一带之白垩纪上部地层内。

盐矿：有海盐与湖盐之分。
盐岩、白卤、黑卤及本卤床为海盐，黄卤及硝卤则床于湖盐。

3. 生产分析

关于四川盐业的成因，有许多说法，兹介绍几种于后，以供参考：

① 谭锡畴、李春昱的假借和说：认为盐质来源于三迭纪下部紫色砂岩及白垩纪地层。当雨水下流时，溶解向白垩纪地层内之盐质而成盐液。盐液比水重其先下沉。愈往下层溶盐愈多，卤水亦愈浓，比重更大须下沉，就沿地壳表面之裂隙到三迭纪石灰岩内。此浓度特别高的卤水聚于嘉陵江石灰岩溶穴内，达到饱和浓度就集结为盐岩。三迭纪紫色砂岩内的水因未能上升，底生石灰岩又不能，已被饱和成岩之卤水补充，故该液。

② 林斯澄的上升说：认为白垩、侏罗及三迭纪紫色砂岩等

都为含盐地层，三迭纪石灰岩在保安地层，曾露出地面受地下水溶解作用，发生许多洞穴，此三迭纪紫色砂岩内之淡盐滷，由地下水气带至此石灰岩之洞穴内，从灵阻于此上含石膏石灰岩，积久变浓而成盐岩及黑滷。

白垩纪保罗系内之滷水，以足阻于石灰岩，则示能上升或下降故仍为淡滷。

③ 海水乾固说：四川盆地于三迭时已渐具雏形，盆地内海南与印度洋相接，与其间之海成地带内，方有各种盐类之沉积，及川东各地之石膏及井盐之沉岩矿。

这种解说可由岩性及滷的化学成分分析，其"盐及石"质之丰富含量，盐岩的层状及岩层之形等都可解释。

盐岩及滷水亦为同一层位，只是纯度不同，纯者为盐岩，不纯者为盐泥，经下水流冲溶解为盐滷，经硫化物混入则呈黑色而为黑滷，产状为中间凹边缘隆的透三状。

附一 芒硝

分布区域：彭山县公义场及眉山县桥家场等处证为主，向西南伸延经丹陵县盐盤镇而达及洪雅县高桥镇。

位于岷江西岸南山丘垄之间，彭山眉山境内距岷江四十至八十华里，丹稜洪雅境内去岷河二十华里之远。

矿产只在白垩纪地层中，成复型的向斜层，轴向为北东南西也有局部变化，造成不完整的小褶皱及小向斜。

芒硝矿在地层内呈为细小颗粒，经地下水溶解而成为硝滷。

成因：因上有 眉山系地层沉积时，盐湖已达终期，湖水主要化学成分，为硫酸钠类，在适当条件下，先后沉积石膏及芒硝。

附二 石膏

~108~　　　中国主要矿产及成矿规律

石膏在本区内的分布不多，其主要地区略述如下：

四川石膏成层较薄者产于三迭系中，厚的可达30米。在奉节巫山一带产于巴东统中有石膏二层。在峨山渠县峨眉有，产于（三迭系中）嘉陵江灰岩中，有石膏二层。

川湘凹陷的朱罗砂岩中产石膏，质料很好，只是成层过薄，开采困难。

成因：川省盆地内，素有石膏矿床之生存，湖水中的硫酸钙就是由石膏层溶解而来。因大冶大岩灰巴东中含有白云岩，地下水与含硫酸钙质之溶液混合后硫酸钙溶度较高与多余之石膏质遂仍含渗水之内。

　　　盐矿参考文献

地质专报甲种第十八号　李悦言　四川盐北运，第一章地质概述 P6
　　　　　　　　　　　　　　　　　第一节地层（略）
第二节构造 16—17P．　第二章矿床　第一节分布与地层 P17—18．
　　　　　　　　　　　　　　　　　第二节分类 P13—19
2．分类部分　第一章自流盐区　第五节成矿：成因P44—48,—49
　　　　　　　　　　　　　　　　　　　　　　　 P105—106
　　　第二章川东盐区　第三节成因 P77—100．
　　　第三章彭眉石花盐区 P128—183．
四川盆地的矿产　俞建渊　中国地质学 P129—131
陕甘上主要矿产的分布规律　中国地质学讲义（成地院）P65抄出
川盐的分布与燕旦运动关系兼关于滇盐与石油之一隅
　（毕庆）地质论评．5卷3期 P194—202.

中国主要矿产及成矿规律

（二）

常隆庆

29/2, 1960

成都地质学院
找矿教研室
1960.2.

中国主要矿产及成矿规律 ～109～

二、内生矿产

（一）攀枝花铁矿

一、概 述

攀枝花铁矿分布于四川之小边及其南北邻近地区，就其大地构造位置而言，尸康滇地盾之西缘。作N30°E延长。

区内岩层极为复杂，火成岩，沉积岩，变质岩均皆具备，其中以火成岩为多。分布于本区中部及东部，为深成酸性火成岩（花岗岩），作N30°E——S30°E向延伸。到目前为止，尚未发现与该有关之金朱矿床。在深成酸性火成岩与沉积岩（上三迭系）之间，出现各种深成的基性火成岩体（少部为超基性岩体），及部分基性喷发岩流。其中，深成基性火成岩（辉长岩）与攀枝花铁矿之成因有最切关系，即所谓之"母"。辉长岩体在区内呈状条状分布，作NE—SW向延长，向云南水仁麻子厂经铁厂湾，那拉箐直抵米易，以北，雄族波霸，长达150公里，宽仅2公里左右。根据最近资料，岩体分布比上述分布地区更为广泛。这说明在康滇地盾西缘，辉长与攀枝花铁矿同类之新矿床，更属十分可能性。辉长岩之含铁作用十分明显，具有不同结构之辉长岩。一般由边缘至中心（由东向西，即下而上）为：片状细粒辉长岩，粗粒辉长岩，粗粒辉长岩，片麻状辉长岩，以及辉长岩等主作。 其中片麻状辉长岩与矿体之生成最为密切，所有重要矿体均产于此岩中；而生成矿体之辉长岩体中分布最广的部份，它往往分布在辉长岩体靠近大理岩（由三迭系之阳新石灰岩变质而成）的部位，即靠近接触带的部位。片麻状辉长岩为一种具有明显流层构造（片麻状的——编者注）之岩石，主要矿物为普通辉石和钙钠斜长石，它们有时分别集中而成条状辉长岩。含钛磁铁矿一般为10%，除含浸染铁矿外，常含有小矿泵，二者介及本需清楚，矿体之永延长方向与流层构造也相当吻合。

沉积岩与变质岩之分布远不及火成岩为广，尤其是变质岩——主要是辉长岩与花岗岩之间的由阳新灰岩重结晶而成之大理岩。沉积岩主要为二迭系之阳新灰岩及三迭系之砂岩、砂岩、页岩和灰层，其次为新第三纪泥旦层及第四系雅砻江砾石层（另星分布），分佈于本区之西部。

至于本区构造具有如下特点：第一，即区内之断层及褶皱均为近于南北向分佈（自北10°东至北10°西）者为主，次之，主断层方向，则有北80°西一组。就这些构造线的方向看，总的与康滇地轴作南北向的分布相一致；第二，从断层组的分布方向看，这些断层与之东部的两组主要断层系不相一致；第三，结合地震资料观之，发几较大地震之震中，及较大地震裂度分佈所构成的狭长椭圆长轴，均常与断层线之方向相一致。

另外，还必须指明，上述岩体之分佈，严格地受康滇地盾西缘之走向为NNE的底基底断裂所控制。

其次，还须说明天于辉长岩体形成时代问题——即成矿时代问题：玄武，毫无疑问，玄武岩流是海西之产物，至于辉长岩体是何产物呢？目前尚有争论。有人认为（如郭文魁和四川地局）辉长岩体形成时代早于三迭系白果湾火系。其理由：一、在白果湾火系底部有一层由花岗内斐岩，内斐岩，辉长岩及玄武岩构成的，厚约300余公尺之砾岩层；二、认为辉长岩体形成与玄武岩同时。但有人认为辉长岩体形成现于上三迭地。从现有文献中看来，正确的说法应为后者，因为：一、不仅在攀枝花这矿本区，即是在金沙江以南区只有辉长岩侵入上三迭系。二、辉长岩体不仅使阳新灰岩变为大理岩，而且使三迭地之火系变质或烘烤现象，这在攀枝花矿区内十分明显。另外，花岗岩体形成时代晚于辉长岩体。

中国主要矿产及成矿规律

二、矿产叙述及成矿分析

攀枝花铁矿可以划分为几个独立的矿区，但在每一矿区之间，矿体是相连的，亦是矿体厚薄不同而已。每一矿区内由许多大小不等、似层状矿体或透镜状矿体及小矿束组成，它们互相重迭交错，彼此起伏，或合并或分叉，或 侧逐渐过渡为敏染状矿石，浸染状矿石，矿化，或岩石，形成较复杂和错综关系。矿体与母岩均呈整合接触，且界限非常清楚；两者围岩（矿体之 岩）无任何变化现象。然而不管如何，各矿区之主要矿体均分佈于尼麻状辉长岩底部，还有在尼麻状辉长岩之中上部，而以在尼麻状辉长岩底部之含矿层厚度大，矿体稳定，且相敏染状矿石集中而成的具有浸染状构造之层状矿体，而位于尼麻状辉长岩中上部之含矿层，往々为浸染状之小矿束或含铁辉长岩，只是矿化现象而已。

从以上所述，我们又不难看出：攀枝花型铁矿空间分佈方面为辉长岩体所控制，另一方面多赋存于尼麻状辉长岩体中，也就是说辉长岩体分 性为坏与矿体的富集有密切关系。这就是攀枝花型矿体分佈规律。这一规律十分有助于在康滇地盾两侧，尤其是两侧边缘找矿勘探工作。

(二) 力马河铜镍矿床：

概述：

区位于康滇地盾的中部东侧。区内主要矿器前寒旦纪及中生代地层，古生代及寒旦纪海相地层亦有出现，各种火山岩侵入拉古生代以前地层中。加以遭受拼造作用多次，使大部分岩石深度变质。

本区火成岩发育相当广泛，分佈在力马河以南及西部，并为各种岩石侵入前寒旦系，寒旦系及古生代地层中。

岩石种类有蛇纹岩及蛇纹岩化的橄榄岩、辉石岩、辉石橄榄岩及橄榄岩、辉长岩、闪长岩、正长岩、石英正长岩、花岗岩。在岩体附近发育的主要为斜闪煌斑岩、云斜煌斑岩、辉绿岩等脉岩。

主要火山活动，在区域内有二期：一系晋宁运动产物，规模巨大的花岗岩体，矿石有超基性、基性岩体和岩脉侵入；二系海西期或较晚期产物，为超基性到酸性形成环岩带，沿南北向构造带侵入。

野外观察表明与矿有关超基性岩体多侵入前震旦纪变质岩系中，并有少部侵入下寒武纪地层中。

2、矿产叙述及成矿分析：

(1)、前震旦纪变质岩系的构造特点：

与上覆地层强烈不整合，有的与新地层走向直交，一般为北西西——南东东向，倾向北或北北东，倾角很陡，构造单斜层，地层强烈的折曲和破坏。

(2)、震旦系和古生界地层：在下二迭纪以前，仅有幅度不大的升降运动，强烈的折皱活动产生在下二迭纪以后。规模广阔的海西运动，基本上是晋宁运动的重演。构造线的主要方向为北北西——南南东。

(3)、中生代陆相沉积地层：

海西运动以后，中国形成的南向山间槽地而形成，燕空剧烈特以燕山运动，完全改变了古构造的方向，使侏罗纪及白垩纪地层构造线一律表现为西北向。

矿床特征：

矿体围岩主要为前震旦纪凤山营层及龙头山层，产状主要为北西西——南东东。倾角45°—70°，由于受变动历害，局部变化很大，但仍保存了单斜层外貌。

断层发现有三组：最老的横断层，沿张力裂隙发育而成。（如F_1及F_2），另一是东北——西南向剪切正断层（如F_3 F_4 F_5）及西北的横推断层（如F_8）。

含矿火山岩体是带有清晰分带现象的岩体，顺南北向发裂带侵入。平面投影为　　状，由于构造影响其外形不同（见图3、5）。

铜镍矿体主要处于岩体底部或围岩突出部分的橄榄岩和辉长岩中。辉长岩及内皮岩　　呈散的硫化矿物。

矿体形状一般与围岩一致，呈透镜体，条带状和杓状。富集部　岩体最下凹处（见图6）。

图4 第Ⅱ—Ⅱ′剖面示意图

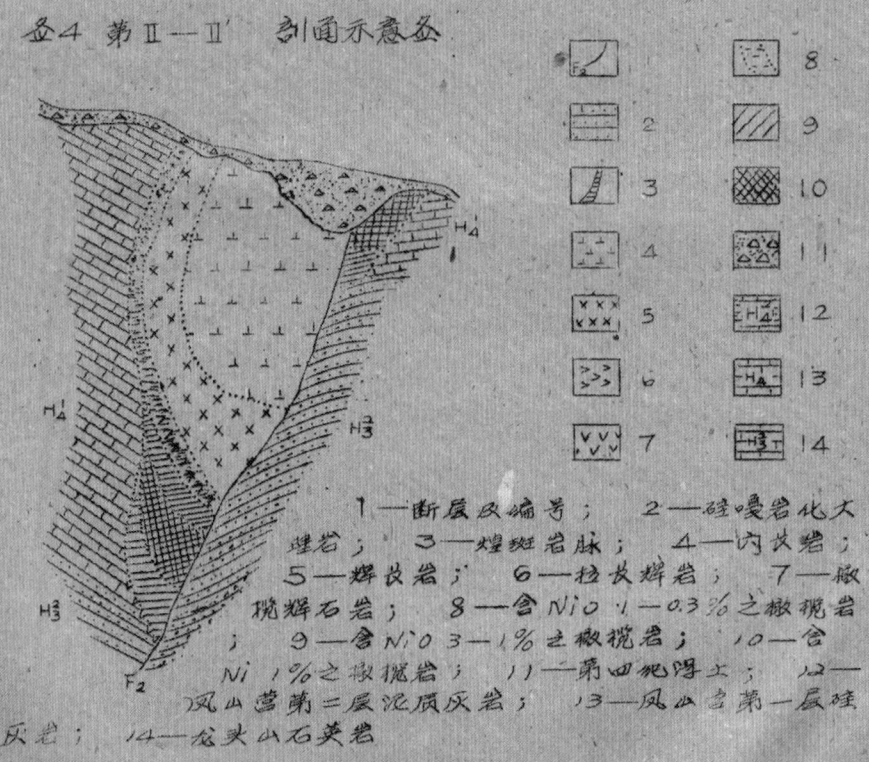

1—断层及编号；2—硅嘎岩化大理岩；3—煌斑岩脉；4—内皮岩；5—辉长岩；6—拉长辉岩；7—橄榄辉石岩；8—含 Nio 1—0.3%之橄榄岩；9—含 Nio 0.3—1%之橄榄岩；10—含 Ni 1%之橄榄岩；11—第四纪海土；12—凤山营第二层泥质灰岩；13—凤山营第一层硅质灰岩；14—龙头山石英岩。

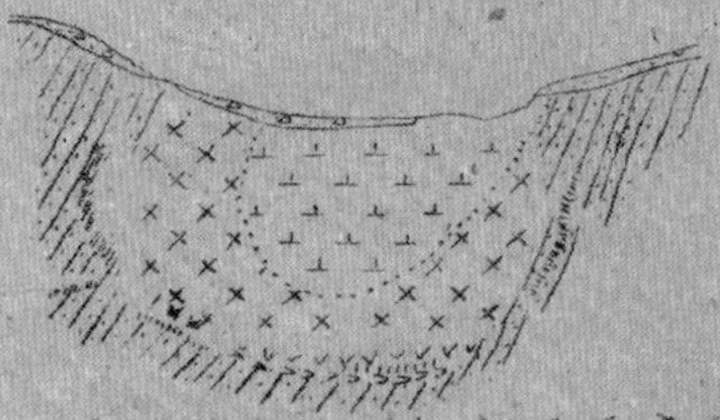

~1·14~ 中国主要矿产及成矿规律

图5 第Ⅱ—Ⅱ′剖面示意图

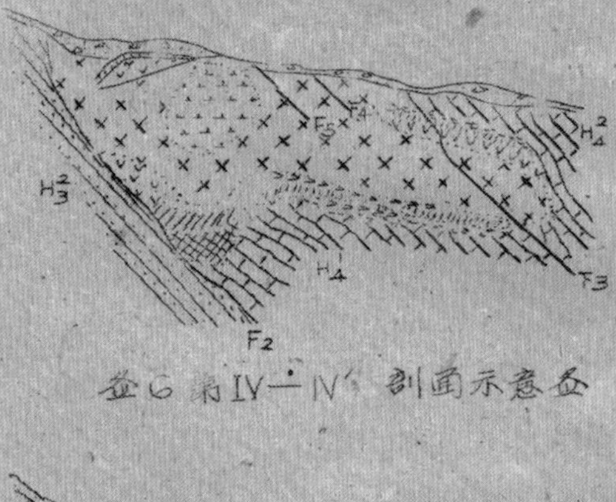

图6 第Ⅳ—Ⅳ′剖面示意图

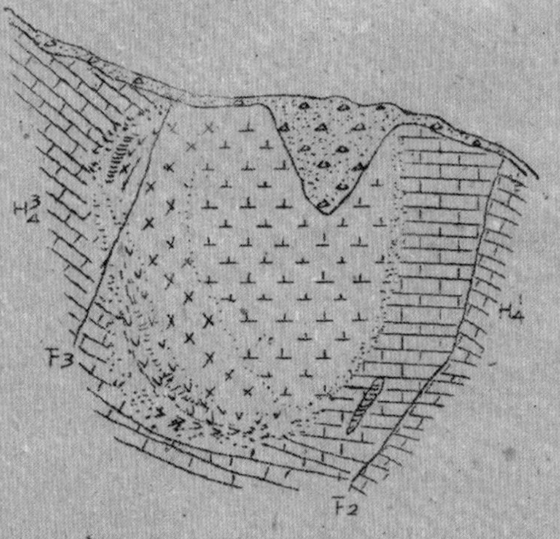

图3 第Ⅰ—Ⅰ′剖面示意图

中国主要矿产之成矿规律 ~115~

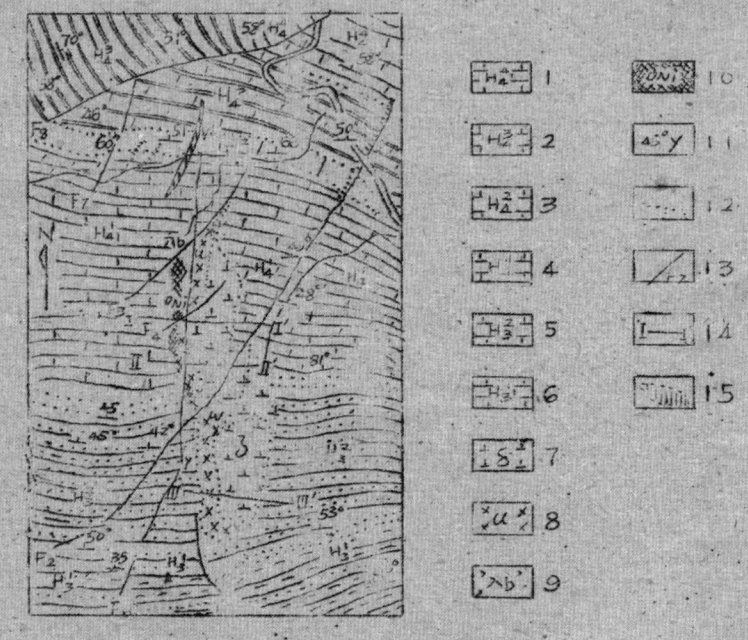

图2 力马河铜镍矿床地质示意图

1——叉山营层厚层块状石英岩；2——凤山营层薄层条带状石灰岩；3——凤山营层泥质石灰岩；4——凤山营层滑层板状破碎石灰岩；5——龙头山层白色厚层块状石英岩；6——龙头山层千枚岩夹石英砂；7——肉红色及石英肉长岩；8——斜长岩；9——橄榄辉石岩；10——含镍黄铁矿磁黄铁矿及黄铜矿之橄榄岩；11——地层产状；12——地质界线；13——断层线及编号；14——剖面线；15——煌斑岩脉。

〜16〜 中国主要矿产及成矿规律

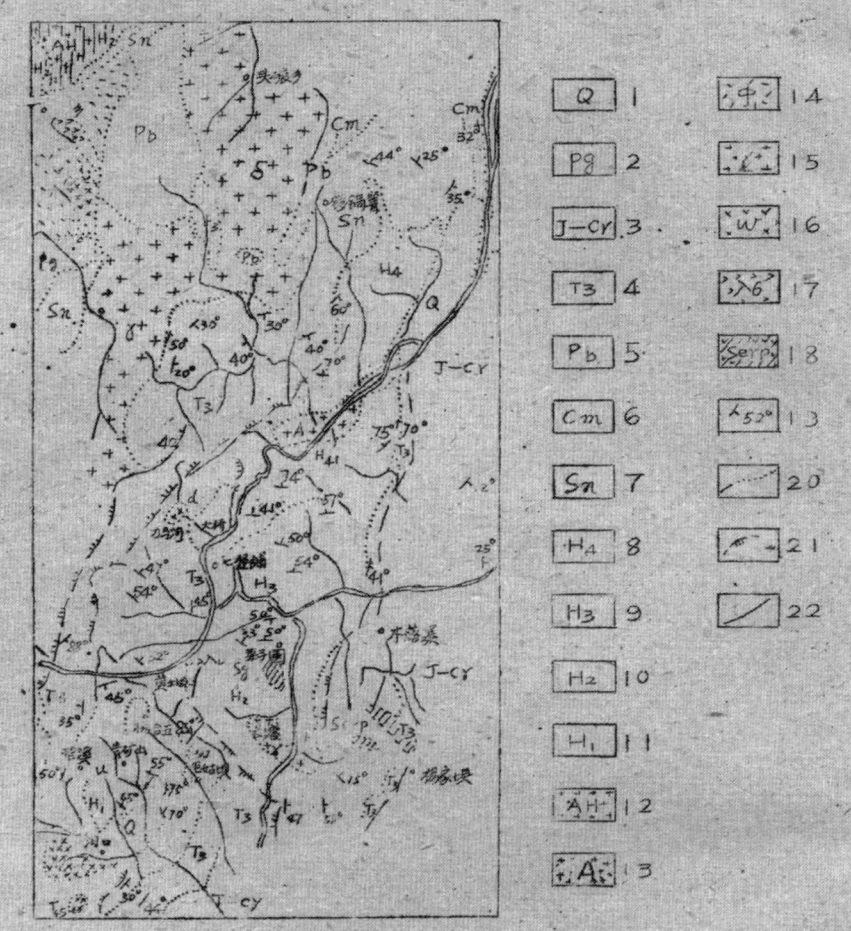

图1 力马河区域地质平面示意图

1—第四纪；2—第三纪；3—侏罗白垩纪；4—上三迭地层泉湾煤系及益门组层；5—下迭地玄武岩；6—寒武纪；7—震旦纪；8—凤山营层；9—龙头山石灰岩；10—通安片岩；11—河口层；12—片麻状花岗岩；13—酸质火山岩系；14—正长岩；15—花岗岩；16—辉长岩；17—橄榄辉石岩或橄榄岩；18—蛇纹岩；19—地层产状；20—地质界线；21—逆断层；22—正断层及横断层。

(三) 箇旧锡矿

1. 概述

驰名中外的箇旧锡矿位于我国云南省南部。锡矿产区主要分布于箇旧市以东之南北狭长形高地上，北部为马拉格、松树脚矿区，中部为老厂，南部为卡房。以古地理来看，箇旧矿区位于真滇地盾以南、越北地块之北，鄂、黔、滇北向折皱带之西南端。

矿区出露地层以三迭纪为主，其中以中三迭纪箇旧灰岩分布最广，亦为本区锡矿及多金属矿床的主要围岩。三迭纪地层自下而上可分为：

下三迭纪红色岩层（T_1）——紫、红、灰等色之砂、页互层，间夹薄层状泥质灰岩。厚100——200米。

中三迭纪箇旧灰岩（下K）——深灰色中厚层至薄层黑色相间条带状灰岩及微粒白云质灰岩，局部夹有竹叶状灰岩，透镜状具、杂色薄层状泥质灰岩及薄层页岩。变质后成灰色、成灰黄色的晶质大理岩或白云质大理岩，页岩变为千枚岩。厚800——1020米。

上三迭纪鸟格系（T_n）——红、黄色页岩及碳质页岩及薄层泥质岩互层。厚250——300米。

桥顶山灰岩（T_e）——为灰色薄层状泥质灰岩，夹有薄层状灰岩，局部有黄色薄层页岩。厚250——300米。

火把冲系（T_n）——为杂色页岩、砂岩组成，中、以灰色及黄色页岩为主，间夹黄色细砂岩，局部夹有透镜状之劣质无烟煤。厚250米。

矿区构造较为复杂，酸性侵入体甚为发育，均为燕山运动的产物。

中国主要矿产及成矿规律 ～119～

全矿区为一东北向的不对称复式向斜层，其东南翼陡，西北翼缓。另外，在个旧市以东有一条纵贯全矿区南北向平移断裂。在此南北向断裂以东为老厂——卡房背斜层，其北为马拉格——松树背斜，中隔大井向斜层，个旧复式向斜之北缘为普雄背斜。在这些背斜上叠重迭有三、四级不同方向的褶皱；这些褶皱轴部都为花岗岩所侵占。另外，在南北断裂层之东侧发育着一系列东西向阶梯式断层，并将矿区分割为几个块状构造台地；而台地上复生有纵横交叉的断层系统，主要有北40—60°东，北30—60°西，近东西及南北几组，其中北40—60°东及东西向断裂层大多为成矿前断裂，南北向者为成矿后断裂，而北30—60°西组除在马拉格、松树脚外，其它地区亦为成矿后断裂。

至于火成岩，在矿区内分硫银厂，陈二选地玄武岩外，主要为酸性火成岩，浅成至中深相的黑云母斑状花岗岩，出露面积约有300余平方公里，为岩基状，在岩基的上部多有岩冠、岩珠及其他突起。

2. 矿产叙述：

个旧锡矿床以气成、接触交代、高温至中温热液均有产出。产于气成到高温热液期者，有锡石——石英矿系的含锡石英岩和石英脉。产于接触交代、高温至中温热液者，有锡石——硫化物矿系的矽卡岩型、电气石——硫化物型、绿泥石——硫化矿型和方铅矿——闪锌矿型。其中以矽卡岩型和绿泥石——硫化物型为本区最主要的脉锡，其次为电气石——硫化物型和方铅矿——闪锌矿型，而含锡云英岩和石英脉仅见于次要地位。

3. 成矿分析：

个旧锡矿的生成与围岩性质性质、构造和岩浆活动有密切关系。在燕山运动以前，即在三迭纪时，尤其是中三迭纪时，包括本矿区在内的康滇地轴北地或北边缘的浅地沉积区，发生了幅度较大的下降，沉积了厚达2000余米的海相及滨海相的复理式沉积，其中，厚达800——1000米的中三迭系箇旧灰岩以及上三迭统鸟格系底部砾层灰岩和矫顶山灰岩是成矿环境的唯一的物质条件，这些碳酸盐物质的刚性、脆性和易交代的化学性质，给充填和交代作用相互结合而形成的锡矿床以有利的条件，而且不仅仅如此，另外围岩中镁质对于矿体的生成尤其是锡矿的富集也起了一定的促进作用。箇旧各矿区的矿体都以上述灰岩为围岩，而且主要产于箇旧灰岩的中下部，其因便在此。在燕山运动时期，本区以及整个滇地区发生剧烈的运动，一方面在本区形成有第二、三级的北东和北向小型褶皱和复式短轴向斜，以及纵横交叉的断裂系统（其中北40——60°东及东西向断裂为成矿前的），这为成矿溶液开辟下了运动的通和沉积的场所；另一方面发生大规模的花岗侵入活动，在灰岩区的上述褶皱形式（主要是穹隆和背斜构造）的轴部（核心）多为花岗岩体所侵佔。在本区的花岗岩体为浅成至中深相的黑云母斑状花岗岩，是成矿溶液之"母"，它的化学矿物成份与世界主要锡矿产区的花岗岩相近。矿体产出部位、状和规模起着明显的控制作用，在各个矿区内表现得十分清楚。箇旧矿区内凸露或埋露的花岗岩体均具有北西倾伏，南东南缓仰的特征，相应的各矿区亦以花岗岩侵入体的东南缘矿化较深；即在接触带倾角陡的一边，一般矿体窄而贫，缓的一边厚而富，如卡房花岗岩体西边接触带倾向60°以上，含矿老卡仅厚2——5米，而东南两边倾向较缓，含锡、钨的矽卡岩厚达0米以上。其它矿区如老厂、松树脚、马拉松不属亦不鲜。其次，如围岩倾向花岗岩株成不整合接触（如马拉格），为矿体富集的一个有利因素；反之，如围岩整合复于花岗岩株之上（如松树脚），其矿体规模较小，含锡亦较低（如卡二盆所采）。这对于上部层状、柱状矿体而言，更为明显。

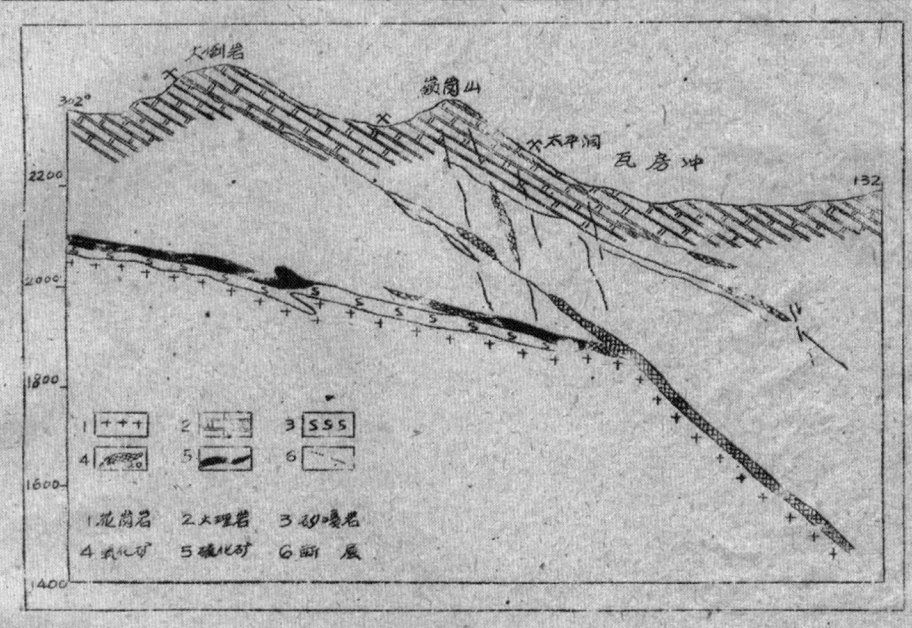

简旧松树脚矿区剖面示意图
（示接触带硫化矿与上部氧化矿层之关系）

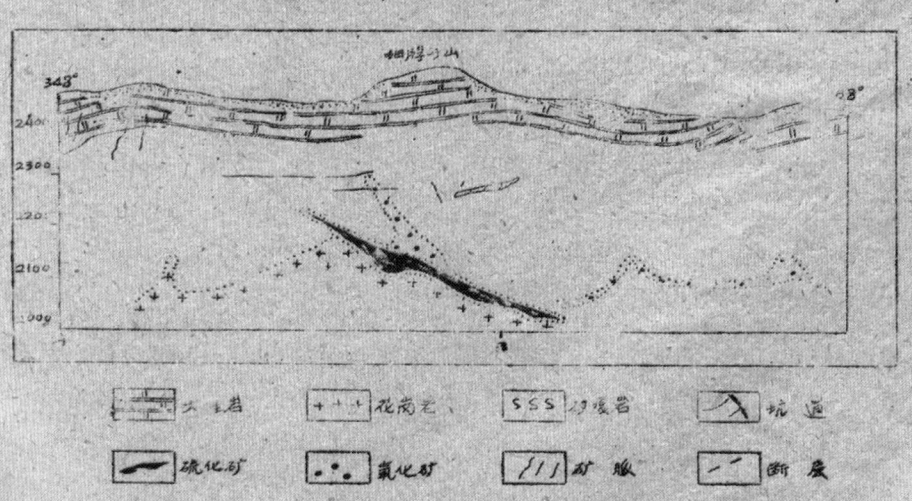

龙厂锡矿接触带矿体及其上之层状矿体及矿脉之关系示意图

（四）、滇东黔西铅锌矿床

1、概述

滇东黔西铅锌矿床分布于云南东部之昭通、鲁甸、巧家、会泽、彝良等区，以及贵州西部毕节、赫章、睦隆、普定、织金等区。是我国西南扬子陆台上甚产铅锌矿床主要区域。在大地构造位置上都位于康滇地盾与贵州地台之间昆明凹陷边缘地带内；应该说明一点，即在不同文献中对于滇东与黔西之铅锌矿所在之构造单元有不一的说法，如306勘探队在"层控型铅锌矿床的基本特征及建找矿勘探工作"一文中，认为滇东之铅锌矿所在的大地构造应属于昆明坳陷带北部（益一）；又如蒋塞同志在"贵州西部铅锌矿的特征与成矿规律"一文中，认为黔西之铅锌矿所在大地构造应属于"………，贵州地盘与昆明边缘凹地间之地槽……属、地台型构造地区。"二人说法虽不一，但是实均指同一构造单元——昆明凹陷带，只是滇东铅锌矿在昆明凹陷带之西缘，黔东铅锌矿在凹陷带之东缘。即是说分别位于凹陷与两旁古陆交界处。正因此，二区内地层发育情况以及构造形式，也有所差异。

在滇东铅锌矿区域为一广泛分布有震旦纪以来的各纪岩系，总厚约5000公尺。另外，在区内还有极少见之侵入体，如会泽南45公里之新村的斑状花岗岩及巧家县附近之黑云母花岗岩岩株。二者时代都不明。但更主要的在二叠纪之玄武岩区内有广泛分布。至于本区井呈为北北东向的斑状折皱，在其西以小江断裂截然与康滇地盾分开，而东北面则过渡为东北向的短轴背斜及向斜（如益一），背斜构造怒而狭，向斜构造缓而宽，皆不对称；沿背斜轴发育的逆断层断裂尤露，为本区的主要成矿构造。

在贵州西部铅锌矿区分布地层有自下石岩纪以至新生代地层均有露此。总厚达3000——5000公尺，其中，以上古生代（

中国主要矿产及成矿规律 ~123~

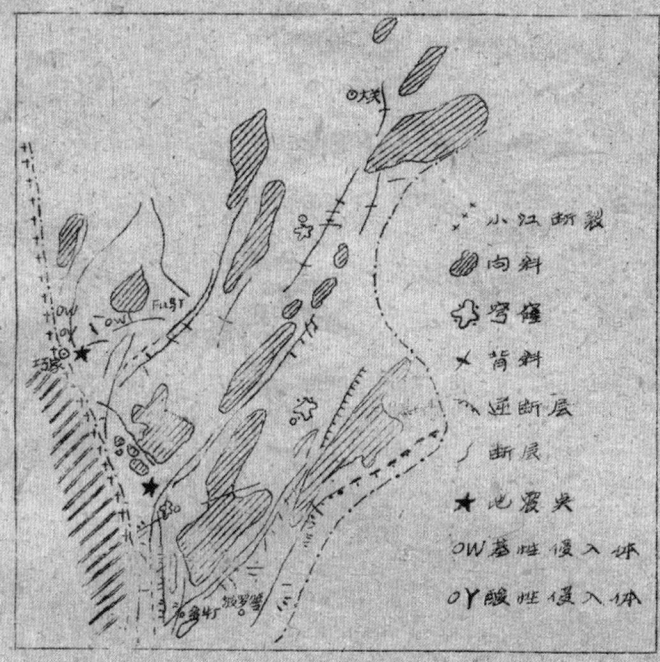

图一 昆明拗陷带（北部）地质构造图

下石炭纪、二迭纪）地层为主，下中生代（三迭纪）次之。区内主要构造是北西西——南东东向的折皱和断裂，以及与此背斜构造相应而生的，在背斜中有走向和倾向断层，以横交错

（见图一）。

这铅锌矿含金上铅锌矿主要分布于滇东黔西，其次在四川□台西部边缘地带零星分布，如赤谷彝□矿一带，都是燕山期

2、矿产演进及成矿分析：

滇东黔西一带铅锌矿矿体之产状一般有两种类型：

一为交代型的透镜体或扁豆体之层间矿体；一为裂隙充填型的不规则脉状矿体，其中以后者为主。产状以及矿体之形态都受构造严格控制。

以各之或地质特征以及矿床特征，可清楚地看到矿床之分布规律可归纳为二：

（1）产格地受构造控制，不论黔西铅锌矿矿体也好，或滇东铅锌矿也好，即是其它地区也是如此。滇东铅锌矿富集均与北东东向之断层有密切关系。黔西铅锌矿富集，不仅仅与本区之北西西——南东东向之走向断层有密切关系，而且与背斜构造，尤其是背斜倾没处都有大规模矿床分布。另外，砂页岩之封闭作用对于矿体的富集也有密切关系。在黔西各矿区清常看到当走向断层上盘为泥岩，下为块状石灰岩，此此种断层常充填况成大规模之矿床，或常在矿体上部或其底部亦有页岩，这显然在成矿过程中，页岩对矿液起着封闭阻碍作用，对于矿体之富集是极为利的。

（二）、与地质条件有关在各矿区也常见到，沿同一断裂带所形成的矿体，在各种岩层中的富集程度是有显著差别的，这完全决定于各岩层的物理化学性质，即岩石脆性易和化学活泼性程度与成矿有极大关系。在滇东之铅锌矿多富集于震旦地、寒武系、二选系之灰岩中及白云岩中，尤其是燧石灰岩白云岩中含矿性最高；黔西之铅锌矿也是富集于石炭、二迭之灰岩中，尤其是下、中石炭系之灰岩、页岩二层中。这就是由于它们的受力易破贴和与矿液易交性所致。

对于上述四种条件。在地求矿体赋存位间时，应综合考虑，方能得到正确的结果。

在滇东黔西铅锌矿区，以及整个云贵四脂和四川以出之西部都广泛地分布二迭系之玄武岩，同此各很多学者如孟宪民、谢家荣和黄汲清等都认为西南之多金属矿床（包括包括铅锌矿在内）与它在成因上有密切关系，特别是与辉绿岩岩脉。因为鉴于这样一个事实：即多金属矿体"往往与玄武岩紧相连，而且多产于二迭纪以前之地层中，不仅滇东黔西之矿体如此，即是四川地台西边缘含铜矿果及聚锑果一带之铅锌矿亦然。然而有人，如306勘队都认为滇东一带之铅锌矿形成与燕山运动有密切关系，见在五星型铅锌矿床的基本特征及其找矿勘探工作"一文中这样写着"我们认为滇东铅锌矿床形成时期为燕山期"。因为滇东北北东向逆断层与褶皱方向有一致性，而在褶皱的向斜中沉积了三迭纪的红色地层，这表明了褶皱与断裂都是三迭纪以后形成的。并认为"如果只承认是褶皱的形成时代，而否认矿床的形成在三迭纪以后，并认为似乎难以与时代对辩的话，不能没一强烈的燕山运动对矿体尝有切割作用。实际上我们并未观察到矿体被强烈的切割或重大的破坏……。但代表晚期（燕山期—喜山期）的岩浆活动的侵入体同前局来开活跃"。这似乎也有道理。然而问题在于：第一、在滇东铅锌带内（即昆明四陷带的一部份——楮者……）是否真正有代表着燕山期的岩浆活动的侵入体存在，是值得怀疑的。但不管如何，燕山期岩浆活动在此区是不明显的，连海西末期之岩浆活动——这种特色。第二、"在褶皱向斜中沉积了三迭纪的红色层"是否可靠？然而，不管其存在与否，将本区褶皱与断裂认为是燕山期形成的是不够恰当的。因为在本区东吴统之上有一层厚的0—300米之灰岩，不整合于玄武岩之上，而且玄武岩在本区大厂也发育着，这说明了海西末期之运动即东吴运动极此是相当强烈，难道此时不会使地层褶皱和断裂么？显然，是完全有可能的。因此可认为本区主要褶皱与断造均是东吴运动之产物，至于以后的造山运动虽有交互方向，使地层整体下降，而在末期又使它在上升隆起，甚至发生轻微之褶皱，以致使二迭纪末之红色层亦不整合于一号浪此层之上。至于燕山期在本区仅使先的断裂发生活化，同时产生NW为横断层，切断北东向之逆断层，同时形成了一些凹陷地区，实不是本区主要之山期，再加上燕山期岩浆活动在此区不明显。由此说明了滇东铅锌矿并非是燕山期之产物，而是海西期之产物，且与玄武岩尤其是辉绿岩岩脉有成因关系。

中国主要矿产及成矿规律 ~127~

以上所述，我们不难寻找该地下经论上复活汞矿的方向问题，应在龟裂凹陷带，尤其是在玄武岩和灰岩发育特别发育地区，默向工作。

参 玖 文 献

1. 地质与勘探
   1958年第7期
   五星型铅锌矿床的基本特征及其找矿勘探
   工作……………306勘探队

2. 地质论评
   1957年第17卷第3期
   贵州西部铅锌矿的特征与成矿规律
   ……………蒋安

3. 大渡河队1956——57年综合普查报告书
   第二编 矿产各论

4. 中国地质学
   扬子陆台部分
   ……………成都地质学院编

5. 地质评论
   1953年8期
   滇东黔西成矿时代……………谢家荣

(五）湘黔汞矿

1. 概 述

湘黔之间的汞矿床分佈方向 北北东——南南西的矿带，分佈于湘西、黔东以及川东酉阳、秀山一带，是我国产汞矿最多和开采最早的汞矿区。在大地构造位置上，它位于江南地盾（成

~128~   中国主要矿产及成矿规律

东为雪峰地盾)和川黔地台之间(即州湘鄂陷带(过去教科书称为湘鄂川陷)。本区大构造线主要可分为两组：一组为NNE——SSW，一组为NWW或近EW。甲组构造规模较大，褶皱断裂兼有，并多受隐定基底的NNE向构造所控制。乙组多横切前组构造，或呈40—60°相交，主要为断裂形式，次为褶皱。至于它们的形成时期，前者可能为加里东期，后者可能为燕山期。区内主要分布有寒武系与奥陶二系，以灰岩为主，汞矿多生于灰岩裂隙中。另外，在矿带西北约200公里的梵净山地区尚有燕山期花岗岩。

2、矿产叙述及成矿分析：

汞矿床是标准的低温热液矿床，它的成矿作用以及分布规律严格地为构造所控制。为了能清楚地说明它的规律，故先将矿带内的褶皱和断裂分别叙述。

（1）、褶皱

区内最大褶皱为湘黔背斜及与此平行的玉屏向斜，前者轴部为最旦，后者轴部为奥陶系。在本区之北部尚有江口——松桃大背斜及梵净山背斜，据贵州地质构造图的命名均称为黔东褶皱带，轴向均为北北东——南南西，与该区岩层走向大体一致。

于湘黔大背斜西北翼及玉屏——铜仁大向斜的东南翼，为湘黔汞矿横分布地区。于该地区内亦具有许多大小不一的小型褶皱及半背斜、半穹形构造。小型褶皱的形成，都由于大的褶皱断裂形成的结果；而半背斜或半穹形构造的形成，可能是一些较大背斜轴部的岩层，因受断层作用而造成的一种"限制褶皱"。这些构造中或其附近常见矿化残存。

（2）、断裂

区内所见断裂主要可分三组：一组为北北东，一组为北西与

中国主要矿产及成矿规律 ~129~

或近东西向；一组为南北向。第一组断裂多与区内主要褶皱轴平行，第二组多横切或斜交，第三组为数较少，规模不大。断裂性质多为正断层，次为逆断层。裂缝性质亦多剪切。断距最大为200米，最小者为10米左右。断裂生成顺序，先为北北东向，后为北西西向或近于东西向者，最后为南北向。北北东向的断裂多呈地堑状，南北西西或近东西向的断裂多呈地垒地堑式，与南北向后两组构造多横切或斜交，构成了区内的"块状构造"。于该二组构造较附近，常见矿体赋存，而南北向断裂为成矿后期构造。

(3)、矿体分布与构造关系

湘黔汞矿之产状可分为：

1. 产于老层局部细皱范围内之放射式条状脉。
2. 产于较大断层两侧之平行矿脉。
3. 充填于较大直立断裂之竖直矿脉

上述三类矿床中，以第一类最为普遍，所占面积亦最广，二、三类则仅局部见之，且多附生于第一类矿床范围内。在湖南的保靖、永绥、吉首、凤凰以及贵州的铜仁、万山坊、冥泉、壶屏等地区以第一类矿床为主，二、三类矿床次之（有人称这一带汞矿为万山类型汞矿。）；在贵州的东部的松桃和江口一带，以及贵州的印江与四川的酉阳、秀山一带和贵州的沿河地区以二、三型矿床为主，一类矿床次之（有人称为这一带矿床为丹寨类型矿床）。

(4)、矿体分布与围岩性质关系

在湘黔交界以之万山坊一带矿体产于下寒武纪第三层，中寒武纪第五层和第七层中，它们多为成层不厚的石灰岩及白云岩；至于川东的酉阳秀山和贵州的沿河一带及贵州的松桃和江口一带

~130~   中国主要矿产及成矿规律

的矿体多产于硅质及部分二迭纪之石灰岩中，之所以汞矿富集情况来讲，汞矿的富集与具有一刚性质的岩石有密切关系

① 脆性多孔隙的岩石

② 竹叶状角砾岩，和具有多次构造裂隙结构的白云岩中，适宜于低温热液的充填。

③ 有显著层理，有细粒级及具次第成层次、硬质粒状岩，适宜于交代低温矿床。在大结晶理裂隙和孔洞发育的变晶白云岩中成为富至浸染为矿床。

（5）、矿床分布与围岩蚀变关系。

无论在万山汞矿区，以及其他矿山皆见有这样的事，凡矿体富集处，其围岩皆有强烈的硅化并受硬矽化（主要是方解石化和白云石化），或沥青化以及角砾岩化等现象，人们常之根据它们作为矿体存在空间的标示，当然必须说明一点，在各个矿区内矿体富集处之围岩并非这些现象都俱全，往往其中某些表现最显一点（即强一点），其他现象弱一点，然可以肯定地是存在于每一矿体富集之围岩中。

从上所述，以及根据汞的地球化学特性——高度的扩散性和高蒸汽压的特征，我们不难得出这样一个结论：汞矿的形成必须具备一定的构造条件和物理化学条件。所谓构造条件即是：1）矿浆通道构造；2）矿化控制构造；3）防渗层构造。往往深大断裂发育区对汞矿的形成极为有利，因为深大断裂本身是矿液上升运动的通道，而且深大断裂两侧多发育有次一级的比较是羽毛状的小型断裂（剪力型的）和破碎以及半背斜和半穹性的褶皱。这些往往为矿液沉淀良好场所，当然是形成有价值的矿床，还在这些构造类型上还必须为渗透性较差的岩层所掩盖，即必须具备防渗层构造。至于它的物理化学条件，除温度、压力减低以外，

还须加上渗滤作用，溶液的稀释和中和作用，氧化脱酸作用，另外有机质的存在，也是一有力之因素。

正如"镜远"部所述，湘黔汞矿带是位于江南地盾与川黔地盾之间的川湘凹陷乃毫无疑问，此区地壳活动较相邻区显强烈得多了。经几次造山运动的影响，使区内形成许多褶皱断裂。其中尤其是燕山运动时期，由于大陆的活化，促使了深大断裂的发展，与此同时，若矿液沿断裂上升，如遇有适宜的构造条件及物理化学条件，即可形成有工业价值的汞矿床。

湘黔汞矿带呈北北东——南南西方向分佈，这主要受北北东的构造带所控制。川湘凹陷带呈北北东向，长时期的沉积使岩层发生了相对上升下降运动，导致深大断裂的形成，给含汞溶液造成了上升通道。又沿主断裂的两侧的破碎带及褶皱和次一级的断裂矿液发生分散及停滞。

~132~ 中国主要矿产及成矿规律

主要参考文献

一、1957年24期"地质与勘探"
　①、苏 的"湘黔汞矿的构造控制"
　②、冯启德的"对湘黔汞矿构造断裂和找矿方向"

二、地质论评

　第十八卷第一期
　①、周德忠、李文奕的"贵州万山汞矿床的地质特征"
　②、田奇、王鹰的"对周德忠、李文奕的同志著"贵州万山汞矿床的地质特征"一文的意见"
　③、周德忠的"答田奇、王鹰同志"对贵州万山汞矿床的地质特征"一文的意见"

　第五卷第四期
　田奇、王鹰的"论湘西黔东汞矿之生成与产状"

三、1957年杭州、贵阳著查会议文献汇编
　罗绳武、周德忠的"贵州省汞矿的地质特征和找矿方向的初步看法"

中国主要矿产及成矿规律。 ~133~

一、概述：
(一) 大地构造的主要特征：

1. 本体台海相地层可分二大构造层，一个是前泥盆纪构造层，以铝铃岩为主，一个为泥盆纪至下三迭纪的构造层，其中三分之二岩石由碳酸组成。

2. 发育于本体台的构造 式有：南岭东西构造系，多字型的华夏系，放射构造的广东系、湘南系、闽北系、干南系、闽西系、淮阳系、赋安系。在南岭区主要断裂及基底 断裂有四组，主要一组近东西向 (NEE、NWW)，其次南北向 (NNE)，及东北向，最小的一组为西北向。

3. 浸入岩的有，有前震旦纪的花岗岩，加里东期，已知的不多，印支期有花岗的长岩，而燕山期为花岗岩特别发育。浸入体在该台的东边往两边逐渐减少。以侵入岩的出露面积看可以为：出露面积在1500平方公里以上的大岩体，出露面积约500~600平方公里的中等岩体，出露面积在150平方公里以下的小岩体。花岗岩体的分布方向为NEE、WSN出露都在写着中。

4. 前震旦纪地层主要分布在两个地体上，Sn纪地层则在地体边缘，整个下古代地层以前称·龙山系·现已逐渐划分为有实武纪、奥陶纪，但在加里东期的海陸情况又是不能清楚的，加里东运动造成了很多地方的泥盆纪下P的不整合，自从·盆纪以后海水通向西南向加里东北边扩大。D以Q海陆文界大致只在湘于交界一带。C2~T1浅至浙江、桐庐一带，但整个海西期海水进退是 较频繁的，T3以后主要是造成盆地。

5. 华夏式台为地质发展史体现了多旋回的造山运动及多旋回的岩浆活动，而从中生代的活动性看，也说明了其化台活化的特征。

~134~ 中国主要矿产及成矿规律

(二) 矿产及分布：

1、基底岩系中矿产：

新余铁矿——赣中，产于元古代。

会同石灰脉——湘西，产于前震旦纪。

2、沉生矿产：

宁乡式铁矿——南岭地，约江南台坪以及湘桂台。起来，产于中上泥盆纪。

合山式菱铁矿——越北古陆之北，华夏古陆之西，产于山二迭纪。

江口关铁矿——江南台褶斜的东缘，产于震旦纪。

云浮硫铁矿——广东云浮，产于第三纪盆地。

震旦系铁矿——江南地盾南侧，闽浙地盾西。

泥盆系石炭系铁矿——江南地盾两端，湘桂台、皮埂。

二迭系铁矿——江南地盾、寨台山之南。

下石炭纪煤田——寨台山之南，闽浙地盾西缘之北。

中石炭纪煤田——江南地坡南缘。

下二迭纪煤系——江南、湘西南缘。

上二迭纪煤系——华夏地台凹陷区。

上二迭纪—下侏罗纪煤系——华夏陆、断裂凹陷。

侏罗纪煤系：华夏陆台之断裂凹陷。

三迭代煤系及油页岩——闽浙地盾两南断裂凹陷中。

3、内生矿产

铁铜矿：铜官山铜矿——南京凹陷两岸山烘花岗岩有关。

大冶铁矿——南京凹陷两岸山花岗岩有关。

太平山式铁矿——南京凹陷两岸山闪长岩班岩有关。

当涂大山堆积铁矿——南京凹陷与白垩纪大山岩有

关。

德兴铜矿 江南地盾与钱塘江凹陷交界处，与燕山期闪长岩有关。

钨锡矿：江西大庾西华山钨矿床： 南岭区华夏式 背斜翘起，与燕山期花岗岩有关。

湖南瑶岗仙钨矿床 湖南弧顶之东，与燕山期花岗岗岩有关。

广西富贺钟秋锡矿 南岭字型区中，与印支期花岗岩有关。

锑矿：

湖南锑矿山锑矿 湖南弧西翼，邵阳弧弧中，与燕山期火成岩有关。

湖南益阳 溪象锑矿 江南地盾上南北向断层中。

铅锌矿：

湖南常宁水口山铅锌矿 湖南弧，祁柱附近，与燕山期石英二长岩花岗岩有关。

湖南桃林铅锌矿 江南古陆之北缘，东西向长皱中，与燕山期花岗岩有关。

广东连南砂卡岩金属矿 南岭东西构造带上，与燕山期花岗岩有关。

(三) 成矿规律：

1. 外生矿产：

(1) 形成时间主要在震旦纪，泥盆纪，上二迭纪，基本规律是集中于地壳较大的运动之后。

(2) 外生矿产形成主要是地势起伏较大的海滨滨海地区，集中于四周遭受复海侵和冲刷的接近古陆地区，因为华夏陆合最主要的沉积成矿区是江南地盾与闽浙地盾以夹之湘桂凹陷区。

2. 内生矿产：

~136~ 中国主要矿产及成矿规律

(1) 主要的内生成矿作用，发生在燕山期。

(2) 分布与大地构造分区关系密切，可分为：

下扬子铁钼铅锌矿化带。

南岭钨锡矿化带。

湘桂多金属矿化带。

闽粤沿海钨锡矿化带。

湘西黔中铁锡铜矿化带。

玉峰都阳，永定开三县附近起伏金和锡矿化带。

海南岛孩卡岩铁矿带。

(3) 分布受构造体系、构造线控制。

I、矿床出露地区，恰好在纬向构造的破裂与最剧烈地带。

II、矿带的分布多与构造线方向一致，其中主要的NNE和NEE或N·W，其次为EW及SN的。花岗岩体方向亦受前三组构造控制。

III、隆起地域主要由卤到酸，组成的地广、铅为主，凹陷带主要由碱岩组成地区，以多金属为主。

IV、内生矿产生成主要与燕山期侵入体有关。矿化作用与岩体大小有密切关系，小岩体往往形成主要矿成。

V、各期侵入岩之含矿情况不同，如下表：

中国主要矿产及成矿规律

各期侵入岩矿含矿情况如表

构造阶段	时代		岩性	含矿情况
第四构造阶段	中生代第六阶段 $Cr_3 pg$		碱长石花岗斑岩	Ba, U(?)
第三构造阶段	中生代第二阶段 (Cr_1)	第四期	基性岩转基性岩	Co, Cr, Ni, V, 石棉
		第三期	花岗斑岩、石英斑岩	Pb, Zn, O, Cu, Mo, W, Sn, Hg, S
		第二期	细粒花岗岩	Sn, W, Mo, Pb, Zn, Au, Hg
		第一期	二云母花岗岩、黑云母花岗岩	W, Mo, V, Sn, Be, Sn, Fe, As, W, Ti, Pb, Zn, Cu, F, Mo, Li, Ta, Nb
第二构造阶段	中生代第一阶段 印支期 (T_R-F_3)		和平花岗岩岩体、石马石英闪长岩岩体、大宁花岗闪长岩岩体	Au, 白钨矿, Hg
第一构造阶段	前寒武纪		注入混源岩、石炭纪花岗岩、闪长岩	

二、基底岩系中矿产

(一) 概述：这里所叙述的变质岩系中的矿产，一种情况是岩系中的成层矿产经过变质富集成矿，一种是古生代前的成矿作用以或是岩浆为围岩的内生矿产。

(二) 矿产种类及分布分布：

1. 新喻铁矿：发现于中、内变质成层铁矿，这里的铁矿在本层下的底层岩层之中，其中有赤铁矿状矿岩，中下为黑色炭质页岩和沉灰岩，上部又是千枚岩及板岩。铁矿层夹于灰色炭质页岩中，属于胶状化学沉积。这个成层铁矿与中朝台上鞍山式铁矿，铁矿法有相似之处，但变质程度较弱，地质时代可归入元古代，似鞍山式内蒙。

2. 含金石英脉：分布于湖南湖北、广西和广东的五岭山区

~138~ 中国主要矿产及成矿规律

为与花岗岩有关的含金石英脉，产于湘中震旦纪底脉岩之中。

二、外生矿产：

铁矿：

(一)概述：华夏铁台的外生铁矿产，有震旦纪沉积变质江口式铁矿，中上泥盆纪的沉积宁乡式铁矿，下石炭纪闷头见关之沉积不定层，二迭纪合山层菱铁矿，以及第三纪玄武式间铁矿。其中以宁乡式铁矿分布最广，规模与宣龙式铁矿相似，工业价值大，主要分布在湘中及湘西北区。

(二)矿产概述及成矿规律

1、宁乡式铁矿床

本类型矿床生于南岭准地槽的江西台山西南及湘粤之四之北。在古地理上本区属于湘中渤海区，在上泥盆纪时本区是指状岛海湾区（茶陵、攸县、永新、宁乡）。在底低上层等上。金纪，但吴东湘干处。约上江会纪下中余晴见中下部下层之下下。而在宁乡一带对上泥盆纪上下中榴龙山，下下。盖侵产至由待台叙述。

(1)宁乡区：宁乡式铁矿生于佘田桥里含铁组中。此层板均为砂页岩，矿体呈层状，矿层至平层夹层之多个，亚有向北层次有少一现象。向南方变，且规整，在湘西北一般只有一层厚约一米。在湘西北区一带矿层向南向北多或西北至新或北或是渐。宁乡式铁矿大权同古生理条件的不同而在地区上有变化，而且在延长方向上变化之很大。如叶原宁乡中下层1.5米，在两端区渐或为2.0层米，前约有状灰岩样鲐。

(2)湘干边境区 本区有人称为"茶陵式铁矿"，茶盛长好下，相束与矿床的成为的中。在"中广"佘田附光下中矿层上一叫岩大成岩相相似，均为砂岩质，而湘干边成为岩光不成"式分化而成为沉积石英岩成为，电石泥成岩。而成为细质矿石铁岩。

中国主要矿产及成矿规律 ～139～

共成份有赤铁矿、磁铁矿、石英、绿泥石、炭酸盐类等级矿物组成。矿层有时还变为绿泥石英砂岩或粉砂。矿与绿泥石石英砂岩之间无明显分界。铜层总个厚为3.0米左右的中深灰石英砂岩。灰碳质有白云，铜下层上层为泥岩，上中层岩，下石英矽层夹砂质页岩。

本区在上泥盆纪时奈侯为灰岩，而向东侧以砂岩为主，向北至都昌浮梁碎屑岩为多。因此上泥盆纪时海水是由西向东北方向推进的。再从大区域来看，在海进层序中在广西铁矿居于下泥盆纪莲花山层中。在贵州居于中泥盆纪地层中而湖南为上泥盆纪而且在东中和西中层位有差异这也说明了泥盆纪时海水 向却从 先经广东而后的东北侵入贵州湖南。在湖南上泥盆纪均匀成于浅海盆地，海湾及海槽中。可从湖与之境的沉积情况上来了解它。往永新以东为大片元古代赤碳岩之分布的华夏古陆。石灰陵以西衡阳、邵阳、常宁等地在会田桥期为浅至半深海相的灰岩泥积为主，而无铁矿沉积。（图一）

~140~ 中国主要矿产及成矿规律

从矿层具有胶体沉积的蜥状矿石，及顶底板均为绿泥页岩，或绿泥石英砂岩，及矿石中含有20%左右的绿泥石及尚有类欧毛铁矿石，具褡纹特征程夫及叶维状的表象，绿泥石只能深水、氧气不足的还原环境下生成的，势必也是如此，但矿石中仍有不少的氧化铁矿石（赤铁矿）存在，这些氧化铁盘必须是由碳酸铁或其酸铁等氧化正铁，经上也将作用之外，但天然中仍有一个或大个是原生的氧化铁矿石，如在使下矿又看到蜥状是由赤铁矿和绿泥石成同心圆状组成的，其地表或地下钻孔中亦在赤铁层之下有夹层新鲜绿泥石，且绿泥石保存完好新鲜图，可见氧化铁不一定都是由碳酸铁或其酸铁变来的，这就同生时的二价铁不保，仍有氧混动，这证明这两种铁，都属于同一胶体沉积的矿床。

物来及对附近的古地，本区在泥盆纪以前有一个漫长的侵蚀期中高铁夫——的地区，较古地上，含铁高的灰色板岩千枚岩在长期充足的时间位将氧化作用。经过这长远的时间，大陆已经夷平为准平原，矿后近乎准平原，当时地面上形成布置氧化亮层沉积层，因此当海水浸入大陆时就在大陆上将的各种无机及化合物的来泥，这开海水中含Fe高元素以外二合，这大陆上延续风化作用铁元素不断供给，在适宜的物化学及生物条件下首先就形成了具有工业价值的铁矿床。这由本区铁矿品位之集中生于海进层序之中成中之中下得以证明。

参考资料

1、1958年地质论评第6期
2、1958 地质与勘探 第23期
3、1959 地质论评 第9期

中国主要矿产及成矿规律 ~141~

2. 上二迭纪合山层中黄铁矿床

本类型矿床分布于枝武宁明、平尧区（图1）。在地质构造上属黔桂地台之右江台凹，在古地理上位于越北古陆之北，华夏古陆之西的地区。

本矿床产于上二迭纪合山组之中下。合山组分两个部分，上部为灰黑色灰岩含燧石结核，厚120米。下部为揉纹层伏质砂岩，铁质铝土岩，及灰色砾状参铁矿层。矿层之下为棕色泥岩、含矿泥岩，灰色粘土，夹炭质页岩，其含有薄层的煤炭层。煤层厚由5米至20米，煤系内灰色含黄Fe矿的水坑。它们均沉积于茅口灰岩古卡斯特之洼地中。含煤层有时直接和茅口灰岩接触，但在个别古卡斯特洼地中，有时含煤系地层之下有一层厚四十至四十五米的紫红及灰色泥质页岩。

从上述可知，在参铁矿沉积之前有煤及棕色粘土沉积，矿体成层状，而厚度变化受古卡斯特地形的控制。厚由零点六米到三点五米。矿层有扁圆状砾石或夹饼碎状砾块组成，其砾径一般为

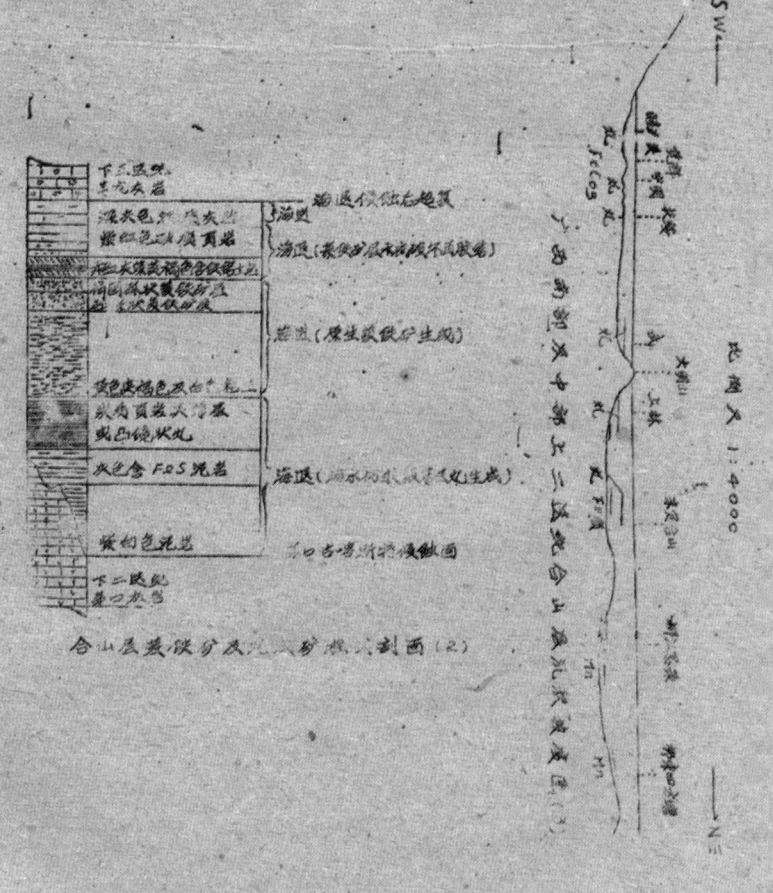

含山层参铁矿及煤矿矿层剖面(2)

零点五厘米至二厘米，最大为四厘米，无分选性，但大块者不多，而多平行层面作定向排列。其砾石成份为黄铁矿、鲕绿泥石及玉髓。同时胶结物也是黄铁矿为主。

从成矿剖面（图1）可知，最先沉积的是含黄铁矿的泥质灰岩，而后沉积粘土及炭质页岩夹煤尖层。其后沉积了三至四米厚的杂色粘土或泥岩后沉积黄铁矿。故黄铁矿是海进层序中的沉积，但是沉积后曾遭到破坏，而形成同生砾石结构，表明当时海曾一度变浅。尔后又继续沉积含铁铝土岩，紫色砂页岩，这是海退期产物，再后就沉积泥灰岩。总的看来黄铁矿的形成过程是原生——上升破坏——再下降沉积胶结。这个过程表明黄铁矿是在海进末期海退初期形成的。但由于矿层顶板岩层含煤尖层不厚三十米表示当时成矿期的海水进退的时间是短促的。而海底的搬运是颇烈的。故煤层多而薄不稳定。铁矿层有砾状构造，并且成复杂表明原生矿层是海底黄铁矿夹薄层绿泥石及玉髓层。故破坏后形成角团状砾石。

本区黄铁矿分布虽广（图1），但在古地理上有局限性。从本区最初沉积于第一灰岩古卡斯特地形上的合山组煤层呈北东东向在本区中P呈断续分布来看，推测上二叠纪沉积前，在本区中P（右江流域）是一个沿北东东方向延长的高低起伏的古卡斯特洼地，在这线的西北P恰恰位于大明山隆起和越北古隆起之间而东南P侧位于华夏古陆的前缘。故西北及东南不如本区凹陷的那种显著。这可从岩相及厚度及底P缺失情况来表明。西北P无含煤层，而代替者为砂质页岩，合山层厚二至十米，在中P厚卅至一百一十米。这电是表明本区中P较低洼。这样的环境是对黄铁矿形成有利。但不同地段仍有不同的变化。例沿北东东方向在逐渐远离越北古陆的东北端与黄铁层相当的层位变为含煤层，上P的灰岩或矽模页岩。因此广西南P黄铁矿的形成与越北古陆的合

~144~　　中国主要矿产及成矿规律

铁风化物碎屑入附近海盆中或在其中沉积有关，并与古生代已具雏形的右江向斜沿中P依准P份分布有明显关系。（图3）

总结上述表明该铁矿与允展均分布于合山组底P。它们明显的受第口灰岩古卡斯特海底地形的控制。分布虽广但较零星，且不连续。在较宽阔的，延长较长的侵蚀谷中，合山组下P含矿岩系较厚时，可以形成规模较大的较 的该铁矿矿床。

参考资料
1959年　地质论评　第九期

3、云浮式第三纪沉积铁矿床

本矿产于广东云浮县，在大地构造属于闽浙地槽的西南端，部古地理上的华夏古陆的西南端。矿体以不整合或假整合赋于古老变质岩系之上，或于古老紫红色粘土之上。前者不整合后者整合或假整合，接触间拥有起伏。但大致在一个水平面上而平整。矿层厚薄不一：最厚20米最薄3米。铁矿层上P为含铁粘土，再上P为红色或黄色粘土，此层之上P普通回土。

矿层多有褐铁矿组成稍多孔，但有一P为珠状，含有或质岩细砾石，大小不等。一般P半圆状表示曾经过水的搬运，含砾石者多质不佳。矿层层次有时明显。矿成石其他P份低P尚有铁矿及褐铁矿组成。矿层之上含铁粘土常含有松柏，双子叶植物及草类夹叶的化石。属于第三纪。

根据上述矿体成层状夹有砾状矿石层。而砾石多半为半圆状，有时有明显层次。含植物化石，而以叶最多，多与层面平行的平铺排列。矿石成份经分析后为含铝较高。表示成矿生代中曾有过生物化学作用之结果，表示本矿床系以岩为床。由于中国大陆

中国主要矿产及成矿规律 ～145～

在三迭纪后已经合了上升为陆。当然华夏陆台也是如此。而且华夏陆台在燕山运动时生成许多小盆地。故本矿床应内陆地湖沼成沉积铁矿床。而铁质来源和四周之陆存在有关。

有人认为本矿床沉积这样厚。这是现知湖沼沉积铁矿床中所未有的。因此认为是风化残积沉矿床。但是这种观点不能解释上述特征之产生原因。最主要的不能解释铁 集之原因。我们知道本矿层下伏岩为变质岩——千枚岩。尼岩及石英岩。这类岩石要使之风化后产生什米厚。而铁含量平均在55%以上是有极大困难的。相反的在湖沼中由于周围大面积风化壳中铁质经溶解搬运而到湖中。在适宜的物化条件下形成含水的氧化铁沉淀倒是有可能形成这种与之有关的矿床。故认为用湖沼沉积来解释本矿成因到也可以在很大程度上令人满意。

参考资料

1936年　地质练报 27号

4、其他：

(1) 第四纪石灰岩卡斯特溶洞中的堆积褐铁矿矿床

矿区位于湖南安化专山中。矿区范围的地层是寒武纪子桥灰岩，矿区两侧则有上寒武纪的含铁石英岩出露。假整合的覆于棋子桥灰岩之上。而棋子桥灰岩呈卡斯特地形。石灰岩呈犬牙状凸出地表。其上伏以第四纪堆积物。其物质成份是下部为泥质及钙质胶结的角砾灰岩及砾石层。其上是泥沙层或粘土层，厚80米其上存在着60米的披散状的褐铁矿，亚有黄铁矿铁在局下地较大量堆积。褐铁矿层之上为厚度不一的伏盖层。

矿分布于碎屑沉积的下部，褐铁矿呈胶冻状或结核状。而多般为 状或似层状。存在于潜水面以下厚0～60米。贫矿分布于碎屑沉积层之上。金属矿物以褐铁矿为主间或有菱铁矿。一般

~146~　中国主要矿产及成矿规律

多为结核状或碎屑堆积物的胶结物。形状和溶洞的形状大致一致，存在于潜水面以上，或近地表。厚度10～60米不等，贫铁矿含Fe 20～27%，富含Fe 56～64%。

矿床成因：凡含Fe的地层在有利于形成风化壳的条件下，其中含铁煌中份，经过风化破碎后，经重力及水力搬运方式，将铁质及铁煌块它们在有利条件下，填充于溶洞，这样就成了上中松散的矿石。由于地表水的不断注入和地下水的运移，其结果却对上中松散层起着淋蚀作用，作用的结果使上中松散层变化，而成富铁矿层。下中潜水带内由于 化作用所形成 矿石，当然其中铁质也有地下水带来的（附图1）。

参考资料
1958年 地质论评
18卷 第3期

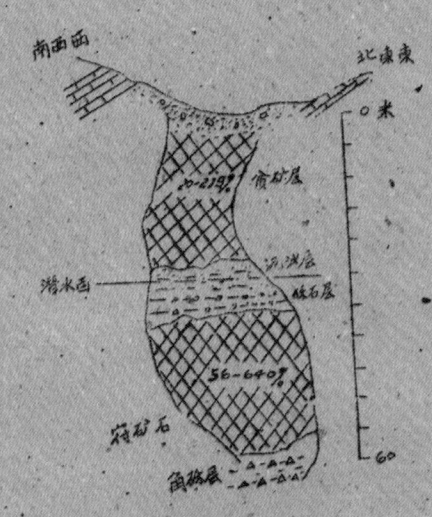

含铁溶洞剖面图

（2）测水式菱铁矿

测水式菱铁矿分布在湘中东于南岭准地槽范围。属于下石炭纪中中测水沁系底中为结核状菱铁矿，亚含有黄铁矿。其详细论述见测水沁系中份。此不赘述。

（3）江口式铁矿

江口式铁矿在湘西洞口一带地区，可能是震旦纪（昔古认为属寒武纪）火山作用形成的沉积或菱铁矿，为华南台块上之一个新类型：大地构造位置上位于江南隆台背斜的东南缘，从构造和沉

中国主要矿产及成矿规律 ～147～

报条件看来，沿着江南台背斜的东缘和华夏台背斜的西缘都有可能发现这一类型矿床。

锰矿

(一) 概述：锰矿在时间上的分布情况：

震旦纪：地层主要由分选不好的碎屑沉积或沉水沉积组成，锰矿层位在南沱冰碛层的下面。

泥盆纪锰矿：

石炭纪锰矿：

二迭纪锰矿：

华夏陆台的主要锰矿类型：

1、浅海沉积：

(1) 震旦纪沉积锰矿：产于冰碛层或黑色页岩中。产地有湖南湘潭、广西□县、防城等地。大致分布在江南地盾南坡。□县、防城位于江南地盾南西边缘之延长部分。

(2) 泥盆系中的锰矿：产于泥盆纪页岩灰岩之上，是很重要的锰矿，著名产地是广西桂平、永主、丘武、三里圩，称为木主式锰矿。大致沿大瑶山南坡分布。

(3) 石炭纪中的锰矿：产于中石炭系燧石灰岩中。广西宜山锰矿便是。

(4) 二迭系锰矿：产于茅草坡页岩或燧石层中。产地有广西柳江、湖南衡阳、耒阳等地。

2、湖沉积：

(1) 南方红土层中的鲕状锰矿：在广西一带红土层的下面广泛的有鲕状锰矿层的存在。它们的时代可能为新第三纪或第四纪初期。

3、风化锰矿床：

这主要见于南方红土及菱镁分布区域中。锰质一般很好，但

~148~　中国主要矿产及成矿规律

异常不集中，分布零散。

(二) 矿床叙述：

1、沉积锰矿：

(1) 震旦纪锰矿：

本矿床在大地力区分（ ）上，应属江淮古陆构造带，其北与东为原始古陆与华夏古陆，以南与西为南岭陆地，矿床形成于震旦纪海浸的初期，震旦纪地层总厚约200米，不整合于厚大的板溪系之上，成为盖层。矿层位置共在震旦纪底下的黑色页岩中，其上被泥盆纪以及其后各时代地层所不整合，但均剥蚀不全。全区以板溪系为核心，形成一个不完整的似背斜构造，称仙女山伏轴为短消背斜。震旦纪地层与含金岩层围绕其周围。断裂相长约20余公里。

矿石中主要矿物和成份为菱锰矿、石英、蛋白石、方解石、高岭土及微量的黄铁矿。

区域内出露的地层皆属沉积岩，除前震旦纪板溪系与震旦纪含锰岩系外，计有泥盆纪、石炭纪、二叠、三叠、侏罗纪等。但后来大都剥蚀不全。区内没有火成岩说明了当时环境是比较平静的，大的 运动没有发生。而因板溪系的块侧裂蚀，解放了锰质，所以在区种有利环境下是可造成矿床沉积的。（图Ⅲ）

现发行与矿床有直接关系的震旦剖面列之于下：有上而下 参见图Ⅳ。

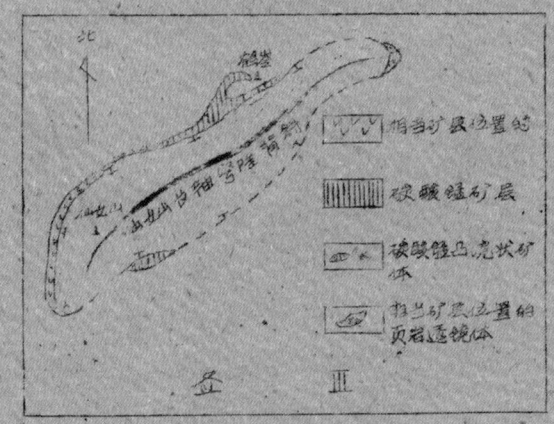

图 Ⅲ

中国主要矿产及成矿规律 ~149~

⑫ 灰黑色线理状质岩。玉髓质含砾，卵形晶体排列成条带状

⑪ 灰黑或灰绿色沉层为含氧锰矿岩块

⑩ 厚层状黑质页岩，间含细粒黄铁矿或状或状排列。

⑨ 板状菱锰矿与黑色页岩互层。

⑧ 原生菱锰矿

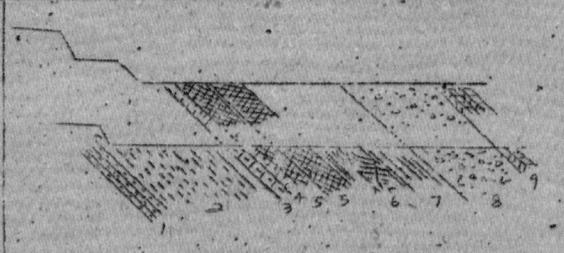

1. 灰色次基性砂岩 2. 黑色线理状绢云母质页岩 3. 黑灰色线理状粉砂质细粒次基性砂岩 4. 黑灰色石英粉砂岩 n 米，顶部 0.004 米，富含黄铁矿 5. 厚层状菱锰矿层，厚层状 6. 板状菱锰矿与黑色页岩互层 7. 厚层状黑色 页岩 8. 灰黑或灰绿色 9. 灰黄色

新塘剖面

层，厚层状——由铜状菱锰矿体组成，具同心构造及 状构造。

⑦ 黑色线理状砂质粉砂岩。含黄铁矿多。

⑥ 黑灰色石英粉砂岩。含细粒黄铁矿。

⑤ 黑灰色线理状粉砂质细粒基性砂岩。含黄铁矿。

④ 黑色线理状绢云母质页岩。线理由粗细不同的条带组成，一般粗条带含黄铁矿较多，细条带矿

③ 灰色绢云母质页岩。

② 灰色基性砂岩。碎屑矿物主要由棱角状的各种石英及燧石组成。

① 青色绢云母质页岩。有时具线理构造，间含粉砂质页岩，并夹板岩或页状凝灰岩，至矿物有锆英石及电气石。

（2）民防成锰矿床：

~150~　　中国主要矿产及成矿规律

其剖面自上而下为：
⑥ 灰绿色千枚岩。
⑤ 灰绿色水硬岩。
④ 褐红紫黑色千枚岩。
③ 灰绿色及黑色砂质板岩，底下夹"矿床"（含锰较富）黑色砂质板岩中含菱铁矿及晶体，重具鲕状及线理构造。
② 黑色及灰岩板岩及千枚岩，下部间夹薄层石英岩。
① 灰绿色砂质板岩。

在湘潭、钦县防城锰矿层都直接生黑色页岩中，这些黑色页岩的一般特征是厚薄具线理构造，含其锰矿较多。

磷酸、矽质岩相的沉积锰矿都是浅海稳定地棚区沉积。而湘潭及防城三矿层含锰较多之层位生于菱铁矽质黑色页岩中，所以是示了它们很流通的深潮或潟湖沉积。

(2) 泥盆纪中锰矿：
① 广西桂平木圭式锰矿：
含矿层位有二：一在中泥盆纪东岗岭石灰岩的古风化面上至上泥盆纪榴江系之最低岩层。另一位于榴江系中

地层剖面：
③ 上覆地层：第三纪红色岩系。
～～～～～～～～～～不整合～～～～～～～～～～
② 上泥盆纪榴江系：
　含锰岩系：下部为灰色薄层状硅石层与砂质页岩互层，夹有暗灰色含锰灰岩，底部砂质页岩含锰并夹有氧化锰矿层（大层矿），层数及厚成均不稳定，无的原生矿石是炭酸·锰矿。其中并夹有海绿石英层。含锰岩系上部为紫及黄色页岩，含锰灰岩以及棕黄色及绿色砂质页岩与硅石互层。含锰灰岩风化后成褐肝色及蓝黑色"松软矿"。局部有软锰矿之块。厚80 M。

中国主要矿产及成矿规律　～151～

老虎山层：上部为杂色板状砂质页岩与灰色燧石互互层，下部为浅灰色及灰黑色薄层条带燧石层。底部为厚层"菜状"松散砂锰矿及软锰矿层（"莲匠矿"）厚80M。

～～～不整合或假整合～～～

下伏地层：中泥盆纪木冈岭石灰岩，厚底灰黑色及泥灰岩，顶部有浅绿色及紫色泥质页岩。

泥盆纪锰矿地除了上地区外，尚有大瑶山西北武宣、湖南安化、湘西北云通石灰岩中夹有钙质锰矿，湖北汉阳、福北广东交界地区亦。（现可能为二迭纪的了）

本区位于闽浙地盾西南缘，两内黔桂地台　　南岑凹地之南缘。

下泥盆纪初桂北、粤中一带剧烈下沉，均是海侵频繁区所以沉积了广布之海相地层。但从上之剖面中，一再表现明显的旋回韵律，说明当时本区的不稳定性和地壳之颤动性。而其同围低相沉积中均以红色地层为多，而且含铁亦较多，代表了泥盆纪时的炎热气候而且中上泥盆纪时一变变为温湿渐湿，所以遂成了形成锰矿的良好环境。而且当时凡有玄武岩石的地方多受风化而保证了锰质来源，所以在成海盆地边缘，有的可能为海湾沉积了锰矿，但锰矿层分布多不稳定，而且含锰岩系也不太广，厚度矿超过100公尺。

(3) 石炭纪中锰矿：

1955年在广西宜山发现了中石炭纪锰矿新层位。含矿层位于下石炭纪岩山寨泥质石灰岩之上，夹在灰白色白云质厚层微宝之灰岩中，含矿层以上之中石炭纪黄龙石灰岩其剖面如下：

③ 上覆地层：中石炭　黄龙灰岩。
② 中石炭纪龙头锰系：

　　ⅲ 上部为厚层状深灰色相粒石灰岩，具断状及豆状结构

~152~ 中国主要矿产及成矿规律

其下P中含燧石结核，灰岩风化后呈肉红色，厚120M。

ii 中P为厚层及巨厚层灰色灰岩夹条带状及肉豆状砂质夹层，灰岩风化后呈棕色，底P有灰色炭酸盐锰矿4层，矿石氧化后呈黑及深咖啡色，並具鲕状结构，矿层间之夹层内含锰石灰岩，矿层与夹层共厚约10M～55M。

i 下P为浅灰色薄层泥质灰岩与砂质灰岩互层，风化后呈棕色或肉红色，为矿区找矿的标志层，40M。

～～～～～～～～～—— 假整合 ——～～～～～～～～

① 下伏岩层：下石碳 燕子，厚层深灰色泥质石灰岩夹燧石条带，灰岩中含炭质及锰质中P有棕红色及褐色炭质页岩一层。

从剖面中可以看出矿床矿相特征是几乎全P含锰岩系均只含燧石条带的砂质石灰岩。而细粒碎屑岩相的岩石则不存在。

相同层位的锰矿产地尚有广西西北P的天峨和全县江西宋本锰矿也中石炭纪的。

本区位于南岭准地槽之南缘，其西紧接黔桂地台，而华夏陆台在海西构造阶段，又经过了一次大振旦，总的来说，做台间泥盆纪至下石灰纪江南地盾、闽浙地盾，当时都隆起甚高，他们的长期，风化使得锰质获得了聚集，充分保证了锰的来源，而在泥盆纪低相沉积中，氧化气象十分明显外，且富含之氧化铁，形成红色岩系，反映了泥盆纪时 的气候，直至晚期以致到下石炭纪後，变变为湖滨浅滩，所以中上石炭纪的 华夏陆台普通下沉到海面之下，同在已侵蚀将平的江南地盾侧缘蚀棚上造成很好的含锰层。从上剖面可清楚见到矿床岩相特征是以砂质较大的炭酸盐岩为主，与其他的含锰层位之富于矽质的情况不同，它是陆缘海稍深的碳酸盐湖相沉积。而矿石只具鲕状结构，及肉豆状结构，为其胶体沉积。而在中石炭下P灰岩中含燧石结核，证明

中国主要矿产及成矿规律　～153～

了它的沉积环境是在稍深的海中。

除上之乎地外，在江西乐平亦有锰矿的存在，所以我们不难理解在相同环境下沿着江南地唇碳酸盐分布地带进一步寻找同一层位之锰矿是大有可为的。

(4) 二迭纪中锰矿：

二迭纪锰矿分布於二个层位中：

下二迭纪栖霞层底下浅海相炭酸盐硅质岩型锰矿

一般位在南京凹陷与江南地唇之陷落带浅海中，这是新发现的锰层位，所以给长江下游吴运景区。

上二迭纪乐平沉底下深凹——浅海相碳酸硅质岩型，同所谓的遵义式锰矿层相当，分布地区为广西中下、西南下及湖南以及广西镇都矿地。

下二迭纪之栖霞含锰层剖面大致如下：自上而下

③　上矽质层，主要以灰绿色矽质页岩及矽质岩互层。

②　含锰岩系

　　h、紫红色板状铁质石英粉砂岩.

　　g、黑色线理状碳质石英粉砂质页岩，含凸镜状黄铁矿.

中上下含矿层.

　　f、锰矿层.

　　e、黑色线理状碳质石英粉砂质页岩，含凸镜状黄铁矿.

　　d、锰矿层

　　c、紫红色板状铁质石英岩及页岩互层.

　　b、灰绿色砂质岩.

①　下矽质岩，灰绿色砂质岩及页岩互层.

乐平含锰层剖面自上而下如次：

中上石炭纪灰白色糖粒状石灰岩

中国主要矿产及成矿规律

～～～～～不整合～～～～～

6、灰绿色砂质千枚岩。
5、泥质冰碛层，下个为紫色千枚岩及页岩。
4、白色砂质岩。
3、锰矿层。
2、白色砾状砂质岩。
1、灰绿色片岩及千枚岩。

以上我们可以发现到他们同样系碳酸盐质砂质岩型，只在成矿特点上同湘潭锰矿相□。它们在大地构造位置在南岭准地槽北缘，其北为江南古陆。它同其他锰矿一样同位于海进层位中，下二叠纪阳新□之初，栖霞海的范围比较石炭为广。迄至阳新后期，海水似有向西北撤退之迹象。因而茅口灰岩在江宁栖北瑶山一带有时缺失。此后，首先是闽浙地槽的上升，南岭准地槽和江南地盾亦随之上升，于是在凹陷区内形成许多海湾式内海。内海逐渐淡□而失常，遂沉积了富含形体要细之小型化石的旗集砂质页岩边造，而且沉积了锰矿。

朱平□华夏陆台与扬子陆台相似，再行下沉，海水循尤路而来，同时沉积了锰矿。

2. 风化锰矿床：

华夏陆台的风化锰矿床，分布地点较多。但一般尚缺乏系统的研究，资料尚很缺乏。其中有系统的观查较细的是在湘潭。

华矿床在大地构造分区上如上所叙。在原始江南古陆构造带，其北与东为原始江南古陆与华夏古陆，其南与西为南岭准地槽。其矿成的垂直剖面大致如次：

① 砖红色土——粘土矿物主要为高岑石，底下有时含不规则板状或薄片状氧化锰。

② 橙红色或橙黄色□状土——此层土的颜色一般均较砖

红土色浅，且向下愈浅，渐变为澄黄色。其中常含许多不规则之虫状管，管壁一般为殊红，时含氧化铁较多，较硬，管中多为白色松土——石英，而虫状土的主体则仍主要由高岭石组成。在虫状土最底下的虫状管，有时为朱红色氧化铁或氧化锰所充填。

③ 紫色土——由黑色页岩极度风化后形成，有时原来的页岩构造尚可辨认。其中含少量之氧化铁或氧化锰。

④ 白色或黄色土——由石英及三水铝土矿所组成。

⑤ 未风化的黑色页岩 顶下含次生黑色氧化锰矿体。矿体在垂直方向的延长一般为10米左右，矿体上下二端厚薄差，含铁较高。其下壁有时有厚15厘米的白色细泥为高岭石及三水铝土矿。

此外在桂平柳江也有风化锰矿床，其分布层位一般也在虫状土的底下存在。

关于它们的成矿条件、成矿时代、古地理情况在湘潭沉积锰矿中已叙述，此地就不再重复了。又让大家知道在存在锰矿沉积的地方，很多又风化了，对它们之规律也应加以注意。

(三) 矿产分析：

通过以上各类型锰矿床的了解，对华夏陆台之锰矿可作出如下之结论：

1. 华夏陆台具有工业价值的锰矿为外生矿床，它们都生成于与微流通的或海湾的陆棚浅海，这些陆棚浅海都位于长期遭受侵蚀的或比较稳定的古陆边缘。在开阔的海洋地区不生成有价值的工业锰矿床。目前尚可能发现锰矿的地区如江西以及南岭的若干地区。而锰矿均存在于海侵岩系中，而且均位于其底下或下下。海退岩系中的锰矿少见到，而且之不造成工业矿床。

2. 锰矿可分二个成因类型：
   1. 浅海沉积。

~156~ 中国主要矿产及成矿规律

2. 湖沉积
3. 风化矿床

主要的成矿年代有震旦纪、泥盆纪、石炭纪、二叠纪及第三纪。近代湖漠亦有鲕状　形成（如广玉）但不成其矿。浅海沉积的工业价值大。风化型锰矿床虽常优，但分布零散，不集中。

3. 风化型锰矿床主要分布于红壤及黄壤分布地区。

4. 华夏的锰矿相主要为碳酸盐复矽成岩型及高岭石粘土型（如广西一带锰矿床）。

5. 原生锰矿均夹于黑色页岩内，并多为黄铁矿夹黑色页岩中。

6. 原生沉积锰矿石多具鲕状结构，可说明它们都是胶体沉积。

7. 锰矿沉积时的介质条件是微酸性的。

8. 锰矿　与大量之矽质岩伴生，即黑色页岩亦多富于矽质，大量矽质的岩层的沉积亦说明了侵蚀区的几个条件及准平原化的程度。亦有可能　海底火山喷发的直接或间接产物（如湘潭锰矿在矿层下数米内有凝灰岩夹层的存在）。

9. 在氧气充足的浅水地区形成氧化锰，在较深缺氧地区还原性的条件下形成碳酸锰。二者之间为过渡相。

10. 有沉积间断而是锰矿形成的必要条件。

11. 湿润气候是外生锰矿生成的必要条件。

中国主要矿产及成矿规律　～157～

参考资料

1. 地质集刊第一号：中国锰矿床的沉积条件　叶连俊
2. 地质集刊第二号：
   a、在中国科学院地质研究所锰矿座谈会上的发言
   b、在地质部锰矿座谈会上的发言
3. 中国锰矿会议资料
4. 1957．关于中国中南锰矿及磷矿成矿区域及预测问题
5. 目前中国锰矿问题　1953学报33-3　侯德封
6. 中国锰矿探索工作中的几个基本问题
   　　　　　　　　　地质学报33~4　叶连俊
7. 1956年　中国外生锰矿地质初步探索
   　　　　　　　　　地质学报36-4
8. 广西锰矿的展望（节要）　李祖才、赵家骧、刘佑蓉
   　　　　　　　　（地质评论16卷1期P·12）
9. 广东惠扬蕉沙乡大岭姑锰矿　　周仁当
   　　　　　　　　（地质评论16卷1期P·127）
10. 中国矿产的分布规律及其预测　谢家荣
    　　　　　　　　（地质知识,56年1-12期）
11. 地质与勘探——怎样找锰矿　1958·19期
12. 地质集刊　彭文号
13. 燕山山脉 Sn 地质及 Sn 纪沉积矿产
    　　　　　　　　中大袜、廖大从
14. 锰矿：蓟县式及瓦房子式……华北陆台
    　　鹿牙式铁锰矿……平武、志川、　扬子陆台
    　　遵义锰矿　（中国地槽讲义昔地院）
15. 矿床学讲义、笔记，找矿理论及方法讲义，笔记

~158~ 中国主要矿产及成矿规律

中国地质学讲义有关中分，矿床成因论（塔塔林诺夫著）

煤 矿

(一) 概述：

和华北陆台及扬子陆台比较起来在地质发展历史中活动性较强，成煤盆地地形起伏相差甚大，所以煤层的厚度和质量变化比较大。再加上陆台受了燕山期的断裂错动和岩浆活动，许多煤层都发生了程度不同的变质作用。

华夏陆台最主要的成煤时期是上二迭纪和下侏罗纪，其中尤以上二迭纪最为重要。其它如下石炭纪，中石炭纪中期，上石炭纪末期，下三迭纪及第三纪也都有含煤地层沉积。因煤产地不同，同一层统的煤系在同地的名称亦不完全一致。这些产煤地及其时代是：

1. 下石炭纪煤田：

(1) 测水煤系：分布于湖南省的淮水流域的资水流域。如长沙、湘潭、宁乡、乡桐、醴陵、攸阳、衡阳、常宁、祁阳、零

中国主要矿产及成矿规律 ~159~

陵等县、永兴、资兴、郴县、□阳、嘉禾、临武、宜章及宜阳、安化、新化武冈等县。

(2) 寺门煤系：分布于广西全县、郴州、无河及广东乳源、阳山一带。

(3) 美崇山煤系：广泛分布于粤东、粤北及粤西北。

2、中石炭纪煤田：

(1) 梓山煤系：分布于江西赣南宁都、吉水、永丰一带。

3、下二迭纪煤系

(1) 黔阳煤系：分布于湖南的雪峰山脉以北或西北，并且限于沅江流域的沅陵、沪溪、辰溪、溆浦、黔阳、会同、芷江、靖县等。

(2) 辰谿煤系：产地与黔阳煤系产地基本上是一致的，也限于雪峰山以北或西北，但沅江流域之内除了沅陵、沪溪、辰溪、溆浦四县以外，凡是有黔阳煤系的地方就没有辰谿煤系，而在没有黔阳煤系的地方如沅水的最大支流□水流域——保靖、永顺龙山以及澧水流域都有辰谿煤系的分布。

此外在湖北襄阳、蒲圻、武守及安徽东南部有一个份中二迭纪的含煤地层。

安徽□县，立城有中上二迭纪含煤地层沉积。

4、上二迭纪煤系：

(1) 乐平煤系主要分布于湖北大冶、长兴、湖南运深等。

(2) □煤系：产于湖南永兴、郴县、襄阳、常宁、鄞阳等。

(3) 合山煤系：产于广西宜山、忻城黔江、来宾广东的曲江乳源、福龙长□、莲城。

(4) 龙潭煤系：产于福建龙岩、湖北大冶等地。

(5) 上三迭纪□下侏罗纪：主要为广西恢县西湾、江西安沅、萍乡及粤北等地区。此外还有湘南的下良口含煤系、广州附近的小坪含煤系。

(6) 下侏罗纪的

① 门口山含煤系：产于湖南湘潭、澧陵、攸阳、衡山、常宁、祁阳、零陵、永兴、资兴、宜章。

② 香溪煤系：产于湖北大冶、阳新、崇阳、蒲圻、武宁。还有湘粤边界上的狗牙洞煤系，福建的山煤系，广东的乌灶煤系。

(7) 在广东有海陆交互相的褐煤沉积，而在合浦上科一带区有少量的第四纪泥炭。

(二) 矿产叙述及成矿分析：

1. 成煤时期的古地理及沉积相：

测水煤系产于江南古陆的南侧，沿江南古陆南缘分布，在湖南中部湘潭及广西一带成层最厚煤底可厚达80M，夹煤层可达三层，最厚处在二十公分以上。自此往东北煤系地层变薄，仅有一层煤，厚度不到一公尺，且因含硫过多，不宜为工业所采用；在湖北和江西交界地区煤系缺失。在湘乡以南的情况与此相似，在湘乡以东在下石炭纪时为侵蚀区未接受沉积。本煤系是属于浅海区的海陆交互相沉积，在煤系地层之中除了含有丰富的植物化石外，还有大量的海生生物的化石。

中国主要矿产及成矿规律　~161~

四．内生矿产

铁铜矿

(一)．概述

本区之铁铜矿床主要分布于南京凹陷及苏浙地盾上。前者为李四光的淮阳弧山字型和中华夏式新华夏式之干扰带，而后者如中华夏式新华夏式及东西向构造干扰区。因此此两区受力复杂，破碎大、花岗岩分佈广，这是本区在成矿上有利之先决条件。而事实上也证明矿床分佈和构造线一致。

(二)．矿产叙述及成此分析

1. 南京凹陷：本区以铜铁为主。现在已知矿床分佈于鄂城、大冶、阳头、瑞昌、九江、武汉、阳丰、安庆、铜陵、当涂、繁昌及宁镇弧的象山、九华山、下蜀、栖霞山及龙山一带。矿床分佈于弧形构造的缘破碎带最大的地区。因此矿床分佈严格的受构造所控制，成矿期主要为燕山期。矿床生成和此期的中酸性小侵入体有极其密切的成矿关系。而围岩时代自泥盆纪至侏罗白垩纪都是。在岩性上以砂页岩为主，砂页岩夹灰岩、火山碎屑岩次之。

围岩性质在成矿上据现有资料统计：砂页岩及灰岩作为围岩的矿床多系大中型矿床，一般在一千万吨至一亿吨，而以大山流纹岩为主之矿床多系中小型矿床。同时以砂页岩作为围岩时多形成磁铁矿，而以灰岩及火山岩作为围岩时则形成碳铁矿及铜矿。铜矿作为伴生矿物出现。当铜矿达到开採要求时即为铜铁混合矿床，如大冶铁矿。火山岩中有时以铜矿为主，有时以铁矿为主。

本区以矿床之叶类型分为矽卡岩型，中低热液型（包括火山堆积型），将比较重要及资料较多的几个矿区叙述如下：

(1) 矽卡岩型铜矿

安徽铜官山铜矿

① 大地构造位置：本矿区位于南京凹陷的东缘，淮阳弧的

~162~　中国主要矿产及成矿规律

②地层：
　　4) 黄龙灰岩：薄层及厚层灰岩 ····· 500 M
　　　　～～～～～不整合。
　　3) 龙潭煤系：砂页岩夹煤线三层 ····· 500—300 M
　　　　～～～～～不整合。
　　2) 阳新灰岩：燧石灰岩，中夹泥质及砂质岩一层
　　　　　　　　····· 500—300 M
　　　　～～～～～不整合
　　1) 下石炭系：乌桐石英岩 ····· 220—500 M

③岩浆活动：如花岗岩及花岗闪长岩，侵入时代为燕山期，因花岗岩不仅使阳新灰岩矽卡岩化，而且使侏罗系龙潭煤系成变晶角岩化，故说明此岩体为龙潭煤系形成后侵入的。

④构造运动及成矿之关系：中生代末期本区地壳运动非常剧烈，形成一系列的比较紧密的皱。其轴向为NEE。伴随之而来的即为大量的花岗岩沿皱斜轴侵入形成岩基，而其边缘之凸出部份便成岩株岩钟状侵入二迭系阳新灰岩，这些小岩体和阳新灰岩产生化合及混熔作用而成中性闪长岩，这些闪长岩和阳新灰岩接触地区产生矽卡岩黄铜矿床，矿体形状为规则的囊状及透镜状、脉状生于矽卡岩中及页岩之中；伴生矿物有磁铁矿、黄铁矿，有时磁铁矿富集即可以开采时便为独立矿矿床。

⑤矿床成因：属中温热液矿床：它是岩浆期后热液沿裂隙及节理上昇在裂隙中产生交代及充填而成，故矿体严格的受构造所控制。

(2) 大冶铁矿：
　　① 大地构造位置：南京凹陷之西段。淮阳弧之西北翼。
　　② 矿床地质情况简述：如燕山期之闪长岩体侵入下三迭纪之大冶灰岩中产生矽卡岩型之磁铁矿，伴生矿物为黄铁矿及黄铜

中国主要矿产及成矿规律

矿赤铁矿及Co等。本区之Cu、Co达到工业要求，可以综合利用，故说明本矿床既为碳酸铁矿又为铜钴矿。

③矽卡岩型矿床之找矿远景：南京凹陷区阳新灰岩、大冶灰岩分布广泛，而褶皱断裂很发育，且许多中性小侵入体沿着弧形构造线分布，次级褶皱又很发育，因此在南京凹陷找矽卡型之铜铁矿希望很大。根据孟湘蓉的意见在大冶——阳新一带特别注意。而鄂南之古陆区亦可以作此类型矿床寻找之远景区。

(2) 中低温热液型：

大凹山式内生铁矿

① 大地构造位置：在南京凹陷带之东段，即苏淮向斜的东北翼上。

② 地层：

第四纪：冲积层如磁铁矿及闪长斑岩碎屑

——————— 不整合

下白垩纪：大凹山层：凝灰岩、凝灰质角砾岩及粗面岩。

③ 岩浆活动：除上述下白垩纪之火山岩系外，还有闪长斑岩成岩脉状侵入于火山岩系中，统成闪长玢岩系燕山第三幕侵入，此闪长玢岩即为矿床成矿母岩。

④ 构造及矿床成因：白垩系火山岩系形成后受燕山第三幕之影响产生褶皱成大凹山层向斜部之背斜，轴向为NE——SE而陡。而成的为浅成之闪长玢岩脉沿此背斜轴部侵入。破坏此向斜膨大正玉。动则形成断裂在——SW向亦有闪长玢岩的北西膨大部分，它是闪长岩在冷却过程中产生裂隙，后富集于闪长岩中之含磷、铁之热液在本身压力之影响下沿此裂隙通道上升在裂隙中沉淀下来既为磁铁矿脉。它是中温热液成因（因无交代现象，且矿体中之闪长岩碎块棱角尚且十分明显，无熔蚀现象）。

·164· 中国主要矿产及成矿规律

矿物成份如黄铁矿、磁铁矿、赤铁矿及微量黄铜矿，非金属矿物如磷灰石、阳起石、石英蛋白石等。

当涂火山堆积铁矿：

① 大地构造位置：南京凹陷之东段，淮阳弧之东北翼。

② 地层：本区出露头为泥盆系、象山岩、流纹岩、凝灰岩、粗玄岩总厚达 210——260 M。

③ 构造及成矿关系：系属为一北东向之向斜，火山岩系即组成此向斜之核部，似是在白垩纪时在南京凹陷之活动引起的，淡酸岩浆沿凹陷内形成火山岩系堆积，在近火山口地区便堆积火山凝灰岩及块集岩，随着因水减系岩浆物质成份之改变，铁质便成为雾状和火山凝灰岩一起沉积而成铁质凝灰岩，其后岩浆池中之含铁热液便上升进入这些松散物中使铁质更加富集，使沿层面形成饼状赤铁矿群。另外由于火山岩系在岩化过程中使沿火山口裂隙发生许多断裂及裂缝，铁液便充填沉积于其中，即成赤铁矿脉。因此此矿床和白垩系之火山岩系形成同一时期，且同一围岩。

④ 矿床之预测：白垩纪火山岩系华夏陆台上分布很广泛，而火山岩系形成后又在许多地方有闪长岩之下侵入体成岩铁，岩钟、岩脉状侵入火山岩系中，因此在南京凹陷及其它火山岩系分布区发现这种矿床之望很大。此类型矿床虽属小型矿，但分布范围很广泛，为地方工业的发展提供了良好的条件。

2. 华夏沿海区

本区即闽浙地带为著名的小华夏式新华夏式的东西向构造带之干扰区。因此断裂很大，这些断裂组织主要在中生代燕山期形成，伴随这次断裂组织而有侏罗纪三白垩纪的上下火山岩系。岩性上为安山岩、流纹岩、凝灰岩、块集岩等，这些喷出的岩岩性地层上分布很广泛，几乎淹没整个地层。同时在这些火

中国主要矿产及成矿规律 ~165~

山岩系形成后又在许多地区被后期的花岗岩、闪长岩成小岩株、岩钟、岩脉等沿N.E向之构造线侵入火山岩系中。从上可以看出本区无论在大地构造上、岩浆活动上都对本区之成矿提供了极有利之条件。但由于资料之缺乏故知本区的一些铜铁矿真的分布。

小多金属脉状矿体：本类型矿床系中低温热液矿床。分布于浙江的浦江金银树、青田　岭、中藏脚、永嘉银坑山等地。矿体成脉状分布于花岗岩及流纹岩中。矿物成份为黄铜矿、黄铁矿、方铅矿、闪锌矿等。

3. 江南地盾区：本区依谢家荣、蒋溥等人的意见，前震旦系的板溪系才能夹有火山岩系。夏湘蓉认为地盾上燕山期闪长岩浆分布较广，因此在　浙交界处之旺玉山一带可能找黄铁矿型铜矿。现在已在江西的德兴找到产于前震旦系火山岩系中之细脉浸染铜矿、这就证实了夏氏的论断是正确的。因此本区为细脉浸染型铜矿之远景区。

德兴铜矿：

①大地构造位置：在江南地盾和江折江台凹之交界处。
②地层：元古界的板溪系：千枚岩夹有变质的火山岩系。
③岩浆活动及其成矿关系：中生代燕山期之闪长岩成涌斗状的小岩体侵入板溪系火山岩中。侵在火山岩系和闪长岩之接触带形成细脉浸染型铜矿床。

④成矿规律：有古老火山岩系分布而又有中生代之闪长岩体分布区对找此类型的矿床有利。特别在地块隆起与凹陷之交界处成及地块中的断裂带找寻此种类型矿床更具有利。

4. 其它地区的Cu——Fe矿床：其它地区的铜矿都不是主要的多和铅、锌、钨等矿床伴生出现。故此种类型的矿床归在有关钨、钼、铅锌矿床中叙述。现仅就和铜矿有关系之多金属矿按分构造位置叙述如下：

(2) 广西弧：

钨铜多金属矿区：分布于广西弧的大明山翼中，矿床为砂岩细脉浸染型及黑钨矿石英脉。

铅、锌、铜多金属区：分布于广西弧的东北翼大瑶山弧的前缘坳陷，为低温中温热液填充及交代矿床，围岩为莲花山系砂岩。

铜矿及多金属矿床：分布于广西弧的东翼大瑶山弧中，矿床为热液脉状及浸染状矿体。矿物为黄铜矿、斑铜矿、辉铜矿。

(3) 衡阳区：位于湘南弧的脊柱上，矿床为热液层状浸染矿床，多于第三纪之衡阳砂岩中。

钨 锡 矿

(一) 概说：

华夏陆台以盛产钨锡而著名。本区包括浙江、福建、广东、广西、江西、湖南、安徽南部，所包括的大地构造单元有江台台背斜、于湘台向斜、华夏台背斜和滇桂台向斜之东部。

据目前已知的矿床约有下列几种类型：

1. 钨矿：
   (1) 黑钨石英脉型矿床
   (2) 玫卡岩型钨锡矿
   (3) 硫化物钨矿
   (4) 砂矿

2. 锡矿：
   (1) 伟晶岩型锡矿
   (2) 云英岩型锡矿
   (3) 锡石石英脉矿
   (4) 锡石硫化物矿
   (5) 砂锡矿

中国主要矿产及成矿规律 ~167~

各种类型矿床的分布如下表所示

主要类型	分布地区
钨	
黑钨石英脉型	湘南、粤北及粤东各花岗岩体的边缘或内部
破长岩型钨矿	湘南粤北花岗岩体北部化燥附近或岩体外围
硫化物钨矿	闽东、福建(?)花岗岩之外接触带，破火孚布或酸性火山岩中
砂矿	在原生矿体附近，此类矿产不多
锡	
伟晶岩锡矿	桂东花岗岩体顶部白云岩中
云英岩型锡矿	桂东湘南花岗岩顶部或云英岩化花岗岩中
锡石英矿脉	桂北粤北及粤东诸花岗岩体附近
锡石硫化物矿	湘桂交界处花岗岩岩体、湘南花岗岩边缘破长岩中及破岩体中
砂矿	分布于原生矿附近，主要在沿海地区和桂东北宁贺钟县等地

本区钨锡矿之形成与燕山期花岗岩侵入有密切关系，钨锡矿均多在有花岗岩的地区。其分布特征一般在方陆之东边分布着钨，如于南、湘南、粤北、粤东、闽西等地。而西边主要是锡如桂北、桂东等地。由此可见，钨锡主要分布在于湘台向斜、华夏台背斜和滇桂台向斜中。

(二) 矿产叙述

钨锡矿与酸性花岗岩、黑云母、白云母-云母花岗有关。围岩为花岗岩，火山岩及性脆的各类岩石中——老变质岩石，花岗岩，花岗岩等。砂岩、页岩、石英岩、灰岩，矿体形状一般是脉

~168~   中国主要矿产及成矿规律：

状、细脉状、透镜状以及不规则的形状。

7. 导浆折破带：

(1) 湘干粤折缝区：

干南、湘东南、粤北，处于江南台背斜与华夏台背斜之间，震旦纪厚沉积，经加里东、海西、燕山运动影响，是一紧密凹折缝区。断裂构造发育，古期断裂与前期褶皱。燕山期有大量黑云母花岗岩侵入。

在本区，有黑钨气成高温矿床，钨石石英脉呈东西向或北北东向分佈。

实例：江西大庾砺华山钨矿床

山区为燕山期黑云母花岗侵入，花岗岩侵入有二次。第一期为细粒之花岗岩，矿区主要地层为泥盆纪石灰岩、石英岩、砂岩。矿体形状呈脉状分布于花岗岩体内部，在包裹体中，砂石矿物有黑钨砂、黄铜矿、辉铜矿、锡石、毒砂矿，脉石矿物主要有石英、长石、锂云母、萤石、绿柱石等。蚀变有云英岩化、钠长石化。为高温黑钨石英脉型，矿脉受东西向构造控制。规模大，可综合利用锡、钨、钼、铋、铜等，矿床价值大。

(2) 东临盆地：

湘南地区，呈南北向凹陷，海相沉积物多。经长期折造运动，造成一些北东向、北西向、东西向若干折缝和断裂。侵入岩为大黑云母花岗岩、二长岩。主要钨锡矿床类型为锡石硫化物型、钨锡块型、砂长岩型锡砂床——此类型有讨论。

实例：湖南瑶岗仙钨锡铁砂石英脉及砂长岩型钨铅矿床

燕山期岩浆活动频繁，为花岗岩、花岗闪长岩、花岗岩岩性灰白色，中粒状结构，由正长石、石英、斜长石及黑云母所构造。也有细粒之块状花岗岩，矿区所围地层有下沉盆纪石灰岩、矽岩、页岩、中泥盆纪矽岩、大炭岩及侏罗纪地层。

中国主要矿产及成矿规律　～169～

钨锡铁矿石英脉分布于下泥盆纪岩层或花岗岩体中，受排选控制。

矽卡岩型钨锡矿，产在大理岩和矽卡岩中。

围岩蚀变：矽卡岩化、云英岩化、云母化、电气石化、白云岩化等。矽卡岩矿物：白钨矿、黑钨矿、矽卡岩矿物、铜、锌等硫化物。二中小型矿都有工业价值，是一有远景之地区，特别是矽卡岩型钨锡矿。

砂岗仙矿区地质图

D_1——下泥盆纪石英岩、砂岩、页岩
D_2——中泥盆纪石灰岩、大理岩
J——侏罗纪砂页岩
▩——含钨锡矽卡岩及角岩岩
▨——含矽闪石大理岩
◢——钨锡铁石英脉
▦——碳酸盐化锡石英脉
γ——岩体变白云母花岗岩
（ ）花岗岩穹隆起

湖南西部和衡山一部分，花岗岩特别发育，主要是第二期。以砂锡矿最多，其次，锡与硫化物型，黑钨矿石英脉，高中低温网状脉等。

其次，土壤中残积砂锡分布砂矿床。

荷贸钟县位于衡山之西南方，在苗诸峰有第二期岩的侵入岩，荷钟东南缘有斜长石英伟晶岩体，该县大守志郴一带分布在大守花岗闪长岩体，锡的生成为这些花岗体有关，而锡为第二阶段侵入活动有关。大量钨锡矿床形成主要是与第二阶段的侵入体有关。围岩主要是中泥盆纪灰岩砂岩和花岗岩。

据研究结果，认为本区砂锡矿是喜新时造运动进入潮湿气候的产物。

特征：①沉积间断后，表面不平坦多孔，存含砂层分布不受其间的凹地。

②含矿含砂层常呈现灰带状之沉积体隐伏于地层之表。

富矿方向标志：在花岗岩最强烈和具有向西部外太平洋类型地质成分水岩及其结构方向很不相符列的喷斯时代捕掠带。

行钟县矿汇龙溪黑钨矿床：

特征：含钨石英脉存在於花岗岩之芽根中，矿脉长几十公尺，状多。矿石矿物黑钨矿、钨石、辉钼矿；黄铁矿、绿柱石、石英、正长电气石、石榴子石、仕之固等。

黑钨矿呈放状、细长放状。

守段乌峯山石英脉钨矿床：

特征：矿脉集於泥盆纪砂质岩中，是向东西，矿石矿物，黑钨矿、白钨矿、锡石、云母、破灰石、电气石等。

2. 华夏古背斜：

指南岛沿海区、包括福建、广东和广西的一部分，本区是一稳定的地块，震旦纪后是一上升区域，燕山期有大量黑云母花岗岩、白云母花岗岩。二云母花岗较晚期之基性岩脉，钨锡矿产有高中温黑钨矿石英脉型、矽卡岩型钨锡矿，沸石硫化物型。另外发现规模巨大的硫化物钨矿。

实例：广东东芜县锡矿床：

地质特征：火成岩是燕山期花岗岩，出露地层有前寒武纪花岗岩其下保罗纪下海火系不整合，多为花岗岩之芽展。走向北北东或北东东向，中侏罗纪以黑云流纹岩为主，柱状节理发育，有花岗岩侵入。另有冲积层，以砂砾石、粘土为主。

中国主要矿产及成矿规律 ～171～

矿床特征：花岗岩沿背斜轴侵入，含矿石英脉分布于花岗岩内或围岩中，受裂造控制。砂矿分布于冲积层之下部。

闽西平武、上杭、宁化、清化县钨矿床。

西露地层古生代及古生代前的地层，花岗岩极发育，下古生代和三迭纪灰岩以石英脉型钨矿和云英岩型较多，矿大部分于花岗岩中，另外有矽卡岩型的钨矿，此区是有远景的矿化区域。

闽东南沿海地带硫化物钨锡矿床：

粤东巨大硫化物钨矿的发现，指出了新的找矿方向。硫化物钨锡矿分布在花岗岩之外接触带或邻近花岗岩的砂质岩和酸性火山岩中，矿脉呈网脉状、浸染状、角砾状于破碎带中，具氧化带之特征。矿石矿物有黑钨矿、白钨矿、钨铁矿、锡石、铋、铜、铅、锌等。围岩蚀变有绢泥石化、矽化、绢云母化。

闽东南沿海地带的地质特征与粤东区相似，所以有可能找到此类有价值之矿床。黑钨矿石英脉型分布在酸性火山岩的下花岗岩体内或与中生代砂质岩接触带。云英岩化钨矿于花岗岩外接触带或邻近花岗岩砂质岩和酸性火山岩中。

砂矿床分布比较广泛。

3. 江南台背斜：

钨矿于湘西：中低温黑钨矿石英脉、网脉，以钨锡矿为主。

4. 滇桂台向斜西部地区：

桂西黑云母花岗岩侵入泥盆纪中，在广西弧顶有岩套黑花岗岩。

(1) 北边：

河池南丹区脉状矿床。以锡石硫化物为主。

(2) 南边：

广西弧顶在岩套矣地及破裂方宫，主要是中低温热液石英型钨矿，锡石硫化物型，矽钨锡矿等。

(三) 成矿分析：

-172- 中国主要矿产及成矿规律

1. 成矿规律：
(1) 与燕山期折皱、断裂和花岗岩浆有关的。
(2) 多产于准地槽区性裂折皱带内。无其是地质发展史中，其本身属于长期上升因素的地区或附近。
(3) 成矿之先决条件是先存之折皱带及新构造影响，先存之花岗岩体受长期岩浆作用的影响，即多次作用。常于弧形构造之顶端，特别在新旧二种构造线成直交的交截处。无以东西向和华夏式为南北或近于南北向之相交地带。此种构造在陆台东部很发育，在弧形地带也很盛。
(4) 围岩性质：均是老的变质岩——片岩、片麻岩、花岗岩，酸性火成岩、砂岩、页岩、石英岩、石灰岩等。
(5) 岩浆性质：中性、中酸性的如花岗闪长岩与白钨矿有关。黑钨矿与酸性岩有关，即愈酸性钨矿存在的可能性愈大。一般说锡矿与浅色黑云母花岗岩有关，钨与白云母二云母花岗岩的关系更密切。
(6) 岩体形状：均是不大的侵入体，即矿与小侵入体有关。

2. 分布规律：
从成矿规律的观点不难看出钨锡矿在分布上也有一定的规律。矿与三组相交构造或方向有关，如相交呈南北向则矿分布也是如此。矿与岩浆的关系等看钨锡矿在陆台上的分布是，陆台东部地区主要是钨；钨有南北或北北东向分布的趋势。
锡矿自于江上游支流池江以东显著减少，在武功山带口西至茶陵而东至安福；锡也有减少的趋势。从于都、南至海滨锡也有减少，砂矿增多。但在湖南政长岩矿种锡大于钨。西至广西宜贤钟河池，南丹都是有名的产锡区。锡有东西向分布的趋势。

3. 大地构造与矿的关系：

中国主要矿产及成矿规律 ~173~

大地构造与矿的关系： 表5

大地构造单位		找矿远景	
		W	Sn
江南古隆背斜	五峰地纳	热液CK—N—白钨矿矿床	
赣湘台向斜	秋矢式向斜		
	万洋山脉端九山江西地坪	热液石英黑钨砂矿床	SnO_2—石英脉型
	花岗岩穿窿区	热液SnO_2—白钨矿矿床，砂卡岩白钨矿砂矿	砂矿石英型
	江北千沙带	热液石英黑钨矿，砂卡岩白钨矿	
	湘南弧	砂卡岩白钨矿，热液石英黑钨矿	砂卡岩型，SnO_2—西矿矿床
华夏台背斜		热液石英黑钨矿床，SnW矿床	砂矿、石英型、云英岩型 SnO_2—硫化物型
滇桂台向斜	广西弧及右江褶向斜大瑶大山脉	热液石英黑钨矿，砂矿	SnO_2—硫化物型，砂矿 砂矿 石英型
	丹地区		脉状矿床，SnO_2—硫化物

参考资料：
1. 中国南部钨矿二叶类型的初步划分 · 地质学报 57.2
2. 广西富氢钟砂锡矿床及卡斯特 · 地质学报 57.4
3. 福建钨矿的找矿方向 · 地质月刊 59.4
4. 湖南钨锰铁矿区中砂卡岩型 $Ca-W$ 矿的发现并论两类矿床在成因上的关系 · 地质学报 59.2

~174~ 中国主要矿产及成矿规律

锑矿

(一) 概述

中国是世界上产锑矿最多的国家。中国的锑矿主要产于长江以南，又特别集中于湖南省境内。佔据了全国锑总产量的90%，为世界总产量之40%。

1. 时代

据丸荃馨先生对中国锑矿之研究，他指出锑矿床形成及其有关花岗岩侵入时代，可划分为两期，即燕山期和吕梁期。燕山期锑矿产于古生代和中生代的地层中，主要是在寒武纪至泥盆纪地层中，呈似层状和脉状产出。吕梁期锑矿则产于前震旦纪板溪系地层中，成含锑石英脉产出，一般与自然金和白钨矿共生，是其特征。

2. 地理分布：

本区锑矿集中分布于下列各区

(1) 雪峯山——幕阜山区：包括江南地盾上湖南境内之黔阳、凤凰、怀化、芷江、溆浦、沅陵、慈利、桃源、汨阿、安化、宁乡、长沙、临湘、平江、浏阳、醴陵、湘潭、攸县、湘乡、衡山、茶陵、安仁等县及江西境内之铜鼓山、星子县以及幕阜山、九岭山和南京凹陷中。湖北境内的崇阳县，成于长江西端县。

(2) 湘中区：包括新宁、东安、邵阳、隆回、新化、安邻等县属湘南弧两翼。

(3) 湘南粤北区：包括湖南境内之宜章、桂县、资兴等县，广东省之庆德、曲江、乐昌、乳源等，居于湖南弧中枢的拉断带之南缘，贯湘粤称为拉北中矿带及其附近区。

(4) 湘南区：包括常宁、新田、临武、桂阳等县，属湘南弧中心部份。

(5) 桂西区：包括南丹、河池、隆山、宾阳、贵县、武县、桂

中国主要矿产及成矿规律

车、思恩、天河、罗城、宜山等县，属于广西弧。以及横县和广东境内灵山、防城，湖南江华，广西全兴、三江、文等、平东、恭城、蜜钟、贺县、岩县、郁林，广东始兴、连南、阳山、乳宁、清远、表县、云浮、新始、白沙、惠阳、海丰、普宁等县，以及江西始兴、皖浙九岭山，天目山均有零星分布。

在上述划分矿区中，据靳凤城先生对湖南省锑矿产的研究指出，锑矿以沅资水流域分布者最佳，沅水流域次之，而资水流域正是李四光先生先分析的湖南弧之西翼均属锑矿之产于此亦可与广西弧西翼多产锑矿作一比较。

(二) 矿产叙述

1. 矿石矿物类型及其有关共生矿产

本区锑矿产以原生矿床产为主。砂矿床除湖南省之怀化及邵阳外，其余概分布于右江流域（已属桐子锑矿范畴）呈红色锑矿产出，产于三选纪页岩及石炭、二选纪石灰岩之溶谷中，或喀斯特地形石灰岩洞穴中。其常具黄红色粘土，含锑之部分，在距地表三公尺左右之棕色粘土层中，矿石呈园形或铜带较多，最大直径可达 0.5M。

在原生锑矿床中，除广西平乐及白象两处为辉锑矿——方解石型矿床外，其余均系辉锑矿石类型，这也是中南区有工业价值的主要锑矿床类型。

在共生矿产方面，根据夏湘蓉和朱均一氏的统计，发现一般认为锑、金、白钨全系共生的情况并十分普遍；其统计结果如下：

(1) 锑金共生：湖南邵阳及广东乳源等矿区。
(2) 锑、白钨共生：湖南邵化、沅陵、桃源、益阳等矿区。
(3) 锑、金、白钨等共生：湖南平江、沅陵及桃源等矿区。
(4) 锑、黑钨共生：广西南丹及大明山，广东四江及列源等锑矿区域或黑钨矿区域。

但他们同时指出，像沅陵乌溪是一个标准锑、金、白钨共生矿床。三者都有经济价值，然而三者又不是同时生成的。

2. 矿床地质特征：

为了进一步探讨和阐明本区域锑矿产之成矿规律，先简要地介绍本区一般的矿床特征，并结合实例加以说明：

本区锑矿主要类型是辉锑矿——石英型。其特点是矿体形状极端复杂，有单独的大脉，两旁都有分支细脉，或在裂隙交义处上造成矿床或小萤状矿体，有呈侵染状或致密分布于围岩中。其矿石结构有星状、团块状或发育成为美丽的珠技状晶族。而最有工业价值的是沿背斜轴部同域，宽阔的矿体，可能是群状体产出。如湖南新化锑矿山；或沉积化友岩层中堆积成为杰成状矿体，如广东曲江一带的矿山。

(1) 找矿构造因素：

根据王晓青之研究，指出湖南地区锑矿分布与地质构造关系大致可分为二种类型：

与穹地构造或背斜构造有显著关连者——湖南区。

在湘中及湖南一带，穹地或大规模之背斜构造颇多，其生成与花岗岩之侵入有关。

构造类型及产地	矿体形状	相关地层
锑矿山背斜		上泥盆纪石灰矿岩
烟子穹地 a.新化坪上锑矿	石英矿二条脉	挟杂寒武系地层中
b.新化三类峰	石英矿脉二条	沿寒武纪岩层石灰岩
无山穹地 a.邵阳龙山	矿脉一条长130M连续状其可至3M	沿寒武地层节理生成
b.邵阳石洞坪	矿脉破碎较短不许	生长寒武纪地层中
c.邵阳张侯		

中国主要矿产及成矿规律

塔山穹地	桂阳矿伯桥 塔大石巷		
四明穹地	a.邵阳罗城 汉铜白锡 b.新邵马头塘 下马山	破构不甚重要	
牛头寨穹地	a.来安牛头寨 b.来安横冲 c.来安廿兰桥	裂隙充填及散投状 矿床多沿背斜轴部或临习羽 生成 均不甚重要	震旦纪及寒武地 地层
金紫穹地	a.新宁江口 b.新宁龙口 c.武岗荷子口 d.武岗福禄冲 e.城步背斜(屋亭)	含锡石英脉,脉极颇多 含锡石英脉	寒武纪及泥盆纪 寒武纪地层中 石炭纪灰岩

矿床产于大背斜层之中————河月北西
扇于李 矿床分布于砌阳、益阳、安化、沅陵。

(2) 成矿围岩因素

据靳凤桐对湖南矿区研究据出, 辛方锡矿以产於前震旦纪板溪系岩层中最多, 产于泥盆纪灰岩关岩层中次之, 而产於震旦纪冰碛层中及寒武系矽质和果色质岩层中或灰岩层中再次之。此外, 据现在所知, 锡矿赋存地层最新可以三叠纪大沿石灰岩层中。

並为构造上, 认为锡多富集于背斜轴部, 穹形构造两端较为断层上升。围岩以钙质岩, 泥质岩为三种。其中以灰岩及泥灰岩岩层之上复有页岩最易形成交替矿床, 而砂岩, 页岩则以生成充填矿床为主。它们与岩浆岩的关係, 是矿床往往出露于花岗岩

·178·　　中国主要矿产及成矿规律

之周围，侵入沿东北溆浦、辰谿、芷江、湘阴及新化的一部分，而成一东西向之长带。东起浏阳西至溆本，以志留纪以下地层约组成一东西走向之大外斜层，锑矿产于其中。

① 益阳板溪、西冲、王家冲均呈石英矿脉产于震旦系地层中，倾角45°——50°。

② 安化廖家坪，矿脉甚多，生于寒武纪地层中，唯不甚厚。

③ 安化渣滓溪，四条平行矿脉沿震旦纪地层节理生成。

④ 安化秋溪及滑板溪，成矿脉产于寒武纪地层中。

⑤ 安化柑子园，成矿脉沿寒武纪板岩层而生成。其方铅矿及闪锌矿共生。

⑥ 沅陵乌溪，矿脉一条，沿震旦纪板岩层而生成，脉石中含有自然金。

此外，尚有溆浦、辰谿、芷江等等矿区，东——南西排列。锑以产于花岗岩体两端者最佳。但矿区附近往往看不到火成岩，的与岩浆源相距很远。

（3）实例

① 湖南锡矿山矿床

在大地构造上，位于江南地角之南部边缘，属于李四光先生所谓湖南山字型构造西翼的一部分，它包含在邵阳衬褶皱之中。

在地质构造上看，即是所谓锡矿的大背斜。长约6公里，宽1——1.5公里，在此大背斜层上，有次一级的三个小背斜和小向斜。

矿区内断层颇多，主要分逆断层、纵断层和横断层三组。矿体位于背斜轴部上段灰岩内，长向与背斜轴相平行。主要沿层理、节理或至溶交填交成而成。

一般认为，锡矿的大背斜及其西边学横生质的南北大断裂发生于海西期，而火成岩活动含矿溶液的侵入，成矿是在燕山期

中国主要矿产及成矿规律 ~179~

断层起主要的通道作用，长龙界页岩起主要的盖层作用。背斜构造起主要的 娶 作用。七里江灰岩为主要的储矿层。

构成锡矿的大背斜的区域地层，自上而下列表如下：

```
        9. 测水煤系 80—110公尺
下石炭     8. 马鞍子灰岩 70—150公尺
系       7. 云声山砂岩 200公尺
         6. 马垢肥灰岩 225公尺
中泥盆   5. 池坎里含铁砂岩
统锡矿   4. 兔子坳灰岩、页岩、含磷石 10—20公尺
山系
上泥盆   3. 长龙界页岩 40公尺
下纪蓄   2. 七里江硅化灰岩
叠系     1. 志砂山灰岩
```

图示：劭动的山脉剖面（据丁格兰）
1. 含矿层   4. 扑 灰岩
2. 长龙界页岩 5. 矿床
3. 含矿层

② 湖南益阳板溪矿床

本矿区位於江南地角的中断南侧。矿区主要地层是寒武纪前的板溪系板岩及石英岩，走向略近东西，向南倾斜，倾角甚陡，褶皱频繁，裂隙甚多。

石英矿锑矿之床沿干板岩层及裂隙生成。本区以有两条主脉，走向东南，倾角50°以上至直立。矿脉中常夹有带黄色的围岩碎片。矿脉下盘与围岩接触处常有一层脉壁粘土，这些现象，说明此矿主要是充填裂隙而形成的。

（三）成矿分析

本区锑矿是吕梁期和燕山期花岗岩侵入所形成的中低温型热液矿床。

锑矿之形成受构造破裂的控制，而在物性和化性起之间存在着这种破裂，同时，锑矿床一般距岩浆说很远，矿区附近往往不

见火成岩，因而也认为矿床形成与深断裂和破碎带有密切关系，即矿液的沉泉是处于很大的深度，并与花岗岩有关。本巨锑矿床的造成为与燕山期和燕山期花岗岩有关。

江南地盾上广泛发育着前震旦纪板溪岩系，地盾两端皆是本误地层，至今花岗仅见于湘鄂交界地带，故淳东在地盾上残雪岩山巧倒不多再露，当然这一地带也正是隆地和构造地带，因此这里是不仅的主要锑砂之地之一。它们多分布于雪峰之西侧，新化，邵阳，益阳，安化，宁乡，长沙，礼陵等区。其二为大西孤巴，分布于南丹，河池，柏山，罗城，宜阳，宜武，益平等地，其三为北江于涉锋坎夹邻近地区，分布于湖南建章，耒阳，资兴，广东之英德，曲江，东岛等县。我们知道这里是南岭推地槽中的地台狐形加工区域，不互规裂构造发育，兰时寒武纪和泥盆纪地层也很发育，特别是泥盆纪地层。

参考文献
1. 中国锑矿的地质特点及其工业类型与找矿方向
    刘基磐（中国地质学会长沙分会刊第二期1957.9）
2. 金属矿床工业类型   成都地质学院 1959.3编
3. 中国中南部岩浆岩与金属矿床的成因区域
    夏湘蓉 朱桐著 1957. 北京
4. 湖南之锑矿床   王晓青 地质论评第X卷
5. 湖南锑矿论要   靳凤桐 之 阿拉 节.4卷
6. 永兴锑   Bd 波堆第廿大卷
                    兰之文 吴伎淳   1956 北京

铅锌矿

一、概述

湘西一带为我国铅锌矿之主要产地,铅锌矿的国矿点与矿物质在地理上之分布以及与大地构造单位之关系如下:

1. 地理分布:

(1) 湖南省:桃林区、浏阳区、王峰山区、湘西区(慈利——凤凰一带)、常宁区、桂阳临武区、柳县区、潭醴区(湘潭——醴陵一带)、恒山区、攸县区。

(2) 广西省:桂林区、百寿保邑区、泗顶古丹区、富贺钟区、石龙区、贵兴南宁区。

(3) 广东省:连南区、北江区、云开大山区(清远之浮鹤山以南、阳江等)、连平佛岗区、海丰顺区、惠阳区、宝安区、中山区、西南岛区。

(4) 江西省:宁东区、宁西区、云都宁县区、瑞金会昌区。

2. 大地构造单位与铅锌矿之关系:

(1) 江南地盾:桃林、泗顶古丹、穗兴、陆四区等铅锌矿区,上述矿区之层位于古陆边缘其围岩大部均为元古代地层其及火成岩关系甚为密切。

(2) 闽浙地盾:云开大山区、连平佛岗区、海丰顺区、惠阳区、宝安区、中山区、瑞金会昌区、云都宁县区、宁西区、宁东区等。

(3) 南岭地槽:湖南部:常宁区、桂阳区、湘中区、柳县区、攸县区。此些矿区都产于泥盆纪及二选纪的沉积岩层内,中心石灰岩为主,位置一般在老地块之外围,并与火成岩有一定关系。

南岭无岗岩穹窿区:富贺钟区、连平区等。

本区一部分与湘南弧重迭。

本区主要围岩为龙山系深变质岩及石灰岩与火成岩成一定关

系，富簌铅锌床多金属类型之脉状矿床而东南主要灰矽卡岩型矿床。

广西有：桂林、河寿、保岳、贵县南宁区等。
上述矿区主要位于古陆边缘。矿床一般产于元山系地层或泥盆纪之莲花山系地层中，一般远离火成岩。

3. 本区铅锌矿主要矿床工业类型：

(1) 酸、盐类岩石中的热液交代矿床：
此类矿床概产于燕山期构造之凹地、中或产于古地块同之新褶皱带内围岩为寒武纪至二迭纪之灰质火岩或白云岩类火成岩的关系或远或近，无一定规律且产状为条带状囊状透镜状层状或其它不规则形状。其矿体以铅锌矿为主为床多金属类型。

(2) 矽卡岩型矿床：
此类矿床一般分布于平地方或新褶皱带内围构造单位于成为广泛的石灰岩沉积同时又有花岗岩或石英二长岩等的侵入，因此是床多金属矿床。

(3) 产于各种岩石中的热液矿脉和脉状矿带：
这一类型的矿床比较最多从构造单位的特征来看又可分为三种：

① 产于古地块中的方解石或重晶石铅锌矿脉：其围岩以石灰岩为主，一般远离火成岩是为铅锌矿或铜铅锌矿。

② 产于加里东方陆边缘的铅锌矿床：其围岩都为千枚岩及其它的变质岩层。来其与火成岩关系来看又可分为两类：一类近花岗岩或其它火成岩；另一类为远离花岗岩是以前为重要。

③ 产于古陆沉结晶地块中的铅锌矿矿脉：大新的铅铜之石英脉部份为多金属类型是产于千枚岩结晶片岩、或灰岩中，也有产于花岗岩中，根据目前资料看示，此类矿床一般规模不大。

总的说来关于华夏陆台之铅锌矿，我们可以根据析这类型构造单位、主要围岩、火成岩关系，上述矿床类型及矿床组成本区铅锌矿床基、地质情况列下表以供参考。

华夏陆台Pb Zn矿床基本地质特征

构造类型	构造带	Pb Zn分布区域	构造关系	主要围岩	火成岩关系	主要矿床类型	矿床组成
准地槽	湘南岭准岩浆岩弯褶区	常宁区	地块外围	石灰岩	石英-长石花岗岩	放长岩型	多金属
		桂阳区	仝上	仝上	石英斑岩	仝上	仝上
		新邵区	仝上	仝上	斑状花岗岩	仝上	仝上
		湘中区	湖南孤中部	石灰岩,砂岩及千枚岩	个别接近花岗岩	脉状	Pb Zn 多金属
		攸县区	古陆外围	石灰岩	距花岗岩较远	此床	Pb Zn
		常宁钟区	地块边缘	复剖岩系	花岗岩	脉状	多金属
		益南区	地块外围	石灰岩	仝上	放长岩型	仝上
		桂林区	地台边缘	石灰岩	距火成岩	脉状	Pb Zn
		贺县南丹区	古陆边缘	龙山层及花山系	陷立花岗岩	仝上	多金属
		白霞田区	仝上	仝上	三大火成岩	脉状及床状	Pb Zn
地台	江南地盾加里东调破带	桃林	古陆边缘	千枚岩及花岗岩	脉状		Pb Zn
		泗顶方山	仝上	石灰岩	远离火成岩	层状沉积	Pb Zn
		德兴区	古陆边缘	千枚岩	石英斑岩	细脉浸染型	Pb Zn
		修阳区				脉状	
	南浙地盾加里东褶皱带地盾	罗开大山区	古陆中部及边缘	花岗岩及千枚岩	花岗岩	脉状	Pb Zn
		鱼平佛岗区	古陆中	花岗岩	花岗岩流岩	脉状	多金属
		海丰平顺区	地块上部枯破部份	砂岩及石灰岩	花岗岩及火山岩	脉状成矿木型者	Pb Zn
		惠阳区	不明	不明	不明	不明	不明
		宝安区	古陆中	仝上	花岗岩流岩	仝上	仝上
		中山区	仝上	石英斑岩及岩系	花岗岩及英斑岩	脉状浸染状及重晶石脉	Pb Zn
		瑞金余岭区	仝上	砂岩及石灰岩	近成近距花岗岩	脉状	仝上
		云都平远区	古陆心	千枚岩	花岗岩	脉状	脉状多金属
		干西区	古陆边缘	石灰岩及千枚岩	仝上	脉状层状	仝上
		干东区	仝上	砂岩及石灰岩	花岗岩及火山岩	脉状等	仝上

中国主要矿产及成矿规律

(二)矿产叙述：

(1)矿床类型及其构造：

① 矿——热液矿床：
矽卡岩构造——主要为石铅矿——矽卡岩构造
在南岭区来说这种构造包括 于类花岗岩与碳 酸岩 接触带中的矿床一般为多次交化所形成。

② 高热液矿床：
主要为钨锡毒砂及多金属硫 的构造。

③ 中温热液矿床：
主要为碳的矿—多金属硫 构造（含稀有分散元素较多）

④ 低温热液矿床：
主要为远离岩浆混石灰岩中的 铅矿 锌矿构造

(2)矿床分布与围岩关系：
在南岭区主要有 有金属矿床大部分存在于二个大构造
层中一为以铅碳的矿岩石为主的前泥盆纪构造层一为泥盆纪至下
三迭纪的构造层其中三分之二的岩石由碳的矿类岩石组成。由于
这些构造层岩石地质基本不同则其中所赋存之矿床种类也不同
对于 Pb Zn 矿来说则主要在于凹陷带的上部构造层中

① 地层：本区 Pb Zn 矿主要分布于石炭纪二迭纪之石灰岩
中。
泥盆纪寒武纪奥陶纪中之地层次之，其它地层要为稀少。

② 火成岩：主要为中酸性侵入岩的花岗岩、石英二长岩、
石英闪长岩、斑岩、玢岩等 关于侵入岩时代问题，一般
以燕山期花岗岩为主，这期岩浆活动与成矿有密切关系，至于印
支期与加里东之侵入活动与成矿作用的关系还不明确，矿体主要
分布于接触带或多于围岩中及在侵入体内部也可有。

③ 岩浆性质：围岩性质是决定矿化类及矿化带内矿物组合

的因素之一，对于Pb、Zn来说：

a、富含CO_2的岩层易于发生围岩蚀变，对于寻找交代蚀变化的Zn矿床是有利的。

b、富含氢氯氟的岩层对于Pb、Zn之热液矿床生成是有利的。

富硫和砷的岩层对于Pb、Zn矿之生成也是有利的。

4. 矿床实例：

① 湖南常宁水口山铅锌矿床
② 湖南桃林铅锌矿床
③ 广东连南矽卡岩型多金属矿床

(三) 成矿分析：

1. 侵入体及其构造与成矿作用之关系：

① 侵入体的时代：关于本区花岗岩侵入时代尚不十分清楚，不会意见是说有高震旦纪花岗岩有，关于加里东期花岗岩作过有未解决的问题在也不结论，研支期花岗岩可有：吴花岗岩闪长岩、山期花岗岩，广 次火成 第一期 于侏罗纪期间 主要 成里员即花岗岩其的Zn 北凡作用有关第二期 于上白垩纪并岩山岩系之成花岗斑岩的小侵入体。

② 侵入体的构造与成矿作用的关系本区花岗岩出露广泛在其分布未说一般又有一、5 组不与褶皱一致 更多的是横切褶皱而侵入体其所以形成一是 必 要这些因素之控制 这种因素推则可能是断裂，这种断裂 先于褶皱基层之故因此才结使岩浆穿过基底而侵入盖层之中

岩体击露的大小对于成矿作用的影响在区也显示得十分清楚，一般来说在 火成岩体 (击露面积在1400平方公里 的岩体) 岩体的内部及边部仅有为敬乏的矿土 的北贞。击露中等度岩体 (击露面积约600m²) 在此种岩体的边部形成了一北床而在岩体内部只有为敬的Zn北床但这些北体的规模并

不十分巨大，小型岩体（出露面积在 1——110m^2）则形成颇大的 扑床。这些小岩体特别有利于扑 作用 一般分布于大岩体四周 式出现。而大岩体边部亦是扑床出现较多的地带。

从岩体形状与产状上分析亦有一定影响岩体边部有岩 凸出 时，亦即岩体与围岩接触面不平缓时，有利于扑 形成，对于砂 卡岩型扑床来说在火成岩与石灰岩一接触有上隆下 时也利于扑 矿形成，一般来说接触面平缓时岩易形成扑床。

③浸入体与成扑作用的关系：关于Pb Zn扑床与火成岩之 关系克龙雅提夫和库列克认为大 分Pb Zn扑床都位于火成岩发 育地区，很多学者确写了火成岩与扑 现象之间的成因关系。据 材乌採认为铅锌扑床与花岗闪长岩——花岗岩有关，更多情况下 与石英闪长岩有关，某些扑床也可与正长岩有关在许多 中多 金属扑床与相应成分的岩石（带·是 型纳长石1的花岗闪长斑 岩，花岗斑岩，石英斑岩）有 的关系最后，在火成岩区域的 铅锌扑床 的 为中 的喷发岩流的根部有关。

Ⅱ.构造与成扑作用的关系：本区铅锌扑床形成构造在中 重要的作用尤其是断裂构造对于本区Pb Zn扑床的成起着重要控 制作用；无以 构造对于成扑更为有利褶皱构造对于成扑作用 也有一定控制作用。总的说来Pb Zn扑床受下列构造的控制：

①与巨大的·区域 褶皱有关的扑床主要发生于大背斜 或短背斜构造中，在向斜中也可能有但不 背斜构造。

②大多的扑区很明显的受大断裂——区域 的逆掩断层 断层和正断层控制同时也和揉破带和破揉带有关。

③扑的作用与 破坏——倾斜根随的 核断层逆掩断层 正断层的及倾斜 缓的斜逆掩断层，层状 带和岩层与 岩带 有关。

④扑化作用与 构造——背斜褶皱的小穹地和鞍部有关

⑤基底大断裂对于成矿起主要控制作用。本区大断裂主要有四组：a.近于东西向或北东东向及北西西向，b.北东向 c.近于南北向或北北东向 d.北西向。主要铅锌矿都位于这些大断裂带附近。但是这些主要断裂控制着矿区域的位置，而矿体大部分不在断裂之上而经常在于次一级构造之中。

Ⅲ 大地构造与地球化学因素与矿作用之关系：

在一定的大地构造单元内，才有一定的矿化现象出现，同时各种矿化作用的形成是受着地壳所形成及穹起，凹陷断裂和岩浆活动等因素控制而矿化。各种矿间的组合又取决于造矿元素的物理化学特性以及围岩成分的影响。因此矿化作用主要受地壳构造运动和元素的地球化学作用的控制，在一定构造区内有一定的矿化起源一定的矿化有一定的矿物组合。地质学者根据运动不同将地壳分化两大构造单元——即地槽区和地台区，并研究了两者的成矿规律。根据本区地震构造该本区铅锌矿之形成因在地槽件立能终在此此段有大量的花岗岩类浸入在褶皱的岩层中于是就形成了浸染状和脉网型的矿己巴等矿床在晚期阶段随岩浆活动的减弱，大都形成脉状充填矿床。

在地台区内，一般来说内矿床是不发育的但由于后期的活化作用，则可产生一些深大断裂和岩浆活动在地台内由于大量花岗岩浸入因而有引起矿化现象。

地球化学因素对于矿化作用的控制也可分几个方面来讲，一个是来自岩浆本身的一个是受围岩影响的而他们又随时间和空间的条件而变化，不同时间的岩浆流与不同深度的岩流在成分是不同的因而成矿作用也不同而本区铅锌矿床之形成主要和随着浅成断裂及褶皱隆起而成为的和中岩有关。

根据Ｖ．Ｍ．尔史密特的意见，把地球化学成元素可分为四类第一类钢铁元素第二类钢元素给锌元素为钢铜元素第三类为

中国主要矿产及成矿规律 —187—

铜方元素，第四类为　　元素，而他们在地壳内的分布一般是按着上列次序由深而浅　分布即钢铁元素位于地壳深处。但是这个分布位置在地质　　中并不是一成不变的，常随着地壳构造变化使许多金属元素随着岩浆活动而富集到地壳顶层形成矿床。但由于化学活动　本含Pb Zn在岩浆中主要成元子和分子状态存在，因此他们富集于地壳的方式往々是随着岩浆和热水溶液而集中。　　这一些矿床往々多富集于殿型的断裂带内，从构造变动来看断裂作用则带引起凹陷，多出现于地壳肢裂带内，因此Pb Zn矿床一般位于凹陷带内。

4.岩石性质与围岩　变为成矿之关系。

岩性对于成矿作用的控制根据克尼堆提夫和奔列克的意见，认为Pb Zn矿床为产于各种岩石中——浸入岩、喷出岩、沉积岩和变质岩中，然而绝大多数矿床是产于　的铝砂酸矿岩石和碳的矿岩石中。已经确定了的矿化现象特别是变化的矿化现象主要发　于一定的底位和一定的岩石带中，在矿化现象发育岩碳的矿岩石中的一些地区已经确定Pb Zn矿往々产于白云岩或石灰岩中特别是石灰岩与白云岩接触的地方矿化现象是特富集。一般来说在泥质类砂质岩类中多形成脉状交元矿床而在岩的矿岩类中则是形成变化的矽卡岩型矿床。围岩蚀变带在矿床围围是发育　々而且往々种类多样这些蚀变带对于Pb Zn矿床来说是　重要的。因为他们往々形成　矿标志。主要蚀变有石英　之风化、碳酸矿化、白云岩化、电气石化、绿泥石化、明矾矿化、重晶石化等后的带以综合形式出现于自然界。

总之说来本区Pb Zn矿床与本区之钨钼等矿床　有一定关係与成矿特性在本及来说构造成矿区　有两种基本不同地质条件虽然作为内因与外因相互作用就形成　截然不同的成矿作用，一种是在隆起区也是围岩主要为含砂碱高的铝砂的矿而且矿化作用是在要层掩盖封闭的条件下形成的浸入体都是 至酸性岩石，近北围岩多强烈云英岩化，云英岩化围岩失掉 SiO_2、Al_2O_3、FeO_2、MgO、CaO 相 加入 Fe_2O_3、Na_2O、K_2O、H_2O 北脉内金属北及组合由下一下显示节状分布现象一般顶部锡石多下黑钨北增多 下有不同种类的硫化物（与锦北等）分别增加。

另一种是在凹伺区北床围岩以碳钠北沟主这里不尽激饿多岩孔隙变大当花岗岩浸入体爱入到这种岩层联，岩期后分沁出的化一溢含北浴液结铜注入 远的地方，金属北向组会一般目浸入体向上向外是钨—锡—铜—铅锌带。但是由于条件不会经常爱 多种变化。以上两种类型北床在本区主要 成于两种不会排造单元。但是在会一地点会一排造会一浸入体中则由于围岩不会也可 成两种北床。

参考文献

地质论评 19卷 59年第三期

郭子魁：编制南岩区内 输内金采成北规律 晴图中景些所
中国科学院地质研究站：中国大地龙兰纲要

庄铝苗：内 北床成北方例图的编制
阔康泉：湖南桃林铅锌北北床地质初步研究
张有正：湖南水山铅锌北北床
地质论评 第七卷 第三期 1957年

217勘探队：水力山铅锌北床 类型及其勘探
地质与勘探 1959年16期

夏湘客：中国中南部岩浆有色金属北床的成北区域
斯凤桐：关于 中南四省有色金属北质特征及其 北意义以及一些见介
中国地质学会长沙分会会刊 第一期

成都地质学院：金属北床 类型
会上：中国地质学

第五节 古生代地槽区
北满地块

一、概述

(一) 大地构造主要特征：

北满地块是旧山古陆以北，黑龙江以南，乌苏里江及鸭绿以西，西林格勒盟以东的地区。包括大小兴安岭，完达山脉及白山脉和松辽平原。它南接于华北陆台的内蒙地盾，西接于蒙地槽的锡林格勒区。北西在大兴安岭以北，接于苏联的外兴安褶皱带。究达山以北接于苏联的"布列斯克地块"东西接于苏联的锡霍特村皱带。

北满地块实际是一个过渡地块，因为它正处于蒙古—阿蒙斯地带及华北陆台中间一个地块。从构造发展来看，它在古生代期间的一大部分，整个东北地区缺失志留纪以前地层，而且中上古生代沉积也不甚厚。似乎有过一个时期的稳定，但在中上古生代期间活动又比较剧烈，层层都受到褶皱及变质，并有岩浆活动，近地槽环境。因此东北地区即不是一个真正陆台，又不是一个真正地槽，故暂以北满地块称之，真正性质尚待进一步的研究。

(二) 矿产分布及成矿规律：

在北满地块中主要分布于长白山与安岭南部古元二迭纪的基性超基性岩体有关的，有铜、镍、铬等矿；与蒙古花岗岩有关的有钨、钼、金及铅锌等矿；与燕山运动时期基性岩（光年长、闪长岩体）有关的有铜铁等矿；与燕山花岗岩有关的有钼、钨、铅锌等矿。

非金属矿产有几，油页岩等，产于北满地块中上侏罗纪，白垩纪、老第三纪的块状整合地层。因此在该地块中特别在黑源，北北东方向的地堑式凹陷对扩展中生代及老第三纪凹陷有重要意义。

现将东北地块中的有用矿产分类分布概述如下：

二、外生矿产：
(一) 老爷岭区：老爷岭 皆斜区的沉积变质矿床包括下列各种矿
种。

1. 铁矿：

(1) 沉积变质铁矿赋存于元古界变质地层内。这个类型的铁矿可能有两个层位，一个位于下元古界的下部岩系（Pt₁）内如依兰鸡冠砬子铁矿。第二个层位可能位于上元古界的下部（Pt₂）如双鸭山市西南面的羊屋山一代的铁矿。这个类型的铁矿均系含铁品位较低的贫铁石英岩呈层状（双鸭山）或透镜状（依兰）。下元古界下部岩系内的铁矿具鞍山式铁矿相似。矿层夹于绢泥石英内石片岩内。而上元古界铁矿层则夹于石英片石和云母片岩内。

在老爷岭台背斜区内，元古界变质岩分布很广，因此对于找矿来说，这一类型的铁矿仍不失为一良好对象。对于下元古界下部岩系内的铁矿有下列比较有远景的地区：

甲. 小兴安岭东部大平沟其老沟间的下元古代变质岩发育区
乙. 依兰宏克力团山子一代的下元古代变质岩发育区；
  鸡冠砬子铁矿即位于这个区域内。
丙. 牡丹江八五道一代下元古界变质岩发育区。某于西北的
  同时代岩层分布地区内，亦可能是有远景的。

对于上元古界下部的铁矿下面几个地区是较有远景的：

甲. 双鸭山市以西的上元古界岩层分布区
乙. 乌斯浑河的中上游的上元古界岩系分布区。

(2) 属于这个类型的有小兴安岭北部溪黑龙江一带的新生代凹陷中的沉积铁矿 式。 式铁矿系褐铁矿胶结的砂砾岩石。一般含铁在26%左右，最高者可达35——40%。铁矿沉积分布着新生代凹陷的边缘带。此外常有在何一地层内的变铁矿。呈结核块状产于页岩、砂岩中。含铁较高，惟储量有限。如逊克平北

河铁矿，该类铁矿一般位于距四临边缘的一定距离上。

2. 石墨：

石墨矿位于上元古界地层的最上部，已发现的重要矿床有小兴安岭最东部的鸭蛋河石墨矿，鸡西附近的柳毛石墨矿和勃利西北石的双河石墨矿。鸭蛋河流域，麻山柳毛一带及双河附近等地是石墨矿最有远景的地区。

3. 煤：

(1) 中生代：本区的成煤时期以上侏罗纪为主，下白垩纪和老第三纪亦均有煤的形成。在老爷岭台背斜的范围内，中生代煤盆地的分布在一定程度上受古老地层的构造形成控制。根据这一点可以划分三个主要的含煤带：

甲．北带．由鸟拉嘎河一直延展到宝清附近，包括虎林，鹤岗和双鸭山等煤盆地。在此带内以上侏罗纪的煤层为主，如鹤岗山煤田，双鸭山煤田等地是。此外在黑龙江边的兴东盆地内有下白垩纪含煤层发育。煤质以炼煤为主，部分为配焦煤。

在合江向斜的东南部以后西部靠近鹤岗一带为第四地层所掩盖的部份，是上侏罗系煤层的远景区。

乙．中带：沿牡丹江呈弧线条带一直延展到宝清附近。在此带以上侏罗系鸡西统，而含煤组以及穆棱．含煤组为主要含煤地层（煤层数60层~70层）在下白垩纪系桦山统的上部也夹有薄煤层（0.1~0.3公尺）。在勃利煤盆地的东部以上侏罗系煤层为主，盆地西部的下白垩系地层分布地可能也是有远景的。

丙．南带：呈北东东方向沿牡棱河谷延伸。此带内以鸡西含煤地层为主，在此带内有　内鸡西煤矿，店边煤矿，恒山煤矿，光义煤矿，穆棱煤矿，麻山煤矿等。

守安盆地也可以认为是穆棱盆地的穿延部份，已知的有白垩纪的大杜丙煤矿。因此这里对寻找中生代煤矿来说也是有远景的。

中国主要矿产及成矿规律

2）新生代老第三纪：老第三纪盆地内的褐煤有达连河煤田，宝西乃老第三纪煤田，共褐煤有吴桓罕、有油页岩。在依舒兰地堑内以及小兴安岭北部的逊黑龙江的新生代凹陷内，三系的褐煤都是较有远景的。

4. 油页岩：

老第三纪的油页岩在牡丹江附近、清罗列勾和依兰达连河等，牡丹江附近的第三纪盆地以及依兰——舒兰地堑等地，寻第三纪油页岩均是有远景的。

5. 砂金：

本区内分布有许多著名的砂金砂床。砂金砂床的形成受两个条件的控制，即原生条件和富集条件。砂金矿多布于下元古部和下部地层和元古代花岗岩的分布区二者的接触带，以及花岗岩与前二者的接触带上。砂金矿多位于各河谷的上游处以及河谷中游的坳地内。根据这些条件的分析，可以划分列九个砂金矿远景区：

1）小兴安岭东部金矿带。北起黑龙江峯太平沟观音山顺小兴之脊方向延长，山而达伊春、五道库、汤原一带。在此带的，又经过历年开采，但近年来仍陆续有比较大的砂金矿，带的南部则研究较差，只有零星发现的而未开采的矿床。

2）分水岭中部砂金区：此区分布有水平岭，驼腰子一带的砂床。

3）倂爷岭中部砂金区：此区内有著名的黑背砂金矿以及邻近己砂金产地。

4）牡丹江穆棱金矿带：沿穆棱雷凤气河流域即为盛产砂金的。

5）东宁俊阳金厂金矿带：此区砂金矿产在上古生代花岗岩上破碎所形成的河东冲积层内，含金丰富。

6. 镍：

元古代超基性岩沿小兴安岭东部元古代复背斜的轴部呈北北东方向分布。苏人金厂子超基性岩体上发现有镍的矿化的风化岩。沿此超基性岩体对寻找同类的矿床是有远景的。应特别注意在地形上呈缓倾斜地段和石灰岩接界地区。

依兰附近的超基性岩株发育地带亦可能成为含镍的远景地区。

(二) 边边地区：

1. 煤：

(1) 中生代：分布于中生代上侏罗纪下白垩纪陷落盆地内。重要的有鸡西盆地，和老黑山盆地（J_3——C_nT）前者向东延至苏联，为绥芬盆地。苏联地质人员认为其时代属白垩纪。盆地中还有油页岩产出。

(2) 第三纪：重要的伊春盆地。它夹在由沙泥质所组成的老第三系地层内。凡其分三层的褐煤，此层厚一般在1公尺以上。

2. 砂金：

多分布于海西晚期花岗岩与上古生界地层的接触带内。重要产地伊春河流，城的第三纪、第四纪的河谷盆地、宝清以东的金鸡等地，其中以前者最为著名。储量丰富开采时间较久。

(三) 张广才岭区：

本区的沉积和沉积变质矿床较少。只在松辽台向斜和张广才的接界地带分布许多侏罗白垩纪煤盆地。如古莲省的碑岑、九台、黑龙江省的英昌、东兴、铁骊和牡敦河上游一带的盆地。这些盆地分布的已知大小不一。最大者有台和东兴两地。面积可达200平方公里。在盆地的边已出露有侏罗系地层因此东兴盆地是普查煤矿最有远景的地区。

张广才岭的石即成煤区目前尚未找到一般的分布特关，但它

中国主要矿产及成矿规律

是位于两个大地构造单位的接界线上，当松辽台向斜的凹陷界线间内楔入的部位，往往有这种含煤盆地的分布。

舒兰—依兰地堑中的第三系中沉积有储量丰富的煤矿，在舒兰附近第三纪煤层厚度达30公尺，东地堑内各区的沉降幅度不同，因此第三系煤层分布其有局限性。在黑龙江省境内应特别注意五常县境内煤矿的普查问题。

在五常一带的第四纪粘土层中曾发现铁矾土结核经济价值不明。

在该广大省内呈零星状分布的古生界地层中有作水泥原料的石灰岩。

(四) 松辽平原区：

本区目前已肯定有下列沉积矿产

1. 煤：

第三系褐煤层：广泛分布于克山依安列纳河的广大地区内。据已有资料证明，褐煤层总平均厚度4公尺左右，这样储量极为可观。褐煤层分布于松辽台向斜下幅度最大的地区，其分布范围，可能要受到地堑型构造的控制。

另外根据该区钻探证明，在松辽平原内白垩纪沉积盖层之下发现有侏罗系含煤层，因此在松辽平原内下降幅度不大的区域内寻找侏罗系煤层是有希望的。

2. 油页岩：

松辽平原内白垩系地层C_n—b是最适合油率较高的，有的地方的分析结果，含油率可达4%以上。但一般这一层含油率并不是很大的，因此在进行石油普查的同时这一层含油率较高的白垩系地层应进行含油率大小的测定及其在纵横方向上变化的规律，以便寻找含油层与油页岩之间的关系。

3. 关于松辽平原内石油远景矿：

根据松辽石油普查大队数年来的工作结果，认为该区是富有石油远景地区，在目前已查明的若干个储油构造中经过钻探，均有天然气和油砂的出现，有的地方油砂厚达6公尺，天然气断续性地出井口，油砂中含油很高，取出后油砂中向外流油。目前正在试油中。

4. 黄铁矿

在德都一带可能是相当于上白垩纪Cr_2层中，含有黄铁矿结核，这些结核存在于一定层位的页岩中，该层厚度20—30公分，有数分层，含矿系数为20%，有的地方距地表很浅，可进行土法开采。在德都一带含上述黄铁矿的地层分布很广。在松辽平原内综合研究沉积矿产的同时应注意这一类型矿床的研究，找到含矿系数较高的地段是有可能的。

5. 沉积铁矿：

分布于松辽平原的西北部嫩江一带的边缘地区，产于第三系地层中。此地层呈水平产状覆于下伏地层之上。目前已找到的该类型铁矿，厚度较小，上载松散岩层较厚，限制了本类型铁矿的工业利用。

6. 石膏：

在安达及铁力附近均有发现，已证明安达石膏矿层厚约2～3公尺，石膏成结核状产地较好，距地表深度小于10公尺，正在作进一步了解。此外在松辽平原内部第三系中有石英砂及粘土层

(五) 大兴安岭区（包括小兴安岭西部）

在大兴安岭范围中已知的具有意义的外生矿床，有砂金，沉积铁矿，以及油页岩等，现分别就矿种分布情况着其成矿及其远景区段叙述如下。

1. 砂金
(1) 分布情况：
甲. 牛耳河砂金矿带：位于额尔古纳河中游右岸，牛耳河一

带，其方向接近东西。已知有三处矿点。

乙．奖兰特卡河砂金矿带：位于额尔古纳河中游的支流奖里特卡河流域两侧，在北西方向上延长80公里其中矿点续继出现。

丙．其它有大林河支流、奖托卡西河、三凤山东沟、摩洛府山北方沟各等砂金矿点。

(2) 地质情况：上述砂金矿带或矿点，皆位于第四系冲积层中，其伴坡为海西早期花岗岩及其侵入的中古生代以前的片岩系；因此，原生金矿的围岩亦为此两类岩石，与矿床有成因关系的岩浆岩当为海西早期花岗岩。

(3) 大地构造位置：砂金矿带或矿点位于海西早期初皱带的额尔古纳褶背斜中。

(4) 远景区段：在额尔古纳褶背斜中广泛的分布着海西早期花岗岩，在这种花岗岩与中古生代以前的片岩相接触的地带都可可形成原生金矿（含金微量）故对其冲积砂矿应在具有这样地条件的地带的沟谷中去寻找。根据地质情况推测在额尔古纳河中流一带的河谷中都具有堆积砂金矿的条件。

2．沉积铁矿：

位于大林河上游一带，沉积铁矿出现于下白垩系砾岩层中，厚约10公尺，矿层由褐铁矿胶结的砾岩所构成；下白垩系是沉积在额尔古纳褶背斜上的中生代下陷的小盆地中，在这一地区中零星分着中生代盆地，而且多有下白垩纪的沉积砾岩层，为阿珠尔干河中流奖里特卡河下流一带都是应该予以注意寻找类似的沉积铁矿的地段。

3．火矿：

(1) 分布情况：

甲．札麦诺尔拉木塔林火矿带：札麦诺尔火矿位于 山里附近，拉木塔林火矿位于额尔古纳 南12——30公里，两者处在北

中国主要矿产及成矿规律 ～137～

东一南西线方向上，但彼此颇为各自独立的煤矿地段。

乙、纳克塔油页岩甘河煤矿带：二者皆位于大兴安岭东坡，前者在阿里河中流岑（霍尔克西），后者在甘河中下游达尔滨村代，这两个矿产地也是位于北东—南西线上，布各为独立矿带。

丙、五九公里、札罗木得、白当山煤矿成矿带：五九公里煤矿位于牙林铁路线五九公里，东侧；札罗木得煤矿位于牙克石西南方约20公里；白当山煤矿位于海拉尔东北方向25公里处；前者与后者位于北东—南西方上。

丁、突泉煤矿：位于乌兰浩特西南方约90公里处。

(2) 地质情况：札麦诺尔、札罗木得、白当山等煤矿为老第三纪的煤沉积（但札麦诺尔煤盆地有认为是株罗白垩纪时形成者），拉木塔林五九公里，纳克塔甘河，突泉等煤矿及油页岩为上侏罗—下白垩纪的煤系沉积，所有这些煤或油页岩是中新生代盆地中的沉积物。

(3) 大地构造位置及煤矿远景区：札麦诺尔、拉木塔林等煤盆地位于额尔古纳褶皱带与海拉尔褶向斜的接触带上。纳克塔油页岩盆地及甘河盆地位于大兴安岭褶皱带的阿尔山褶皱带与内蒙褶皱带的乌兰浩特褶向斜的接触带上。这些接触带正是两种稳定性不同的地质体的衔接带。于中新生代时，在这些地代上分别的相继产生了断裂力的作用，因而在各带上的局部地区形成之下陷盆地而沉积了煤系。因接触带的方向概呈北东—南西，所以煤田皆排列在各个代中的北东—南西线上。因此在上述各代上的（满洲里—三河相垂方向带，牙克石—五九公里相垂方向带，霍尔气—达尔滨相垂方向带等）的各个长而且宽的范围中应该注意寻找中新生代煤及油页岩盆地。但上述之札罗木得，白当山两煤盆地也可能是当时给贝尔方向边缘断裂带上的产物。

突泉煤盆地是位于内蒙褶皱带，乌兰浩特褶向斜中，为中生代盆地，在其北东——南西方向带上广泛分布着中生代火山岩系，因此属于中生代断裂发育区，其中局部地区可能产生盆地，在这一个北东——南西方向带上也应注意是否有煤盆地存在。另外在大兴安岭褶皱带及内蒙褶皱带中的褶向斜或向斜构造中亦应注意断裂构偶带，在其中局部地区有可能产生中新生代煤盆地。另以已知的有关小兴安岭西部的外生矿床有砂金及煤矿，兹分述如下：

1. 砂金：

分布于泥巴秋河流域及呼玛河上游的第四系冲积层中。在这两个地区中广泛的出露着海西花岗岩，分别浸入呼玛河上游的无古界地层的片麻岩及泥巴秋河流域的泥盆系中。在侵入接触带附近的花岗岩及其围岩中分布有含金石英脉，这些含金石英脉就是砂金矿富集的来源，含金石英脉的成因是与海西花岗岩有关。因此在小兴安岭西部海西花岗岩及其被侵入围岩的接触带附近的第四系冲积层中寻找砂金矿是有必要的。

2. 煤：

已知侏罗白垩纪煤盆地有　西尚、穿达气泥鳅河等煤田。其中最大的煤盆地为　西尚，经煤田地质局本年勘查的结果证明该煤田分布区展可达黑龙江岸，惟煤质稍差穿达气煤田有良好的炼焦煤层。

经研究结果证明该区煤盆地是分布在海西褶皱向斜带内如穿达气、泥鳅河煤田等。因此在该区地质尚白内沿着海西褶皱的向斜部份寻找新煤田不是没有希望的。

三、内生矿产：

(一) 老爷岭成矿区：

根据目前已有资料暂时可以将老爷岭古褶斜分为下列几个成矿区：

① 大金顶子镍、石棉矿带。
② 分水岗 棉、铁、镍矿带。
③ 麻山铁矿带。
④ 八面通铁、石棉矿带。
⑤ 东海 石矿带。
⑥ 太平岑铜矿带。
⑦ 延边成矿带。
⑧ 兴凯多金属、锡、钼矿带。

1. 大金顶子镍、石棉矿带：

目前已有的矿化类 集中分布于元古代地层发育地区内。

分布于小兴安岭元古代复背斜轴部的超基性岩之枝带有镍的矿现象。镍在新生代风化壳内呈镍矾、块及岗。此外兴元古代超基性岩有关的楼道河子的石棉。在该地石棉产于八幅蛇纹岩球的下盘。石棉 纤维状蛇纹石石棉矿呈脉状、纤维长 40～50 公厘，间或有达 100 公厘者。

除此而外在罗北侯家沟西山兴侵入于上元古界地层中的兴海西期伴。岩有关有小型云母矿床，呈矿窝状产出。

在这一成矿区内鹤岗西南有砂喷岩型铁矿，储量很丰富，东海西期花岗岩与上古生代石灰岩接触所成。此外亦有铜的矿化现象，目前对它几乎没有进行研究。

2. 分水岗区石棉、镍、铁矿带：

已有的矿类多集中于分水岗的中部和西部的依兰附近。前者主要为铁，而后者主要为石棉、镍的矿化。

在分水岗中部太平炉、南坐山等地。在上元古界大理岩，可能是同时代的花岗岩的接触带中有矽碳岩型裂隙型磁铁矿矿化。此外尚有黄铜矿和辉钼矿的 染状矿化。

依兰附近的下元古界变质岩中的蛇纹岩带有镍的矿化现象。

经分析含镍达1—39。在白云岩大理岩中并有石棉的矿化现象。

3. 麻山铁矿带：

矿带位于八己通台凸的中部，在该区内由于前古生代第一期的岩浆活动，造成基性岩 层状小侵入体侵入，其成份为辉长岩，辉石岩，和 剥岩，在各岩体内部富集有岩浆型 铁矿体。它主要分布在麻山及其以南的吉祥村一带。此外在有含铁石英岩分布的地区内的前古生界花岗岩接触部位可能还有一些矽卡岩型铁矿床出现，如大通沟矿床可能属这种类型。

4. 八己通铁、石棉矿带：

矿带位于八己通台凸的南部，主要成矿期为前古生代，在八己通期第一期的最早阶段形成的超基性岩有关的，有铬铁矿及石棉的矿化；与第二期花岗岩有关的矽卡岩型铁矿床及金的矿化；在东宁西部与本期侵入体有关的水晶矿床。

5. 东海 石矿带：

矿带位于八己通台凸与宝清台凹的交界处，为由虎道向东延展到密山的长条状的矿化。目前仅知有 石矿床的发育，它是产在海西早期花岗岩与前古生界石灰岩的接触带上，为东海 石矿床及在其西北数公里处皆有带石矿的发现。

6. <u>太平岭钼矿带</u>：

矿带分布于太平岭台凹相吻合，此区由上古生代 炭沉积岩及元古界龙岩组成，并为大量海西晚期花岗岩所穿

此区在花岗岩中有云煌岩化及石英脉的发育，其中有铜，钼铅的硫化物及金的矿化，本带的铜，钼，金的成矿带。

7. 延边成矿带：

矿带相当于延边台凹地区，有少量陆物质及石灰岩的沉积，并为以后的海西晚期花岗岩所穿。它除有古生代的矿化外，并

要之为中生代的矿化；而矿化多呈矿结状分布，共可分为四个矿结区。

(1) 和龙矿结：位于延吉台凹的西部，此区在古老的含铁石英岩之上复盖有不厚的上古生界灰岩层。本期海西晚期花岗岩相当发育，因而有矽卡岩型矽铁矿及含金蓝铁矿矿床的形成。

2. ＿＿＿铜、钼、铅、锌矿结：本矿结恰位于珲春祠皱代与延吉台凹的衔接处，断裂比较发育，矿化因而集中，本区内可见到铜、钼、铅、锌及金的矿化现象，它们大多受到断裂的控制，只有矽卡岩型铜、铁矿床发育在海西晚期花岗岩与上古生代石灰岩接触处。其它矿化均在花岗岩体内（铅锌）或近接触处（金、铜、钼）。铅锌多金床为中、浅热液状型及矽卡岩型，铜、钼则床细脉＿＿型，铜、钼、铅已型较大。

(3) 天宝山铅、锌、铜矿结：位于和龙矿结区之北，汪清矿结区之西。本区具上古生代和中生代两期矿化作用，后者重迭于前者之上。上古生代矿化是西暖岩型铁矿及热液金矿，中生代矿化以天宝山西暖岩型为金床矿为代表。后者呈南北向重迭于前者之上，此系＿＿东西向断裂的交叉点控制，中生代矿化价值最大。

(4) 图门铜、钼、铬铁矿结：延边台凹之南、图门江沿岸为铬、铜、钼成矿区。东部为典型的上古生代矿化（矽暖岩型铜矿及铁矿）在与珲春祠皱带交接处有岩型铬铁矿。（受深断裂控制）；西部重迭有中生代的矿化，以铜、钼为代表。

3. <u>义勤多金床、铜、钼矿带</u>

矿带分布与兴凯台凹轮廓相一致，本区在上古生代时虽为隆起阶段，但也受到巨大构造运动影响，有大量的上古生代花岗岩发育。中生代的构造运动也给予一定的影响。这里有铅锌矿床，在苏联境内还有钨、钼矿床，床热液型及矽卡岩型其成因与海西或更晚的岩浆活动有关。

(二) 张广才岭成矿区：

在张广才岭海西褶皱带中，内生金属矿床和矿化点分布很广泛，包括铁、多金属和稀有金属等。在这一范围内对于个别矿床曾有过较详细的工作。但是对各个地区成矿作用的规律性几乎没有进行过研究，为要总结成矿作用的特点，得欠资料不足。目前可以暂划分为下列几个矿带（由东向西）。

① 东部铁多金属，稀有金属矿带。
② 中部铁锰矿带。
③ 西部钼多金属矿带。

现在对各个矿化的特征进行简单的叙述：

1. 东部铁多金属，稀有金属矿带：

此带位于张广才岭褶皱带的东部，东西与老爷岭背斜相接在这两个大的构造单位之间，有一个近于南北向的深断裂存在，这就控制了这个地区的地质发育和成矿作用的规律。在上古生代期间，张广才岭准地槽的东部沉积幅度较大，因此上古生代沉积总厚达4000公尺以上（吉林市南部以及张广才岭东北端）以砂质岩为主，有部份碳酸块岩岩石。

在此带的东部有矽卡岩型铁矿。矿床生于海西晚期花岗岩与上古生代大理岩和角页岩的接触带内，其规模就目前所知一般均为中小型矿床。

稍向西，在牡丹江市以西的横道河子和细鳞河一带为岩浆期后热液类型的细脉浸染状辉钼矿和黄铜矿的矿化，矿化存在于花岗岩本身或其围岩——角岩内。

由此向北，在溶良河晨明一带与铜的矿化一起并见石铅锌的矿化现象（溶良河铜矿）外，岩浆期后热液的交代型的矿化：存在于海西期花岗岩内长岩的上古生代石灰岩中并见有热液充填型萤石、辉锑矿和方解石脉。继续向北在道库附近所采的重砂中曾发现有白□矿和锡石。

根据以上所述在此带内发育有铁、多金属和稀有金属的矿化，这些矿化的大部份就目前所掌握的资料来看，均与近代期的岩浆活动有关。

这个矿带在详细进一步研究时，尚可划分出若干个□带，同时在进一步研究时，尚应注意燕山期矿化的重要作用。

2. 中部铁、锰矿带

此带位张广才岑衬皱带的中部，在上古生代期间，张广才岑准地槽的这一部份沉降幅度不大，或者部份可能处于地背斜隆起的状态，因此该时期的沉积物较薄。

在本带内目前已发现的矿化以矽卡岩型铁矿为最多，尤其在汤旺河以西地区，规模一般较大，且□位较高。

3. 西部钼、多金属矿带：

此带位于张广才岑准衬皱带的西部，西与松辽台向斜相接。在上古生代期间张广才岑准地槽的这一部份沉降幅度较东部为小，因此沉积物的厚度一般不大，在它与松辽台向斜间存在有深断裂。沿着这个构造□带，发生了燕山花岗岩侵入，因此表现有强烈的燕山期矿化作用。这一点是与东部截然不同的。

在此带内比较重要的有铁力附近岩浆期后热液类型的细脉侵染状和石英脉的钼矿床，小岑石发现矽卡岩型的以铅锌为主的多金属矿床以及五道岑裂隙型以黄铁矿为主的多金属矿床。

(三) 珲春成矿区：

1. 珲化铜、钼、金矿带

矿带分布与珲化褶背斜的轮廓相一致。本区在上古生代有大量陆源物质沉积，南部有灰岩夹层，在海西末期大量侵入岩的活动结果造成支□破碎，并伴随有金的矿化。在南部则有矽卡岩型砂铁矿矿床。中生代(?)可能有铜、钼的细脉浸染型矿化，呈南北向延伸，矿化微弱但分布较广泛。

3. 汪清钨、铜、金矿带

其分布范围与汪清褶向斜的轮廓相一致。此区除有巨厚的上生代陆源沉积外，还有大量喷发活动。目前所知的矿化较少，有钨的矽卡岩型矿床及金、铜的矿化。但是从条件论究是一个钨、金、铜的成矿化。

(四) 大兴安岭成矿区

在广的大兴安岭地区，过去地质工作非常薄弱，对矿产的研究程度很差。除少许矿区如三河等研究得详细而外，大部份都没有进行过仔细的研究，未搞清其类型及规模，大部份还只是情报地，现先自北而南说明：

1. 漠河铅、锌、钼矿结：

在黑龙江上游，漠河以西地区阿穆尔槽凹内，分布于这里的是一套侏罗纪的砾石、砂页岩等，已知的矿化以铅、锌、钼为主，并有萤石伴生。它们大部份都是中、热液型脉状矿床，围岩为花岗岩，或少在花岗岩与砂岩的接触带上。矿化都产生在北东向的小裂隙中。矿化与附近不大的燕山期花岗岩有密切关系。大的成矿控制构造可能是北东向和近于南北向的断裂。

2. 额尔古纳铁、铜、金稀有金矿带：

位于额尔古纳槽背斜上，已发现的矿化主要是铁、铜，重砂中有黑钨矿、锡石、独居石。铁矿大部份是热液脉状、接触交化类型。主要是赤铁矿、磁铁矿，及少量镜铁矿，围岩为古生代的片岩和大理岩或海西期和燕山期的花岗岩类，铜矿往往沿裂隙和花岗岩、理而充填，规模都不大。

3. 三河铅、锌、钼、萤石铁矿带：

适居三河向斜内，尤其在三河向斜与额尔古纳槽背斜的交界地带，矿化特别集中。这与二者间之大断裂——金河—得尔布干河大断裂有关，在这个矿带上分布着大量的铅、锌、铜及萤石矿点，并有铁矿点数处，它们的围岩大都是上侏罗纪的中基性熔岩、古生代的灰岩、海西花岗岩等，而在下白垩纪灰岩分布区则很少有矿化点。大部份矿化都是裂隙充填类型。这些矿化究竟与何期侵入体有关？犹待进一步研究，至少它们的大部份是与燕山期的侵入活动有关，例如经过详细研究的三河铅、锌矿即与燕山期的石英斑岩有关。另外有不少的矿化产生在上侏罗纪甚至下白垩纪的火山岩系。至于萤石矿点则更明显，绝大部都产生在中生代的火山岩系中，显然其成矿时代为燕山期。在该矿带东南部特尼河背斜上除分布较多的铁矿之外，尚有一些稀有金属（重砂）及铜、镍矿化。

4. 乌尔奇汗铜、钼矿带：

矿带呈北东向，主要是铜矿化，该矿带东南部分布有不少铜的矿化点，重砂中发现钨、锡石及独居石。这些铜矿大部份都产生在古生界地层中，该矿带浆岩都是海西期的花岗岩类，以裂隙充填类型为主。看来这个地区的金属成矿作用与海西期的岩浆活动有密切关系；在构造方面，分布于乌该河附近者与该区北北东向的断裂有关。

在该带南部除少量古生界地层以外，分布有较多的上侏罗纪以及下白垩纪的火山岩系，并有一系列的燕山期小侵入体，因此推测这个地区的成矿作用大部份是与中生代的岩浆活动有关。

这些矿点的围岩有中生代的火山岩、海西期花岗岩类、石炭纪的砂页岩。矿化类型有接触交化、裂隙充填及细脉浸染等，重砂矿物有钨、锡石、独居石等。

5. 黑河阿尔山铜、钼、铁及稀有金属矿带：

西南起自阿尔山东北直至黑河以西，巴林的两个矿床都是生于泥质页岩、灰岩中的矽卡岩型矿床，与中生代侵入岩有成因关条，已经勘探，有一定的储量。在其东北的二道岔一带也有类似的矿化现象。铁以钒铁矿为主，含有少量赤铁矿。阿尔山西北大山为铁、铜、锌、矽卡型矿床，值得进一步评价。哈拉河为热液脉状矿床，矿化与北东向断裂有关主要为钒铁矿与赤铁矿。此外在这个矿带上，尚分布有钼、钨、独居石等主有少量的矿（重矿中）。总计这些矿化主要与海西期岩浆活动有关。

6. 乌兰浩特铜、铁矿带：

在构造上此区已近阿尔山槽背斜与乌兰浩特槽背斜的交界地带。在这里已发现的矿点几乎全部是铜，只有少量的钼矿，有些矿呈铁、铜共生，有些是单独存在的铁矿与铜矿。铁、铜或者有矽卡岩型与脉型两种，围岩有古生代的石英灰岩，中生代的火山岩与内长岩。

对大兴安岭地区的成矿特点，可以初步总结如下：

1. 本区已经发现的内生矿产有：铁、铜、钼、铅、锌、萤石，少量的钨、铋、锑、金，重砂中除发现钨锡以外，尚发现钛、汞、独居石和 石。而这个地区最典型的，也是分布最广的是：铁、铜、钼、铅、锌、萤石和金（主要呈砂金产出）大种。

到目前为止，除在特尼河上游加鲁汗构，阿尔山哈拉河以及达尔等地区发现镍的矿化以外，由于在本区尚没有发现超基性岩体，因此，没有发现与其有关的矿产，如铬、镍、铂族元素。同时由于体晶岩的分布亦少，因此也没有发现很多的伟晶岩类型的矿产。当然，这种成矿特点与本区岩浆活动的特点以及岩浆花岗类型有密切的关系。就少超基性岩体的原因，一方面是由于该区地槽发育的初期阶段不够显明，另一方面也可能是因为本区断裂的深度不大所致。

2. 就空间分布上来看，铁、铜、独居石和稀有金属也就是说一些 氧元素往往分布在槽背斜地带，或在槽向斜中次一级背斜构造中侧为额尔古纳檐背斜上分布的主要是铁、铜、铅及少铜、锡等。阿尔山檐背的情况亦然，同时在特尼河背斜分布着不少的铁矿床，少量的铜员铅、锌。博克图背斜的西南部份阿尔山西北地区分布有大量的铜和铁，博克图附近也分布有不少的铜矿床。扎兰背斜上的情况亦类似。

钼、铅、锌、萤石和多金属等，一些砠元素主要分布在檐向斜内，也就是说，它们往往分布在地史上相对下降的地带。例如大量的此类矿化生产在海拉尔檐向斜内，尤其是在三河向斜内最为发育。构成大兴安岭地区最主要的成矿带之一。又如阿尔山到博克图之间分布着较多的中生代火山岩，这显然是个中生代的拗陷区，在这里就分布有大量的钼和多金属矿化。

在下白垩纪凝灰岩系广泛出露的地区，矿床很少或根本没有矿床，而矿床往往分布在上侏罗纪中基性熔岩出露的地区，这是因为中基性熔岩分布往往是背斜构造的所在，伴随着背斜构造常常出现一些燕山期的小型侵入体，而矿化作用与这些小侵入体的关系很密切。相反地，下白垩纪的凝灰岩往往居于向斜或拗陷地区，那里没有或很少出露有侵入岩体。

这种分布的特点，也反映了各种矿产之间的相互关系和共生规律，在这里钼、铅、锌、萤石等多金属，可能具有大致类似的生成条件。而铁、铜及稀有金属，则具有另外的矿化条件。

自然，这种空间上的分布特点可能是由于成矿时期的不同。分布檐背斜与背斜地带的铁、铜、铅、锌、萤石及多金属的矿化可能主要是与燕山期的岩浆活动有关。沉积的不同也可能起着一定的作用。

3. 区域成矿的构造控制：除前述的这个地区的成矿作用受大的构造单位——檐背斜檐向斜及次一的背向斜构造的控制以外，断裂构造起了显著的作用。大的断裂带也往往发育成一个成矿带，举金河——得尔布干河大断裂为例加以说明。

金河——得尔布干河大断裂，由西南的根河北
东向沿得尔布干河，金河一直到北一次河大流入乌努尔其河地带，全长约300公里，且可能继续向西南从额尔古纳河连伸到呼伦池畔。这是额尔古纳背斜与海拉尔槽向斜交界的断层，是构造上的薄弱地带。沿着这个地带分布有一系列的燕山期的岩浆岩侵入体，在这里发现了不少的矿床矿化点。其中色括价值很大的三河铅锌矿区、八大关铜矿区和暖采奴斜克多金属矿点等，都分布在这个带上。无疑这是一个有远景的成矿带。这里需要说明，直接控制成矿的往往不是这种大断裂构造，而是次一级的断裂。如三河铅锌矿床产生在北西西的断裂中，八大关的铜矿床则与近东西向的断裂有关。

另有不少的矿脉呈北东向延伸，这也说明构造对成矿的控制作用，因为本区主要褶皱方向与大部份的断裂走向是北东向的。

4. 成矿时代：目前已经证明不少的矿化点与燕山期的侵入活动有关，因为它们往往产生在中生代的火岩系内，并且与已经证实为燕山期的侵入体有着成因上的关系。这主要是指分布在槽向斜（拗陷）内的矿化。

至于分布于槽背斜与背斜地带的铁、铜、钼及钨与金属的成矿时代，则比较复杂。目前的意见也比较分歧，有些人认为主要是燕山期，有些则持古相反的观点，认为主要是海西期。这还需要收集更多的实际材料，进一步的加以研究。由于在这些地区分布着大量的浅酉花岗岩类，同时掌握有不少的燕山期的侵入体，相反，却很少沉积岩。而且对某些侵入者之不完全尽属于燕山期主是海西期的。尚存在着争论。因此，解决槽背斜与这一背斜地带上的成矿时代，可能比较复杂，需要收集更多的实际材料。为了解决这个，不但要仔细的研究该区的地质构造况和

以及矿床本身的情况。尤其重要的是要详细研究本区的侵入岩活动情况。

由于本区现在地质研究资料的限制，因而以上有关成矿情况的总结还带有很大的尝试性，也还待于今后的补其修正。

(王) 那什哈达兹络铁成矿区

本矿区是邢什哈达兹中生代槽向斜的北部边缘代，由东正两个背斜及中心的广词向斜组成，根据矿化在不同的构造部位集中情况分成下列四个成矿带：

1. 饶河锡钨成矿带

位于东部背斜处，中生代起基性岩及花岗岩发育，与支基性岩（饶郡绿岩）有关的是铜，镍与石棉，花岗岩中有云英岩化，可以认为是铜、镍、石棉、稀有及有色金属的远景地区。

2. 大乐河镍成矿带

位于围绕那什哈达兹的西南两大断裂交叉处，中生代起基性岩，花岗岩广泛分布，前古生界岩石分布较少，超基性岩分两带，一为北莫化闹，具有铬及石棉矿；另带外东，南具有铜镍矿，中生代花岗岩与前古代灰岩接触处有砂卡岩型铁矿，花岗岩中有云英岩化，故本区推测为铜、镍、铬、铁、石棉成矿带。

3. 小焦河成矿带

位于侵向斜北缘，有锡的矿化。

4. 永章成矿带

位于那什哈达兹中部断裂的南部，以具铜矿带有关的有永的矿化。

总结之述各成矿区的生成矿的特点，可以认为在矿矿带区域内的金属成矿是带与明显的构造方向相一致的带状分布规律，大兴安岭区金属成矿的一般规律性表明槽背斜或背斜区是稀有金属矿带，而槽向斜或向斜区是多金属矿带，而在准地槽中，这种矿带的方向性表现的就比较不十分明显，在东北地块的西部，金床成矿是呈北结状出现的。在全区内的成矿作用应特别注意中生代大断裂有关的矿化带的。因此南北就可能矿带的方向和构造方向斜交为线，构成矿带。

川普查各种矿产的远景区应特别注意对稀有、分散及放射元素矿产的普查研究。本区内的岩浆岩的分布是较为广泛的，为花岗岩的分布约占山区的2/3强，因此对各期花岗岩本身含有的矿产资应当加强的。尤其应该注意碱性岩的发现与研究；因为这样就利于寻找稀有和放射元素矿床及分散元素矿床，而过去就忽略在这一方面工作作的较少，根据本区的地质发展特点来看，在我的元古代和古生代花岗岩侵入以后，受过强烈的剥蚀作用，因此应特别注意在这些岩石以上的古生代以及中代沉积层剥部去寻找稀有元素和放射性元素矿床。此外 质的岩石也是值得注意的以期能发现铝矿床。

在老爷岭张广才岭中有元古界地层分布的地区，应特别加强对沉积变质类型铁矿的寻。具在宁安东南的元古界地层分布区中应负责地进行普查。同时在小兴安岭西部嫩江以南有元古生 地层分布的地区亦应注意这个。

注 附图

① 东北北部大地构造单位分区图 图四
    中国科学院黑龙江综合考察地质组 黑龙江省地质
                                                1958.2.

② 东北北部内生矿床成矿略图 图
    中国科学院黑龙江综合考察地质组
                ·黑龙江省地质局编 1958.12.

中国主要矿产及成矿规律

附：北满地块主要矿产及其时代

地质时代及火成岩	外生矿产	内生矿产	附注
K_z、Q	Fe、砂Au、石油		
P_g	Fe、石膏及粘土		
J Cr R_z	Fe、油质岩、煤、褐煤。		
PZ_1	Fe、Mn		
H 变质岩	Fe、石墨	石棉、Ni	
J_3 中基性熔岩		Mo、Fe、Cu、Pb、Zn 及稀有元素	
M_z 火山岩		Mo、金床矿化	
燕山期基性岩		Cu、Fe、Co、Ni、石棉	
燕山花岗岩		Mo、Sb、Pb、Zn 稀有金床	
CP 基性超基性岩		Cu、Ni、Cr	
蒙古花岗岩		Mo、Su、Au 及Pb、Zn	
海西晚期花岗岩		Cu、Mo、Pb、Zn、Au、Fe、Cr、Su、Sb、白W化、萤石、独居石	
海西早期花岗岩		石棉	
前震旦纪基性岩		Fe、石棉	
前震旦纪花岗岩		Fe、Au	

~212~ 中国主要矿产及成矿规律

北部蒙满地槽

一、概况：

(一) 大地构造主要特征：

蒙满正地槽紧位于内蒙地台之北，西部仍在琅山以北，向西延伸同阿尔泰正地槽紧相连。（大部份在蒙古人民共和国境内）东部一部份在开鲁西南老哈司一带，东伸入东北地区，成为吉林准地槽。一部份以断裂和松辽台向斜相接，东北部在乌兰浩特附近和大兴安岭正地槽相接。在国境内蒙古正地槽紧延伸于内蒙自治区东部和中部兴安、哲里木、昭勐、乌达、察哈尔、乌兰察布几个地区。来说槽褶皱带在我国境内所佔范围较小，大部分去蒙古人民共和国境内。

蒙满地槽在奥陶纪以前成为大陆，奥陶纪起开始凹陷形成地槽，起初是地槽型硬砂岩灵陆屑建造。奥陶纪过已沉陷为浅海，这海侵一直延续到古生代末期，沉积多石灰岩建造，复理石建造及磨拉石建造。中夹火山岩及凝灰岩，并有花岗岩侵入。总结全部沉积建造在阿尔泰山至芬达1万公尺，在地槽发育过程中，经过三次主要造山运动，起初在志留纪末期经过加里东运动，发生褶皱，并有花岗岩侵入，以在泥盆纪末期，经过海西初期运动有大量花岗岩侵入（最主要岗岩），所在奥陶纪至泥盆纪地层全部褶皱，并呈很剧烈的区域变质现象，一般抗。以后不断地发生造山运动，一直到二叠纪末期，再经过海西末期运动使石炭二叠纪地层发生褶皱稍略显变质。在海西运动期间初有基性岩浆侵入，并不断有火山活动，流出为酸性至基性熔岩。最后有大量花岗岩侵入（蒙古花岗岩），这三次主要造山运动中以海西初期的造山运动最剧烈实为满蒙地槽发育过程中的最主要的一次运动。经过这三次主要造山运动以後，满蒙地槽区已上升为大陆只东部局部地区还有海侵。

满洲地槽区自经海西及燕山运动以后，产生很多近平行的弧形褶皱，就其方向大致在中部近东西向，东北走向东北，西部走向西北。古生代地层一般是褶皱剧烈，中生代地层见于盆地中者，一般是中间平缓边上陡峻。

第三纪沉积主要是盆地中砂岩、页岩之类，这些岩层也受过喜马拉雅生运动影响，略有褶皱。

(二) 矿产分布及成矿规律：

本区矿产就目前资料了解的有：与超基性岩有关的铬镍矿，本区的超基性岩体不仅延伸很远，同时可能有两期侵入，因而是铬镍矿床最有远景的地区。与古生代花岗岩有关的伟晶岩中有石英、云母等矿产，与中生代花岗岩有关的有色金床也应注意。

其次为中生代煤系与第三系锰，铁结核及石膏、盐卜芒硝等矿床与第四纪沉积有关的尚有砂矿床。

现将本区的矿产（外生、内生）分别叙述如下：

一、外生矿产：

(一) 煤：

在乌不浪口子石岩一迭系地层中，夹透镜状煤层。中、花岗岩侵入的影响，使之质成为半石墨。巴音胡克图上侏罗纪地层中也产煤，煤层厚100公尺，煤中含焦油很高，可提炼人造石油，而这些煤多分布在侵蚀形成的和由于构造断裂形成的山间盆地。

(二) 油页岩：

本区上侏罗纪地层中都有油页岩厚最有达10公尺，分布面积很大，但一般含油率都不高。

(三) 石膏、岩卜、芒硝等矿床：

中生代末期燕山运动使本区的白垩系形成平缓的褶皱，随即全部隆起，经侵蚀形成许多山间盆地，其中较大的盆地为二连，哲斯和达布逊湖一带，在盆地中堆积了第三纪的河湖相碎屑岩外，

中国主要矿产及成矿规律

值。它主要为疏松砂岩、砂岩、粘土，有时夹溢流玄武岩，中含石膏和块类的沉积。

燕山旋期本区继续隆起并遭受侵蚀和剥蚀作用，形成了目前高低之地貌，同时气候也日趋干燥，因而形成目前散布本区的许多内陆湖泊，其中有块类矿床。

（四）锰矿：

与第三纪有关的锰矿，在苏尼特一带沿断裂喷出了大量的火岩而锰矿的形成与此火山岩有关，随着距离火山浅的远近不同而在部位上发生有规律的变化，一般是远离火山浅，锰质逐渐减低，此种类型的锰在本区发现的矿点很少。

三、内生矿产：

本地槽区岩浆活动剧烈，虽然资料少，但可推知金属矿产是丰富的，下乙将它分别叙述如下：

(一) 铬：

铬铁矿产在超基岩中，矿体无例外的生成超基性岩体的纯橄榄岩中，为晚期岩浆矿床。超基性岩石为斜方辉石橄榄岩——纯橄榄岩，以辉石橄榄岩为主，中央厚度不等的纯橄榄岩矿体一般都产在大的超基性岩体中，矿体形状有脉状、似脉状、透镜状及囊状。超基岩受热液蚀变，均已强烈的蛇纹石化钙化，滑石化及矽化。岩体成长形有的为脉状体单斜构造，向南倾斜，倾角70°左右，分布在锡林浩特之西北侧，经北东向延伸，和锡林郭勒盟巴彦锡尔盟东部等处呈近于东西向的延伸。

(二) 镍：

镍矿产在超基性岩构造破碎带中，为裂隙型（线型）硫化镍矿，矿体成不规则层状，一般都产在超基性岩和围岩接触处的边缘构造破碎带中，矿体厚度变化很大，本区超基性岩风化岩上部含镍品位大部已被假镍替，对找此型硫化镍矿很不利，其分布与于上。

(三) 菱镁矿：

菱镁矿产在超基性岩风化壳中，菱镁矿为隐晶质，成不规则网脉状或成脉状，岩檐状，填充于超基性岩断层裂隙中，分布面积很广。

(四) 铁矿：

本区铁矿有三种类型，鞍山式沉积变质铁矿，古生代沉积变质铁矿，和中低温热液铁矿。

1. 鞍山式沉积变质铁矿：分布在呼和浩特西北侧的五尺子地层中，目前尚未找到大型矿床。

2. 古生代沉积变质铁矿：在石炭纪石英岩和绿泥片岩中矿体成小角互状，其周围的砂及灰岩沉积和砂质沉积也具有层互状特征，说明当时地槽升降频繁，沉积环境不稳定，矿石为赤铁矿，反织铁矿主要为赤铁矿成条带状及块状构造。矿石中含少量锰，矿体很小，但分布面积很大，在锡林郭勒盟有这种类型的铁矿。因铁矿多在变质岩中，也有将其当作鞍式铁矿。

3. 中低温热液矿床在地台和地槽中都有，矿体成因和海西花岗岩有关。铁矿成透镜状，和   状 石炭纪和石炭二迭纪石灰岩生成，矿体规模很小。

(五) 铜矿：

本区的铜矿有侵染状，层状(?)和矽卡岩铜矿三种类型。

1. 侵染状铜矿产在石炭二迭纪石英岩，片岩中，矿体成侵染状规模不大，品位低。

2. 层状(?)：铜矿产在石炭二迭纪片岩中，矿体附近有较大的辉长岩脉侵入片岩中，矿床成因和辉长岩有关，矿体成层状(?) 规模大，矿石品位高，为很有远景的铜矿。

3. 矽卡岩型铜矿：产在花岗岩和石炭纪灰岩接触带上，矿体规模不大矿品位变化大。本区花岗岩分布很广为寻找大型铜矿有希望的地区。

(六)、钛钒铁矿：

在侵入石炭二迭纪地层的辉长岩中有钛钒铁矿生成为岩浆分异的产物可作为找矿线索。

(七)、稀有金属：

在地槽区内花岗伟晶岩内含有稀土族矿物富集成矿。

(八)、黄金矿：

在地槽区内石英脉很多，且有超基性岩分布为寻找黄金和白金有利的地区。

(九)、冰洲石：

在第三纪玄武岩气孔中发现有冰洲石但都很小亚没有找到较大的在巴盟中　石炭纪灰岩溶洞中有规模较大的冰洲石矿，质量很好。

从以上各矿种类到矿带的形成是隐蔽地台构造运动所导致的某些地区的隆起和凹陷以及断裂和岩浆活动的控制，而矿化类或矿带内各种矿物的组合，又取决于造矿元素的物理化学特性以及围岩成分的影响。因此地台构造和元素地球化学作用是控制矿化作用的主要因素一定以构造区内有一定的矿化现象，一定的矿化类或矿带有一定的矿物组合。

在地槽早期所形成的矿床为铬、钛、铜、铂是与该地区下沉作用而产生的基性和超基性岩的侵入，以及火山岩的喷出有关的。地槽回返阶段大量以花岗岩类侵入在　的岩层中，就形成了侵染型和脉网型的铜、铅、锌等矿床。晚期随岩浆活动的减弱，大都形成脉状填充矿床。

附：满蒙地槽主要矿产及其时代：

地质时代及岩成岩	外生矿床	内生矿产	附注
Q	盐类		
R	Fe、Mn、石膏、盐类、芒硝		
J	煤、石油、油页岩		
MZ	煤		
CP	煤、Fe	Cu	
海西期花岗岩 基性超基性岩		金、汞、重晶石、Fe的色 Fe、Cr、Ni、Ti、Au 等 Mg 铂族	

中国主要矿产及成矿规律

参攷资料

① 中国东北北部地质矿产概况　　科学出版社 1959.
中国科学院黑龙江流域综合考察队地质组　黑龙江地质局著 (P30——44)

② 中国地质学讲义　　我院. 1959.9. P108—113

③ 中国地质学讲义 (1959) 喻德渊著　第五章 P.208
　　　　　　　　　　　　　　　　　　第六章 P.204

④ 内蒙西部超基性岩的形成和铬铁矿成因的初步研究
　　李毓英　地质月刊 1959.6. P.26.

⑤ 内蒙巴彦淖尔盟东部地质构造特征及矿产概述　翁孔娶
　　　　地质月刊 1959.6. P.36.

天山地槽区；阿尔泰地区和准噶尔地块

一、概述：

(一) 大地构造的性质和分区

1. 天山地槽区

震旦纪地壳运动　天山地槽产生核心，构成新疆中部大地构造的骨架。 着震旦纪地壳运动，在震旦纪时沉积了厚达数千公尺地槽型的建造，下部为硬砂岩及角砾岩，上部为砂质灰岩，中上部夹有巨厚的火山岩系显示了当时地壳运动相当强烈。

加里东运动复褶斜，海西运动　天山地槽回返，褶皱上升为陆。中生代初期天山已隆起。而在天山南北泉，形成凹陷地带。总起来说古天山褶皱运动以海西期为主，其褶皱断裂都比较强烈，全部地壳都受到变质。新天山是在古天山的基础上，经过中生代以来的新裂所发展起来的。其褶皱平缓，没有岩浆活动。

旋构造　来着，天山为一个对称的构造，天山地槽的中央部份为中央活动带，南北两边为边缘活动带。中央活动带大部份是

~220~   中国主要成矿及成矿规律

由古生代变质结晶岩系构成一些峰峦连绵的高山，为克鲁库山、觉罗山、喀雷克山、纳拉特山、胜格里、苏萨梅尔套山，它们都为古生带褶皱形成复背斜，褶皱断裂都很强烈，断裂为高朝度的逆掩断层，这些逆掩断层都有一定的规律，在北坡为向北逆掩，南坡则向南逆掩。在复背斜地带，海西区有大量的花岗岩侵入，并且有的侵入加里东期的花岗岩中。

中央活动带的南北两侧与塔里木和准噶尔之间的地带，为边缘地带，为海西期褶皱形成的复背斜。边缘活动带的褶皱也有一定的规律。由于天山地槽的上升，使北部复向斜北翼比较南翼陡，南部的复向斜南翼较比北翼陡。南北复向斜在石炭纪末，中央复背斜发展成山，复向斜反而发展为浅海，二迭纪末虽也成为陆地，但当天山成陆不断的上升，边缘地带却不断的下沉，在中生代和第三纪接受了天山所侵蚀下来的巨量沉积物。在沉积过程中也发生了平缓的褶皱和断裂，距离主峰更远的地带在第三纪和第四纪时形成平缓的褶皱为寻找石油良好的地带。

在天山各山系之间为凹陷的山间盆地和断陷盆地，在这些盆地中，有巨量的侏罗纪、白垩纪至第三纪的陆相沉积物。

2. 阿尔泰地槽区：

阿尔泰地槽的发育情况和天山地槽有很多地方是相似的褶皱，说明了阿尔泰地槽区受加里东运动的影响强于天山地槽。

阿尔泰地槽在加里东期和海西期的活动远较天山地槽强烈，在时间上阿尔泰地槽发展就不如天山地槽那样悠久。阿尔泰的主峰为海西期巨型的花岗岩块分布。海西期的片麻岩和结晶片岩在阿尔泰南坡的中心带也有分布，所以阿尔泰可称为海西花岗岩类的块状山。

中生代和第三纪时阿尔泰几乎没有起伏不平的地区，所以在古老岩层上有物理和化学破坏作用形成厚层的风化壳。只有在侏

中国主要矿产及成矿规律　～221～

发纪时古平原才在一些地方发生了不深的坳陷，堆积了杂色粘土和夹有　层的砂岩。第三纪时，由于新构造运动开始活跃起来，使古老的剥蚀平原被粗导并沿古生代断裂破裂成一个个的断块，以后又受到不等幅度的位移，结果使阿尔泰隆起的斜坡形成阶状状山地。

在阿尔泰南部山前坳陷的斋桑复向斜中，在发育完全，厚度也大以砂岩，页岩，泥质灰岩，砂质灰岩，并夹有酸或基性火山岩系的泥盆石炭系地层之上，有　二迭纪陆相三迭纪和有不等　，由阿尔泰风化壳冲刷下来的第三纪沉积物。

从构造的轮廓来看，阿尔泰山地是一个对称的构造。阿尔泰的中部为地背斜，是由古生代的片麻岩，片麻状片岩，石英黑云母片岩，混合岩，花岗片麻岩，残斑岩，各种结晶片岩组成的中央结晶带。在地背斜之南，与准噶尔地块之间是海西期褶皱带，是一地向斜，向东扩展与天山地槽相连而成一个复式的地向斜。准噶尔北部的褶皱构造，黄汲清称为"吉尔吉斯式"的褶皱，其特点是块状断裂和沁西北之间沉伸断裂很发育。

3. 准噶尔地块：

准噶尔地块略成一不等边三角形，其周围为大断裂所控制。其周围山脉的交线是：南缘的东天山是东北向，西北缘是北西向，至南西南。东北缘的阿尔泰山是西北向至东南向，东南缘是南西至北东向，这说明天山——阿尔泰山地槽体系间的地块是存在的。准噶尔地块的形成最低年限应早于加里东期。

关于地块的构造问题，据新　石油公司物探资料得知其端基底的构造是平缓的倾向于东天山北缘，自钻探资料可知在前寒武纪就已形成的准噶尔地块可能留有一度显著下降的阶段，在寒武纪时上升。奥陶志留系在地块的西部山区，由变质的碎屑岩及火山岩系组成，并且被基性岩脉切穿。

~222~　　　中国主要矿产及成矿规律

加里东运动以后，地块才和两侧的山系胶结而成为 性地块。在海西褶回期间，陆续下降，泥盆石炭系沉积了砂岩、石灰岩、凝灰岩、硬　岩、石英岩、火山岩等的岩层。二叠纪系以海陆交互相 湖相为主。在天山北麓的西段二叠系的上部含主要的油页岩层。

中生代时期，三叠系主要是山前凹陷的陆相红色地层堆积，同时亦有石膏沉积，说明气候干燥。侏罗系时，山系强烈上升，气候变为温暖渐湿，沉积了很厚的黑色和黄绿色地层。当时植物繁盛，森林密布，造成了新疆的主要　　因。白垩系气候干燥，沉积了红色的碎屑岩层同时夹有石膏。

白垩纪末期，燕山运动发生，以断块作用为主。第三纪沉积有单纯来独山子流，都是山前凹陷堆积。第三纪末期遭受喜马拉雅运动，使第三纪地层发生不稳褶皱和交角变的逆掩断层。

由于第三纪地壳运动的结果，在地块的中心形成了许多"卡因迪克式"式的隆起，在地块的边缘地带，常由第三纪岩系组成的成排穹窿或短背斜，给石油造成了很好的储藏条件。

(二) 矿产分布

新疆的矿产从大地构造的性质来看，目前所发现的大矿（主要为金属矿）虽然不多，但我们完全可以相信，新疆是一个矿产丰富的地区。目前所知的金属矿产有钨、铜、铅、锌、铁、钴、金、银、铬、铍、铋、锂、钯、铝、铜、锡等。非金属矿产有煤、石油、盐类、油页岩、水晶、石棉、石墨、云母、石英岩、白云岩、石灰岩、硫磺、耐火粘土、宝石等。

1. 外生矿产

① 煤、石炭系、侏罗系、第三纪地层中，都含 系，但目前尚未发现石炭系及第三系中的可采煤层（因工作不够）。侏罗系为重要的含煤地层。含煤量不但厚而多，质量一般也好。断表

伊犁坳陷山间盆地的在伊犁区，有伊犁河谷煤田，哈什河上游煤田，孔□煤田，特克斯河煤田。拐至哈密区：有还放煤田、七角湖煤田、煤窑沟煤田、新戈壁煤田；马坑煤田、斯尔可甫煤田、涌湖煤田、哈密从三道岭煤田。准噶尔区有和什托洛盖煤田、艾疆湖煤田，巴里坤煤田。床于边缘盆地型的有奇台、吉木萨河北部的志君庙煤田等。床于山前凹陷型的有天山北坡西至乌苏东至吉木萨尔长约900多公里的煤田。天山南坡西至喀什、乌恰、柯苏起、向东经过温宿、拜城、库车、库尔勒、乌鲁木齐长达1000多公里的煤田。

② 石油：油苗在新疆的中生代及新生代盆地中及其周围均有分布。准噶尔盆地的黑油山就是因大量的原油流出而得名。其次独山子油田也是我国最大油田之一。准噶尔盆地、吐鲁番盆地、库东四地该是重要的油产区。另外象伊犁盆地、塔城盆地及三坪湖盆地也是不可忽视的油产区。这些石油主要产于侏罗纪及第三纪绿色岩系中，其次三叠纪的克拉玛依系。二叠纪的海相地层可能是石油层。

③ 油页岩：分布于天山北部二叠纪的上部，西自乌鲁木齐附近的妖魔山起东至阜康附近板厂山，长约100公里，厚约百余公尺。储量丰富，具有开采价值。

④ 盐类及石膏：岩盐和石膏在第三系地层中普遍分布。除岩盐之外，还有现代的湖盐和滩盐。盐类和石膏除第三系地层外，在三叠系和白垩系地层中也有分布。

⑤ 铜矿：床于天山南部和塔里木地块之间的中古代及新生代沉积的含铜砂岩中，以狭窄的条带，西起至康苏东至拜城长约1200公里。主要为孔雀石、赤孔雀石及自然铜。

⑥ 铁矿：主要为菱铁矿，其次是褐铁矿和赤铁矿。主要产于侏罗纪水西沟煤系中；在昔连水西沟计有廿层。层之多，为一

~224~　　中国主要矿产及成矿规律

三公尺至三十公尺不等，估量和分布范围都比较大。

⑦锰矿：在第三纪地层中发现厚约3.5公尺厚锰矿。

⑧金矿：准噶尔北部第四纪的砂金，或额尔齐斯河、乌伦古河、青格里河一带的砂金是很有名的。

2. 内生矿产：本区内生矿产相当丰富，尤其是多金属矿产它们常常共生在一起，所以下面的成矿带来说明。

①天山棒多金属成矿带：在喀什北部为多金属矿带为新疆最大的多金属矿带之一，西由乌恰起一直到罗布泊，包括阿里克套湖殼带以及柯平和库鲁克塔格地区，分布於整个天山南麓。在北喀什噶尔一带已发现有铜、铅、锌、萤石等矿。主要为方铅矿、闪锌矿、黄铁矿及黄铜矿等。在东段的库米什一带也发现许多铜、铅、锌、银等矿产。

②伊犁盆地东南缘的金属成矿：主要为新源一带的铜、铅、锌等矿产，其次王有铁矿。

③天山核心带的铁的成矿带：分布於觉倍塔格、博格霍落均多变然铁矿，新源一带的的变质铁矿，在奇尔古斯茲山也发现有砂黄铁矿以铁矿。

④博克达山为含铜成矿带，在达板城北为水下洋至大石洋一带为热液脉状矿床。在博格达山东北坡的木垒河至大石头一带也有类似的矿床存在。

⑤斋桑凹向斜和准噶尔盆地东南为金属矿，在北塔山湖一带有银、铅矿。克拉美里以东的金、铜等矿、双峯山的铜矿、盐池的黄铁矿，淖毛河的铅锌矿等。

⑥伊犁盆地北部的高　钨、钼城矿区：如在博乐、温泉，甚至伊吾也发现钨露头（苏联有关区域、成矿资料、经重沙分析资料及系列的内生露头证明含钨钼是很广泛的）。

中国主要矿产及成矿规律　～225～

⑦阿尔泰南部与伟晶花岗岩有关的稀有元素成矿区：为温宿一带的绿柱石、里纫石（主里）辉铋矿、铌铁矿及哈巴河一带的绿柱石。与伟晶岩有关的矿层还有云母、水晶、金红石等其它的矿产。

其次震旦纪的细碧角斑岩中黄铁矿型的铜矿也是应该注意的。其次在奇克斯台、奇台、乌鲁镇、觉罗塔格山区也发现有铜矿。在精河的石英脉中散布着钼矿。

其文在在滑石、石墨、石灰石、耐火粘土……等矿产。

（三）成矿规律分析：

1　外生矿产：二叠纪初期气候比较温暖潮湿、生物繁盛。在一些还 的湖盆中沉积了绿色及黑色的矽页岩。在下二叠纪的大面讲统中形成了三层油页岩。二叠纪末期地壳运动的结果使天山地槽上升、气候变得干燥、沉积了三叠纪陆相红色地层并夹有石膏。三叠纪末期地壳运动使天山地槽和准噶尔地块边缘产生了许多山间盆地、山前凹陷以及一些沉降带。并且在地块的边缘和中心部分造成一些平缓的褶皱、预背斜、成排的平缓的穹隆构造。同时在中下侏罗纪时、气候变得温暖潮湿、沉积了很多疏松的黑色和黄绿色的砂岩夹页岩地层。当时生物极其繁盛、森林密布。在凹陷盆地中则造成了丰富的煤田、在穹隆及开阔的地区则很好的含油构造。上侏罗纪及白垩纪气候又变得干燥、沉积了红色地层并夹有石膏。白垩纪的末期产生了以断裂为主的其次为褶皱作用的燕山运动、使一些地区断续下沉、同时气候可能转为温暖潮湿、生物也可能繁盛、所以在第三纪绿色地层中也有比较好的煤系。此外第三纪的独山子系、昌吗山系为坡陵度很大的砂岩、它又与水西讲系不整合。所以它应为很好的储油构造与供油层。第三纪所含的锰矿可能是由天山地槽上升、且及期受侵蚀而形成的地壳、第三纪被流水搬运而富集形成 锰矿。至於准噶尔北部的流地及河流的冲积层中所含金砂矿，是由於这些河流流经北部的加里東褶皱带和冲积结晶带侵蚀了奥陶纪地层和一些酸性火成岩及含金的石英脉。使金矿在某些地段富集而成为矿。

2．内生矿产：天山地区的内生矿产以有色金属矿为主要，它们的生成以中上石炭纪时天山褶皱伴随着有大量的天山花岗岩侵入有密切关係。所发现的铜、铅、鋅、锡、鎢、銀、朴铁矿、矾铁矿、镜铁矿……等。它们属於天山花岗岩和下古生代岩系的接触交代矿床或接触变质矿床，而有的铜矿，鎢矿和锡矿它们都散布於石英脉中，为温泉的锡矿，穆河的铜矿及鎢矿。

阿尔泰地区的稀有元素矿产和海西期所形成的伟晶岩脉有密切的关係，而这些伟晶岩脉多位於早期海西褶造的大的正向单位以内，加里東褶皱带在北部控制着稀有元素矿区。在这里以及其在南缘的复杂复向斜地区，伟晶岩都不发育。阿尔泰的金矿多产於额尔齐斯河的上游的奥陶纪地层和变质岩系中，这个地带这些岩层已大量的黄铁矿 是被石英脉所切割，致於鎢矿和铜矿和早期海西期侵入体接触带有关，铅矿和泥盆纪地层中所含石英脉有关，铁矿和花岗长英岩有关。

二、外生矿产：

（一）煤。

1．矿产生成时代及其分布。

天山地槽和准噶尔地块边缘地带所产的煤主要为侏罗纪和第三纪所形成，但第三纪所成的煤不如侏罗纪的好和多。

侏罗第三纪的煤分佈相当广泛，天山北坡东自奇台向西经孚远、阜康、乌鲁木齐、昌苏到精河，长约五百公里间煤田断续出露。在伊犁地区有伊犁河沿煤田、哈什河上游煤田、特克斯河煤田、在乌鲁木齐至哈密之间有达板煤田、义昌煤田、煤窑沟煤田、新戈壁煤田、马兰煤田、鸟尕可前煤田、南湖煤田、哈密的三道岭煤田。桂喀尔区有和什托洛盖煤田、三坪湖煤田、巴里坤煤田。其次还有奇台至木垒河北部的老君庙煤田。在天山南麓西自喀什、乌恰、疏苏起向东经温宿、拜城、库车转台到乌鲁木齐长达1000公里的煤田。

至于在天山地槽区石炭纪的煤系，因质量不佳，储量不大，另一方面也由于工作不够和资料缺少，这里不加以叙述。

2. 矿产叙述：

中生代侏罗纪时，天山地槽虽早已上升成陆，但在中生代时，还受到地壳运动的影响，在下侏罗纪时曾发生过三次周期性的震盪运动，形成了三个不同的沉积旋迴。

(1) 第一旋迴沉积了下侏罗系的双石磊统。

① 下侏罗纪的底部为下含煤层，岩性为灰色、黄绿色的粘土岩、砂岩、砾岩、夹有煤层15——35层、可采煤10——20层，煤层总厚度为13——33公尺。

② 下侏罗纪的上部为下层无煤层，岩性为黄绿、灰绿色的砂岩、粘土岩、粉砂岩、砾岩等。其中有时也含有煤6——8层，煤层总厚度为7——10公尺。

(2) 第二旋迴。沉积了中侏罗系为八道湾流。

① J_2^1 其底部为砾岩，上部为上含煤层，岩性为灰色、黄绿色的砂岩、砂质粘岩及砂质页岩。其中含有煤层很多，在乌鲁木齐附近的玛纳斯一带最好。有煤20——60层，总厚度为40——190公尺。

② J_2^2 杂色条带层。中下部为黄绿色的砂岩夹粘土岩并含有砾岩，上部为褐色、暗绿色、浅紫色的泥质岩和砂岩互层，有时夹泻泽相的粗砂岩。为不含煤层。总厚380——2400公尺。

(3) 第三旋迴沉积了上侏罗系为碗窑沸流，由下而上为湖相河流相、山麓相的砂岩、砾岩及卵石，不含煤层。

以後沉积了白垩纪的红色地层。

中侏罗纪所产的煤，经济价值很大，它们分布广泛，质量好储量大。天山区每一个成煤盆地都可以作为一个独立的煤田，这累储量可达数亿吨，这些煤产出一般不深，具有露天开采的价值。侏罗纪沉积层的全部剖面中，都可看到煤层，但可采者都集中在中下侏罗纪，含煤达数十层之多，可采煤层数不定。煤层呈透镜状、层状，有的煤层厚度最大可达27公尺，总厚可达110公尺。某些煤层沿走向延伸数十公里。侏罗纪煤田中的煤属于烟煤之类。其中可分为长烟煤、瓦斯煤、过渡煤等，煤的灰分与硫化物也少。

3. 成矿分析：

天山及准噶尔的煤田见于中生代和新生代的沉积层中，以主要为中生代侏罗纪下部绿色地层。这些煤层都属于中生代或古生代所形成的山间盆地、断陷盆地和拗陷地带。这些盆地沉积着很厚的中生代及新生代陆相地层。在侏罗纪及第三纪，特别是下侏罗纪时，准噶尔和天山地区一些盆地的断续下沉，在东侧和西侧，距海不远，海风可以吹到，所以在古中下侏罗纪时为潮湿平原型湖沼相建造。当时气候潮湿温暖，生物极其繁盛，森林密布。其后死亡的结果而形成了丰富的煤田。

当时在阿尔泰为受侵蚀区，所以没有煤田。天山和准噶尔地区的三叠纪，上侏罗纪及白垩纪因气候干燥，不适于植物的生长所以基本上也是没有煤的形成。

(二) 石油：

1. 矿产生成时代及分布位置：

准噶尔地块和天山南北麓以及吐鲁番等地区所产的石油均为中生代及新生代地层。其中以侏罗纪的水西沟系和第三纪的独山子系和昌烟山系与水西沟系接触乃上的生油层。

石油多分布于准噶尔的南缘和西缘，与天山和齐尔山交界的

中国主要矿产及成矿规律　～229～

地区，现在克拉玛依油田和独山油田为我国目前最大油田之一，其次在准噶尔盆地、吐鲁番盆地、库车盆地，该是重要的产油区。另外在伊犁盆地、塔城盆地及三坑湖盆地也是不可忽视的产油区。

2. 矿产叙述

供油层主要为第三纪的独山子系，而在第三纪的昌烟山系与侏罗纪水西沟系接触上可遇到重要的较大的供油层，或水西沟系本身可能为重要的供油层。其次上三叠纪的克拉玛依系和其它的二叠纪的海相地层、侏罗纪系与第三系地层均可能生油。这些地层的岩石主要为碎屑岩，侏罗系、克拉玛依系、第三系中的砂岩孔隙度都很大，特别是第三系的孔隙度最大。这些地层沉积厚度都是很大的，其中的侏罗系和第三系之和可达到7000公尺左右，有时可达10000公尺。在这些地层中含有丰富的动物化石及植物化石，如鱼类、龟类、哺乳动物、介壳虫及很多种植物化石。

附：准噶尔盆地三叠纪到第三纪地层表

（包括准噶尔盆地及其西部的驻山、乔尔山、巴尔鲁克山和东部的北塔山等）

第三纪	独山子系——分布于盆地的西北部、中部和南部，上部为砾岩、砂岩，下部为泥质灰岩及沥青质砂岩，含化石甚多，有介形虫类、软体动物、哺乳动物、鱼类及龟类等。另外还有植物化石，有松杉、松类与双子叶植物，总厚约4000——4500公尺
白垩纪	东沟组——红色泥岩，细砂岩及砾岩。厚20——1300公尺 吐鲁番组——红色、灰色、绿色细粒板状交错层、砂岩及泥岩，夕Qasvinala，苔化石甚多，厚可达1500公尺

上侏罗纪	哈拉扎组	主要为灰绿色砂岩，炭铝发育，厚0—850公尺。
	依舍克达板组	棕红色砾岩和砂岩，夹粗砂岩厚0—150公尺
中侏罗纪	齐桂沟	灰色杂色条带状泥岩和砂岩。含液体泥油，沥青脉、沥青砂和天然气。含Cypridae等介形虫化石 其Equisetites等植物化石，南缘厚达1000公尺
下侏罗纪	红淋统	灰褐色砂岩和页岩，含煤和黄铁矿。南部厚1350公尺。
	永西洪统	杂色砂岩和泥岩。含液体庄油，沥青脉和天然气。含有Coniopteris等植物化石，厚度变化大，厚者达1800公尺。
上叠纪	小泉洪统	灰色砂岩及泥页岩，夹炭质页岩及砾岩，含硬辉恩南部厚1000公尺。北部厚30—300公尺
中下三叠纪	仓房洪系	主要为砾岩，砂岩和泥岩互层，含爬行动物天山龙，南部厚700—1000公尺，北部20—100公尺。

3. 成矿分析：

古生代末期地壳运动的结果，使天山南北麓和准噶尔盆地的南缘产生了许多凹陷地带，以后又发生了中生代比较弱的地壳运动，使得准噶尔盆地的边缘产生了成排的翻皱比较平缓的栉状背斜，短背斜，均已天山近于平行，作东西向，和着一些穹隆，而在天山的前山部分和吐鲁番复地也产生了如此的构造，这种构造为很好的储油构造。而在侏罗纪和第三纪时气候是比较温暖的，适于生物的生长，在当时发育了大量的哺乳动物，鱼类和其它的动物、植物也是很繁盛的。当时的沉积厚度很大有时可厚达1000公尺。岩石疏松孔隙度也大，由于以上这些条件使该区带来了很好的生油条件。

准噶尔盆地中油气的显示具有一定的区域性。盆地的南缘，所有的上古生代、中古生代及新生代地层中都发油苗。各地的北缘除了新生代地层复盖区外，一般在中生代地层出露地区，也都有油气显示。上古生代地层的油苗都集中在盆地的东南隅，中生代油苗在整个盆地中都有发现，新生代油苗都局限于盆地的西南地区。

(三) 盐类矿产：

盐类矿产有时产于第三纪地层中，而岩盐主要还是生于现代的盐湖及盐滩中。其形成原因是由于新疆位于亚洲大陆的核心。印度洋以东的水蒸气被昆仑山所阻，北冰洋的水蒸气为阿尔泰所阻，气候异常干燥，蒸发量大于降雨量，流域各山之水把各山岩石风化所能溶解的盐质带而注入盆地中，蒸发干固而形成。如在阜康、玛拉斯、博乐、精河、乌苏、乌鲁木齐、玛纳斯县都有盐池分佈，在盐池中都含有芒硝。而在一些盐池的淤泥中正含有相当多的硼砂。

第三纪地层中的岩盐和石膏也普遍存在，有时厚度可达数十公尺。其次在三叠纪、上侏罗纪和白垩纪的红色地层中也有盐类和石膏的产出。

第三纪和现代的滩坎及湖坎等坎类矿床构成了新的主要矿产。

(四) 油页岩：

1. 矿产时代及分布位置：

油页岩产于二叠纪下部，它的分佈西自乌鲁木齐附近的妖魔山，东至阜康附近板子止，长约一百多公里。

2. 矿产叙述成矿分析：

~232~ 中国主要矿产及成矿规律

二叠纪上部所产的油页岩现所知者，长约100多公里，宽约100多公尺，储藏颇为丰富，具有开采价值，储量约为40亿吨左右。

油页岩主要产于下二叠统海相沉积的大西洋统。二叠纪由至上可分为四层，油页岩主要分布于上三层中。P_1为下，绿岩为泥质页岩，细砂岩互层，夹有炭质页岩。P_1^{2-1} 灰绿色及黑色砂岩，砂质页岩，夹有油页岩。P_1^{2-2} 灰黑色及黑色薄层状油页岩，夹层状砂岩、页岩，透镜铁质灰岩。P_1^{2-3} 灰黑色薄层油页岩，又镁质石灰岩，和极少的砂岩及页岩。上叠纪仍为碎屑岩相，但不含油页岩。

(五) 金砂：在阿尔泰山所有的河床和山地中的冲积物都含有金砂。这些河流或长或短地流经北部加里东褶皱带和中央结晶带。最富的地区乃托依托村：土耳奥古：长拉堞都位于颗尔其支流的河谷地带。这些支流冲刷着奥陶纪的地层和变质系。在个别的地区，这些岩层巨大量的黄铁矿化及被石英脉所穿。其次在乌鲁木齐河，青格里河一带的砂金也是很有名的。另外在准噶尔盆地的层中也有砂金分布，但不主要。它们都产于第四纪的冲积物。

(六) 铁砂：产于株罗纪的煤系地层中，在孚远和水西沟有砂屑出露。计有七层之多，厚二三公尺至三十公尺不等。储量和分布范围都比较大。铁主要为菱铁矿，其次为褐铁矿、赤铁矿。

(七) 锰砂：在第三纪地层中发现有35公尺厚的软锰矿。

(八) 铜：产于天山南麓和塔里交界一带中，新生代沉积中的含铜砂岩。这些含铜砂岩组成一成矿带，以狭长的条带沉产心塔岩。沉塔果木地界玉拜城以东一带分布，全长约1200km。矿石主要为孔雀石及自然铜。

三. 内生矿产

中国主要矿产及成矿规律　～233～

(一) 多金属矿产：
　1. 主要元素为铅锌的矿产：
　(1) 矿产形成时代和分布：
　主要元素为铅锌的多金属矿产，他们的形成和天山地槽的海西期回返有关。特别是中上石炭纪天山花岗岩的侵入，而形成了许多有用的多金属矿产。他们和志留纪、泥盆纪和下石炭纪的地层有很大的关系。
　在天山地槽区可分为三个多金属矿带。
　① 喀什噶尔成矿带：加里东褶皱带（北天山）南缘和相邻的上古生代拗陷分布。它又可分为许多矿结。
　甲 萨芬依矿结：在玛依但塔格东西向断裂和费尔干山脉西北向断裂交会地区，有伊雷——塔什矿床，乌拉泰矿床，卡拉博亨尔矿床等。
　乙 九依秋奕矿结：在玛依但塔格向东西向和东北向断裂破坏地带的西北向大断裂交切的地方，有霍什布拉克矿床，柯克雅尔矿床、柯克铁列克矿床。
　丙 阿克契矿结：阿色括同名矿床外，还包括卡拉戈矿床，雅尔玛康矿床等。这里有东北向和西北向断裂交切的系统。
　其次在巴格拉契东尔盆地以东的地区也有许多经济价值现在不清楚的矿床。
　② 伊宁成矿带：沿加里东褶皱带北部山脉与伊犁盆地和准噶上古生代拗陷交界的地区延伸。它是苏联准噶多金属矿区的延伸。在这里有著名的次凯里矿床，这里还有做十处成矿显示的地区。最大的矿区在伊宁以西 因博 霍洛山的西北向构造因发生横向断裂而复杂起来。这个矿结有东都真矿床，吐拉苏矿床和卡拉巴吞矿床。
　③ 南天山的多金属成矿带：在喀什北部的多金属矿带为新

～234～ 中国主要矿产及成矿规律

裡最大的多金属矿带之一，西由乌恰起一直到罗布泊，阿里克套祁连带以及柯平和库鲁克塔格地区，分布整个天山南麓。

以铜为主的多金属矿化区主要在天山的内带，在中上古生代时古山活动的主要中心处。在博格达山，阿夫拉尔山，和环绕吐鲁番盆地的山脉中的火山岩系和火山沉积岩系中，矿化现象特别发育。

(2) 矿产叙述：

在这些矿带中，以铅锌为主的矿带，除铅锌外还有铜、银、萤石、等矿。以铜为主的矿区，除铜外还有铅锌，银等矿其矿物主要为黄铜矿，闪锌矿，黄铜矿及黄铁矿等矿石。这些矿产多半发育于古生代地层中，矿化矿多发育于石灰岩和页岩的接触带，有时成石英钙质和石英盐、石英脉。其中含硫化物浸染体，最右均细脉状矿体和交切剖矿体这是由於破碎带发生矿化作用时形成的，而最有意义的是交带矿脉。在矿脉中有的矿床也发现矿上岩中有多金属矿化作用。

以铜矿为主的多金属矿几乎完全发育於山岩系和火山沉积岩系中，矿石一般为含铜黄铁矿和黄铜矿的细脉浸染体，经氧化以后成孔雀石、兰铜矿。多半成细脉和片状聚集在裂缝带的岩石内。

3. 成矿分析：

一般铅锌矿床常与挤制上古生代物陷的大断裂带有关喀什喀尔矿带，多半位於上古生代和泥盆纪地层内，成化矿层发育於石灰岩和页岩的接触带。伊宁矿带主要是在上泥盆纪和下石炭纪火山岩沉积区有的则与冷敌长岩矿化带中。铜矿床主要集中在基性和中性火山作用活跃的地区，矿化现象几乎完全出现在火山岩系和火山沉积岩系中。

不论是以铅锌为主的矿带或以铜为主的矿区，它们的成矿作同部莫中上古裁纪火山花岗岩的活动有密切关系。

(二) 稀有金属矿产：

1. 阿尔泰地槽区：

(1) 成矿时代及分布位置：

阿尔泰地槽区稀有金属矿产的形成是地槽在海西期迴返时大量岩浆活动的结果而形成的。它主要分布於阿尔泰的中央结晶带的边缘地带。而矿产最富的地区为柯克托加依区、库区、楚尔尔区、卡拉依格尔区、奥博贡矿区、阿拉捷克区、君古尔区等。这些矿区多位於喀上尔齐斯复背斜。阿拉加克区位於布尔楚姆复背斜中，卡拉苏和拉苏 位於沙拉苏地垫的内陷拉地带。

(2) 矿产叙述：

阿尔泰稀有金属矿主要有锂、铍、铷、钽、铌、铋等稀有元素。铍主要成绿 石类。这些稀有元素它们都和伟晶岩有密切关系，特别是 好的伟晶岩有关。

(3) 成矿分析

阿尔泰稀有金属矿形成和海西所形成的伟晶岩有密切关系，在阿泰的岩 岩以各种密度聚集成所谓伟晶岩区。在大的伟晶岩期内有成千个岩脉。伟晶岩期的空间位置受构造要素的控制，一般伟晶岩区的规律是：伟晶岩区多位於早期海西构造的大的 向斜单位以内，即生於背斜、复背斜、或隆起区。比较常见的伟晶岩脉伴随着区域断裂而产生的比连带有关。伟晶岩体除开了大断裂而沿着伴随大断裂而产生的小断裂分布，矿产的生成和伟晶岩脉与花岗岩体接触带有关，由於它们性质不一致，构造破坏得特别励害。而特别是巨大的分 位晶岩体最有意义，加里东褶皱带在北部控制着稀有元素矿区，在这里以及在其南缘的希泰条向斜地区伟晶岩都不发育。

2. 天山地槽区

~236~ 中国主要矿产及成矿规律

天山稀有金属矿床出现地区有限，没有重大意义。在博罗塔拉河流域，恩格克河和喀什河流域以及伊扎累特河南部左岸支流地带有发现。这些稀有金属区处天山南北加里东期褶皱带范围内的内部隆起区。有花岗岩的侵入，成矿带都在花岗岩侵入体的接触带。为一 的石英脉。有时还含有铜或钨的侵染体。

(三) 钨和钼：

1. 成矿时代及分布位置：

钨和钼的成矿时代也和以上多金属矿产的成矿时代同。它们分布于：准噶尔阿拉套山温泉县境内，博 县，奇台县，伊犁县，乌苏镇，完罗格塔克山以南，乔克斯台富温等县，在阿尔泰山地区主要出现在北部加里东期褶皱带。

钨矿和钼矿的生成，有的是原于加里东期花岗岩侵入太古带地层中发生蚀变而形成的。

2. 矿产叙述和成矿分析：

主要的矿产为黑钨矿和白钨矿。在完罗格塔克似近为矽卡岩型的白钨矿。矽卡岩为加里东期的花岗岩侵入前震旦纪的大理岩或黑云母石英片岩中，而形成。其中粗粒的白钨矿，价值较大，细粒的价值不大。其它区域的黑钨矿一般的矿化作用都与早期海西期侵入体的接触带有关系，矿体为一套切穿了角岩和花岗岩的港层石英脉及黑钨矿和辉钼矿的侵染体。

(四) 金矿：

在准噶尔山中无论是在东部或西部都有广泛分布。齐尔山含矿特别富，过去开采过的痕迹已佔很大一片面积。梅洛乌拉山含金石英脉和齐尔山含金石英脉？在各山区中都有砂金可采。这两个山区中的金矿坑都分布在太古代岩系出露附近。而主要是这些露头含有大量酸性火山岩的地区。石英脉沿陡立裂隙分布，纵横交错地分割着矿脉和周围的页岩和砂岩。某些含金石英脉，呈串珠状或条带状构造。石英脉为白色粗粒致密的石英，并含有稀少的硫化物浸染体。

金砂在阿尔泰分布极其广泛，砂金也有很大的价值。根据砂金分布的情况，可知它们受分布于北部加里东褶皱带和中央结晶带，多为奥陶纪的地层和变质岩系。在个别地区这些岩层已大量的黄铁矿化，或是被石英脉穿割。

(五) 铁矿：

天山的铁矿主要于内带，如伊犁盆地，卡拉依尔区，觉罗塔格和喀呎戈壁区。因此天山内带可以看作是一个铁矿成因区。铁矿主要为斜长岩型的磷铁矿和沙部的菱铁矿。矿床的现在天山花岗岩侵入体和下古生代石灰岩接触带。含铁矿的斜长岩层状多与围岩一致成接触相符。其中最大的含铁斜长岩长300 m，厚25 m。斜长岩的成分在有些地方全为磷铁矿。

阿尔泰铁矿蕴藏在奥博贡和卡拉依塔尔铁矿床中。奥博贡矿床位于断裂区中的花岗长次岩岩墙内。岩墙的东北区有沙被苏梅地垒控制着，矿石为磷铁矿。卡拉依塔尔矿床也成于变质岩系之中，在角岩的砂岩层中蕴含磷铁矿的透镜体。浴底已分布。

(六) 锰矿：

主要分布在北部加里东褶皱带的卡拉依塔尔和奥博贡矿区。

(七) 其它：

天山地区的震旦纪细碧角斑岩中寻找铜矿是值得注意的。其次天山和阿尔泰地区有着广泛的古生代变质岩系和前震旦纪变质岩系分布且岩浆活动在这两区普遍活跃，所以寻找滑石、云母、金刚石、石棉、水晶、玉石、白云岩、石英岩、石墨、硫黄、等矿产都是有利的。

~230~ 中国主要矿产及成矿规律

附：天山-工堂，阿尔泰地槽和准噶尔地块主要矿产及其时代

地质时代及岩成岩	外生矿产	内生矿产	附注
N、Cr、T	Mn、石膏及硫黄		
K_2、M_2、Pz_2	Cu、石油		
Tr、J、C	火		
J	黄铁矿、赤铁矿、褐铁矿		
P	油页岩		
O、D	Au		
Pz_1		Fe、Cu、Ag、黄铁、水晶石等	
Sn	Cu		
海西期 花岗岩		Cu、Au、黑W矿、辉Mo矿、云母、水晶、金红石、绿柱石及稀有元素、石棉、石墨、硫黄等	
天山花岗岩		Fe、Cu、Mo、W等	

参考书：
① 地质论评第二期 新疆大地构造轮廓 ———— 黄鼎璜
② 地质集刊第4号 天山、准噶尔、阿尔泰南坡和蒂聚复向斜等三篇文章

中国主要矿产及成矿规律 ~239~

③ 中国地质学——喻德渊 1959年 地质出版社
④ 中国地质学——成都地质学院 1959年
⑤ 地质学报38卷第四期 成都地质学院
⑥ 赵蕴地质科学1959年第五期新疆地区矽卡岩型的白钨矿

 附录插图:

① 中国地质学——喻德渊
    263页 天山地质构造略图
② 中国地质学参考资料第二集
    304页 新疆大地构造略图

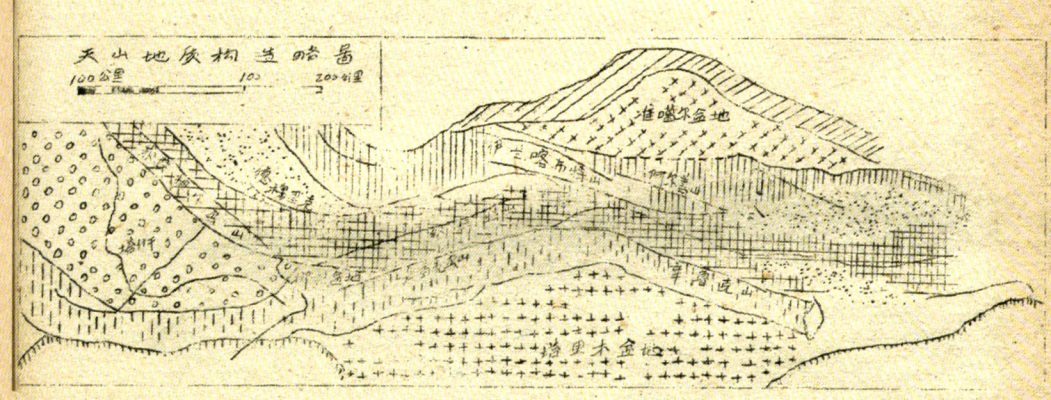

天山地质构造略图

□ 中亚活动带   ×× 准噶尔稳定地块
□ 边缘活动井   ∷ 塔木稳定地块
++ 塔里木稳定地块   □ 山间盆地

祁连山地槽

(一) 位置

一、概述

祁连山主脉横跨甘肃、青海两省之间，东西绵延达1200公里，其西来自阿尔金山，山之北部为河西走廊，山之南为柴达木盆地及西宁盆地。中间山势突起巍峨，冲霄，无论冬夏皆皑皑戴雪，高的峰起伏千里凯连。在河西走廊之南，共有七条山脉皆呈北西西之走向，山峰高竣，除北山外海拔一般都在5000公尺以上，南山主峰，高达6000公尺，修士山高峰达7000公尺。可祁连山现在虽然是高不可攀的雪山高峰，在下石炭纪以前，确是一个深不可测的大地槽。它经过了很多次造山运动及岩浆活动，才变成了今日巍峨冲霄的雪山峻岭，同时蕴藏了丰富的矿产资源，成为祖国之名山宝库。

(二) 矿产分布及成矿规律

祁连山地槽包括祁连山系及其以北河西走廊是矿产区最极大的地区。矿产很多，有煤、铁、石油、铜、铅、锌、镍、金。第三纪凹陷盆中的石膏和芒硝南山系中的磷，侏罗纪山系内铝土矿和耐火粘土。其中以煤铁、石油、铜、铅、锌为主要的矿产。成矿作用主要的特点是成矿带具构造是相密切结合成西北东南向的带状分布。

第一成矿区是地槽边缘拗陷带，为河西走廊介于祁连山合黎山与龙山诸山之间，西起玉门镇东至永乐以东，是以中生代为主的小前拗陷带上，古生界和中生界第三纪地层中以煤和石油，油质岩为主要矿产。在祁连山和北山之间的广大盆地，酒泉西部酒东部及民乐等三个盆地之主要工业价值的产油区及含油远景区。

第二成矿区陆台边缘拗陷带，即祁连山与阿拉善陆台间的过渡带位于河西走廊以北以龙首山合黎山间隔西起敦，东至永乐自

~242~　　中国主要矿产及成矿规律

东西西有潮水、金塔——花海子、敦煌等三个盆地，基底为西成东及侏罗的沉积岩系，分布广泛，中下侏罗中，夹有煤和油页岩及油砂层，产煤石油的重要区界地区。

第三成矿区在祁连山地向斜：在下古生代有剧烈火山活动岩层组合为地槽迴浪，前陆、班岩灰岩及基性火山的喷发物，火山岩系分异良好的地区的蔓铁矿型，矿，在玫瑰灰岩中变质的锐铁山式铁矿，在南部与深断裂有关的超基性岩，刻造成络铁矿。

第四成矿区中祁连地背斜位在甘肃交界祁连山内部与山脉平行的长条状中生代下陷盆地其中较大有民和盆土墩盆地为有工业价值的煤田和油田，中部隆起区为中生代花岗岩侵入可能有玫长岩及热液矿床，本区在上古生代和中生代有　湖相堆积含有石膏及其它杂类矿床。

第五成矿区是青海南山柴达木北缘的块断带：中生代有酸性及基性的岩浆侵入，形成了玫长岩钒铁矿及低温铅锌矿矿床。

二、外生矿产：

(一) 煤：

1. 概述。

概述：祁连山在下古生代为地槽区加里东褶迴浪，衬皱隆起成山目前已找到卫古生代所形成的折陷盆地与中生代新生代的山间盆地共十三个，造成煤系的沉积和含油层成矿环境，其中盆地较大者如土墩盆地罘盆地。其中未要腐沉积岩系竟穿达3500——7000米，油苗和露头为广泛，仅两盆地区已发现有将近60处仅民和盆地就有52处有石炭条至的重条含养地层几乎都有分佈。

2. 矿产分佈及成矿分析。

煤在祁连山一带有四个地层系统内产煤。

① 中石炭纪羊虎沟系所产之煤煤煤变质烈不能开采。

中国主要矿产及成矿规律 ～243～

② 二迭纪石盒子系（即威远系内）此层颇多性皆。厚至二公尺者甚多，煤质分烟煤、半烟煤和无烟煤，烟煤一部份可炼焦，惜硫分在三分之四以上。

③ 侏罗纪阿干镇煤系（龙凤山系及华亭煤系均产煤，侏罗纪煤系所含煤层虽少，但厚常达四五公尺，特别在祁连山中部木里所发现之煤因无厚煤层床烟煤或泛烟煤含硫比较少，品质颇佳。

④ 白垩纪和高窑煤系（宁远堡煤系）所产之煤尺分深浅不一有时为烟煤，有时尚不及调性烟煤，煤层厚薄很均匀，厚者常达十公尺，浅者不及一公尺。

祁连山的山间盆地煤田是晚期海西运动的产物分布广泛，其地槽方向成狭形从南到北微向西凸断续零星沿祁连山系山麓的两侧如毛毛山北麓的古浪远淇和永淇铺武威南营儿哈拉库东藏之宗树和上下游子，冷垄山——拉脊山北麓以及兰州以东屏东山以西的干淇等地。

现将本区东南部与产煤有关主要地层叙述如下。

地层划分　上复地层　白垩纪 . 河口系

　　　　　不整合　　上侏罗纪 . 系

　　　　　假整合　　中侏罗纪 . 红淇系

　　　　　假整合　　下侏罗纪 . 瓷街煤系（或阿干镇煤系）

　　　　　假整合　　上三迭纪 . 苏洞淇系（或南营煤系）

　　　　　不整合　　下伏地层　古生代南山系

　　　　　上伏地层　白垩纪 . 河口系

—— 不整合 ——

上侏罗纪产堂系由灰绿色黄绿色和紫红色 粘土．砂岩和砾岩组成，粘土含白云母及砂质，砂岩具河流交错层夹植物碎屑，砾岩成份以石英、砾石和千枚岩为主．底部含黄铁矿结核本系厚度变化大九十公尺到896公尺．中产化石．鲤思 sanchmous

~244~ 中国主要矿产及成矿规律

miaoi gourg.

—— 假整合 ——

中侏罗纪红井系分布较广岩性变化不太的含煤地层以含煤系地层，以灰色、黄绿色、灰黑色和紫红色的岩土、细砂岩和洋底似组成产有化石 Neocalamites Cocinsiter Haw. Conisptris sp. Caioptris hymenophylia dev Bringu, Podozamiten sp. Cyekanwskin sp. Baiera. Equisetites sanan Ethuin sp.

—— 假整合 ——

下侏罗纪窑街煤系或阿干镇煤系，最下部为灰白色砾岩和砂岩偶夹薄层粘土具鲕状铁质砂岩，中部为煤层油页岩和砂岩，上部为油页岩铝质粘土和砂岩互层、油页岩产有植物化石 Sphenopteris sp. Equisetites phoenicopsis sp. Coniopteris sp. Nissonia sp. Nilsonia sp Baiera sp. Cladophlebis sp. Podozamites lanceolatus Baacin, Ginkgo sp. Elatocladus sp. ptycholepis sp. Dapediud sp.

—— 假整合 ——

上三迭炭洞井系（或南营煤系）以绿色、灰色和紫红色粘土页岩和砾岩中夹薄层或细质砂岩和似线灵岩中产植物化石 NwCalamiter sp. Cladophlebis shenxuensis Pau. pterophyllum sp. Daepeopis feaunde Valle.

—— 不整合 ——

下伏地层 —— 南山系。

其中的窑街煤系或阿干镇煤系均以煤层黑色页岩，灰白色砂岩和砾岩为主，与北方主要造煤期——下侏罗纪陆相沉积的岩性及普遍地含有煤层主要可采煤层的特点相似。其中植物化石 Cniopteris 的和 Pluraicopsis 是我国下侏罗纪煤系中最重要的植物分子。

在西北部分布于靖远、景泰和白银广附近的侏罗纪煤系。合山北麓及北大小南麓的侏罗纪煮井系及祁连山北麓和酒泉盆地的侏罗纪凤山统，其岩性亦以煤底、油质岩、黑色页岩、灰白色和灰绿色砾岩及砂岩组成。

(三) 石 油

1. 概述：

祁连山褶皱带与阿拉善、陆台之间有一过渡带长王状东西向延长的合黎山将过渡带分偶成南北西部分合黎山以南即谓河西走廊地带，属于地槽边缘拗陷带，包括酒泉西部盆地、酒泉东部盆地、民乐盆地等，这石炭系以上地层发育完整，沉积岩厚达 5000——8000 米，特别是第三纪地层厚度都在 2000——3000 米之间，是已知含油层。其中酒泉西部盆地，已经发现四个油田，为已知含油盆地，合黎山以北也有3个面积较大沉积较厚的盆地，即潮水盆地、金塔——衣海子盆地，敦煌盆地属于陆台边缘的拗陷带。在潮水盆地的青土井侏罗系中发现油砂层，已进行开采。在过渡带的延长部分努格生及巴丹吉林地区也可能发现新的含油盆地。

2. 矿产分布：

(1) 地槽边缘拗陷带：

该带在祁连山北、河合黎山峡龙首山西起玉门镇，东起民乐以东。在嘉峪关和高台榆相，两处，基岩隆起将整个拗陷带分隔成酒泉西部酒泉东部及民乐等之三个盆地。

(2) 地层除石炭纪地层为海陆交替沉积砾岩，页岩夹煤层外

~246~ 中国主要矿产及成矿规律

白垩系以上全部为陆相沉积。拗陷北部缺失二迭纪三迭纪地层，仅南部有新分布，两者共厚1300M左右为砂质岩层，侏罗系为砾岩、砂岩、页岩夹煤层，厚300米。酒泉西部盆地的北部可厚达1000米以上，侏罗系砂岩、泥岩层。白垩纪地层厚1000—2000米呈三角环境下湖泥型其下部有大量黑色页岩和含沥青质的页岩层可能是生油层。第三纪地层为本区供油岩系下部北以烧沟厚900米分布在酒泉西部盆地的北部，以红色砾岩与砂岩为主上段砂岩内有一含油层称火烧沟油层，地台组洞主要产油层中部为白杨河组厚450米油层多，含油丰富，自下而上有马鬃泉油层老君庙油层及千油泉油层均由桔红色疏松砂岩组成各油层之上部有良好的泥岩层作油的盖层。第三系上部为疏勒组，厚1000—1500米，为砾岩砂岩、泥岩互层。第三纪地层之上，尚有厚达100—700米的晚第三纪和第四纪的砾岩层。

2. 构造带自南而北划分：

(1) 前山背斜带石炭纪至第三纪均有沉积且厚度较大组成背斜带。背斜构造形状狭长，幅度大，北翼陡，南翼缓，已经发现构造十余个。酒泉西部盆地山鸭儿峡，老君庙，石油沟油田均在此带，为该盆地主要供油带。

前山背斜带在酒泉东部盆地以及民乐盆地，由于较为强烈的断裂与侵蚀所破坏失却找油意义。

(2) 中央凹陷带位于前山小背斜之北地区均为砾石层覆盖，第三纪第四纪地层厚度特别大在酒泉西部盆地基底深度可达3600—4000米，在酒泉东部盆地及民乐盆地则较浅。一般在3000米—3500米之间。已发现有伏构造将近十个。

(3) 北部单斜带侏罗纪地层缺失，只有白垩纪和第三纪其厚度也减薄很多。总的说来是一个向南倾斜平缓的单斜层倾斜1°—3°随基岩起伏形成一些鼻状构造。

中国主要矿产及成矿规律 ~247~

在酒泉西部盆地自相距穹状隆起因由于断层岩性影响形成了油藏。此带南缘倾斜变陡构为挠曲带，体有向南推移的逆掩断层，下盘亦有油气似其酒泉东部盆地峡成乐边地拗曲带石油这里明显。

(二) 低台边缘拗陷带：

该带位于河西走廊以北合黎山，龙首山相偶，西起敦煌，东至民乐，自东而西有潮水、金塔一花海子、敦煌等三个盆地，这三个沉积盆地虽属于一个构造带，但盆地基底则西浅东深，未变质的沉积岩层愈未愈广泛，潮水盆地基岩深度可达1000—3000米，石炭纪以前的地层都变质而侏罗纪以前各此期沉积岩又大部缺失。沉积岩总厚为3000米左右，中下侏罗纪厚达千余米为低河摆页岩、砂岩、粒砾岩互层并夹有此和油页岩层，具生油条件，在青土井地区发现这一地层有含油砂岩，上侏罗纪与白垩系其厚700—1500米，大部为红色紫色或灰色砾岩砂岩及泥岩。其中白垩系上部在部分地区过渡为湖相砂页岩沉积，第三系比较薄100—500米出棕，灰色砂质泥岩砂岩及砾岩之层。

盆地依折裂可分三个构造带：

1. 中央隆起带：西起桃葫芦山、东至蛮水一带两侧为断层所限为地垒隆起，也为白垩系与第三系的组成之构造有13个之多其埋艾深度在450—1000米之间，中下侏罗系缺失，其上地层亦相应减薄，说明此带是具有继承性的相对隆起带，由于目的层缺失，以上地层又未发现油气显示该带已失去找油意义。

2. 南部凹陷地带与北部凹陷带：该带地区大部已为第四系复盖，前者自侏罗至第三纪地层剖已宽整后者仅在北部边缘有见整剖出露并呈单科状在南部凹陷带发现地面构造一个地下潜伏构造三个，其中青土井构造因南部为平行走向的断层破坏沿断层线有油渗出。在中下侏罗系内南两层马镜状油层现已用土法开采。

北部凹陷带基岩深度在2000米以上，曾发现两个潜伏构造，揭动探证明第四系和白垩系以下直接为中下侏罗系没有发现油气显示。

潮水盆地以西为金塔依海子盆地，基岩深度为1800米，地面为第四系所复盖，仅在北缘有零星的第三纪红色砂质岩出露宽50米左右，但南缘则有较多的侏罗系白垩系及第三系的露头。

金塔依海子盆地以西为敦煌盆地，这里基岩在敦煌城附近深1500米，敦煌城以西仅500——600米，地面第四系复盖程度盛于金塔依海子盆地，只在芦草沟，南湖有处侏罗纪露头，其岩性为灰色砂岩砾岩夹页岩及煤化层在玉门关一带有产状平缓而厚度在400——600米之第三系露头。

(3) 祁连山山间盆地

色括青海及甘肃交界的祁连山内部各盆地，范围一般不大，多数为长条状与山脉走向平行分布，其中较大的民体盆地已经有工业油流，在土敦盆地石炭系地层内有发现油苗。

民和盆地位于兰州市以西，西起青海，外都昌，东至兰州河口镇，南以拉脊山为界，北越永登城大互山大板山一带面积6000平方公里。该盆地是居于祁连山地槽褶皱带东端的一个盆地，沉积岩总厚达5000米以上，三生纪分布极为零星，中下侏罗纪厚100——400米为砾岩，砂岩，泥岩之互层。下白垩系为红色泥岩，砂岩之互层，厚达1000——3000米，上白垩系，厚400——800米，也为砂岩，泥岩互层，第三系为砂岩夹泥岩互层，上部为棕黄色，下部为红色。厚1000米。

盆地内可以划分三个东西向构造带。

小中块隆起带：仅边缘有侏罗纪地层出露，而白垩系则分布十泛，油苗很多，目前已发现5处，从变质岩到白垩系各地层都有分布，已知较好的构造虎头崖，浮石滩，张眼山，下腰子等大个，其中在海石湾和虎头崖探井中已经有油流。

(2) 南部凹临带与北部凹临带，地面均为第三纪地层复盖，南部凹临带边缘有上侏罗系出露，根据　　　其基岩深度超过5000米，北部凹临较浅。

(3) 土敦——大靖

位于祁连山东段武威以东的古浪　　一带属于北祁连山加里东地槽带上一个山间盆地。沉积岩总厚达1000米以上，二迭、三迭系厚1500——2000米，为陆相砂岩页岩互层，侏罗系以上地层薄而且另星。在石炭纪地层中发现油苗之处，其有三处为沥青质灰岩或灰岩或灰岩晶洞中的沥青，两处为含油砂岩，一处含油页岩。

由于断裂的切割和基底的相对隆起，本区被划分为许多大小不等的盆地，土敦——大靖盆地最北西，已在其中找到两个由石炭系和二迭系新组成的背斜构造，往东乙正发现四个重力高，可能是潜伏构造之反映。

3. 成矿分析。布　东运动后祁连山的雏形已完，在侵蚀等作形成的山麓堆积，造成了下石炭纪最下部的老君山砾岩，形成后祁连山逐渐削平开始了，下石炭纪山部相当晚期的海侵并形灰岩，就在似没之祁连山南北及祁连山主体中较低处沉积，此后，祁连山区又发生扫皱，下石炭纪以后形成的祁连山再度经过侵蚀，以后沉积了中石岩系车虎流系和上石炭系太，中石炭纪的海水只淹到地槽的东部。在渡海地区形成了灰岩、砂岩、夹灣层灰岩及灰层，这些灰层很浅不能开采，但都了生油的条件，如土敦、大靖区石炭系灰岩晶洞中已沥青、沥青质页岩，及含油砂岩及页岩为古生代的找油指示方向。

上石岩纪太原统滨海含火山造，地槽处于海退化段中，上石炭纪以后又发生盐。运动才形成类似现在的祁连山，二迭纪时有陆相沉积在地盆在　　情况下有化系地层的生成，下二迭纪大黄

湖泊和上三迭纪 湘纪 可以开采的烟层和油贝岩三迭纪末祁连山地槽东部 ，又经了一次较剧烈的造山运动西部影响东部少些.

海西词皱以后，整个祁连山地槽已经硬化，三迭纪间地槽处于下陷在山前凹陷或小间盆地低凹处有沉积如西部西大沟系为间相泥滥沉积造造，主要为砂岩砾岩，形成的烟系和造油条件为水系冲刷破坏，东部称南营山系属湖相烟系，页岩组造，为很好的生烟产油的地层，烟系中夹有 矿层可以综合利用，在三迭纪地层沉积之后祁连山地槽又发生过造山运动在湖 地中有侏罗纪烟系地层沉积，烟系中不仅含烟，而烟层厚，普遍的含烟 有油页岩菱铁矿，铝土矿和耐土粘土，侏罗纪在盆地中厚度变化极大原因是盆地深浅不同或被后期的构造破坏使它不完整，一般含砾状砂岩厚度小的烟系泥岩和细砂岩规律强 烟层厚而且多.

侏罗纪末期祁连山地槽又发生一次较 剧烈的造山运动，此期造山运动产生了一些地堑和 盆地沉积有白垩纪湖相富沥青质岩层并有很好的 油层，如河口系属于湖相含油组造，白垩纪末仍有 运动产生很多盆地，沉积了第三纪红色层，为很好的供油层，到第三纪后期，喜马拉亚运动使祁连山地槽产生许多断裂有些地区的石油构造为断层所破坏如酒泉东部和民乐盆地受侵蚀失去找油意义，喜马拉亚山运动同时又使地层受迫挤产生小背斜往往为 产油的好构造.

目前情况看来祁连山地槽区的石油远景很大，从上古生代至新生代都有油层盆地系多为生油条件之环境除已采明有工业油流的地区外，目前找矿的远景以酒泉西部盆地民乐盆地地区虽未发现油苗，但其构造以及地层与酒泉西部盆地十分相似，也为今后有利的勘探地区．在地槽北部单斜带分布较广可以找寻类似白杨河油田的新油田，尤其是注意鼻状构造在单斜带中的产生．敦煌盆地，金塔花海子盆地与湘成盆地有类似之处，特别是因为同酒泉盆地仅一山之隔，亦准是具有含油远景区．祁连山间盆地的南部凹陷带，有第三纪和上侏罗纪出露岩层达 采，也有含油苗踪地区。

中国主要矿产及成矿规律

三、内生矿床

（一）黄铁矿型铜矿

1. 概述

祁连山黄铁矿型铜矿，地质时代相当于海西期地槽迴返前陆屑近造石灰岩近造及基性火山岩喷出岩，属于地槽早期喷发的细碧角斑岩系。矿生于大地槽褶皱山系内部构陷带，火山喷发作用属于地槽内部之构陷带中的深大断裂所致，火山带分佈集中在狭窄带强烈地壳初皱形成一系列下沉带有基性超基性和酸性侵入体所侵入，东西部有细长花岗岩，多在黄铁矿型铜矿附近，为形成铜铅锌的矿床母岩。铜铅锌矿都生在细长花岗岩—石英细长岩附近，特别是石英细长凝灰岩中，也有产在玄武玢岩安山玢岩辉绿岩和火山碎屑岩所构成的火山岩系中。若干大型矿床都产生在偏酸性的火山岩系中，在沉积岩大理岩千枚岩中也有发现。

火山岩系如现短轴背斜层轴部，火山熔岩中未见矿体，仅仅是石英角斑质凝灰岩是含矿的直接司岩。它是以矿液充填及交代的最主要对象细碧岩中偶见细脉状黄铜矿，石英角斑岩裂隙中也常见矿脉充填，火山岩系具有强烈分异现象，酸性及基性岩共生在一起，黄铁矿型铜矿生于酸性与基性火山岩分异剧烈的地段，距火山口甚近，如矿体是不透水层矿体直接生于石英角斑凝灰岩中或接触带，围岩有明显的蚀变现象，有特别明显的铁帽。黄铜矿床，除与黄铁矿共生外还单独成浸染状矿床，具极大的工业价值，矿体离喷出岩近，并直接交代凝灰岩。上下无不透层，上部无铁帽矿体状如块状围脉状及散漫状。

后生蚀变有绢云母化、绿泥石化、白云母化、矽化等为主，按矿化作用所分具有三个显著的金属矿带（1）含铜绿泥石带，（2）含铜矽化带，（3）含铜铅锌绿泥石矽化带。

2. 成矿分析：

祁连山大地槽，在中泥盆纪末期，火山活动非常剧烈，基性和酸性喷出岩，随同火山灰所带出的铁、硫元素沉积于海底，造成了铁矿，祁连山白银厂火山岩系地层。祁连山大地槽在泥盆纪受了早期海西运动的影响，即开始上升产生了剧烈的褶皱和断裂，这时地壳深部的岩浆就开始向褶皱带轴部及裂隙带侵入，造成褶皱带轴部的早期花岗岩侵入体，同时一部份铜铁矿液也开始向白银厂火山岩系内富集，形成了白银厂式黄铁矿型铜矿。现主要褶皱山脉的高山两侧都有白银厂火山岩系地层出露，此种矿床与细碧角斑岩系有空间上关系，而自成群出现。在苏联乌拉尔已屡试不假。即在我国祁连山除工业矿床外还找到许多相似矿化点，一般分布在祁连山地槽中，最近在野牛沟发现巨大矿化点更证明了此一点。因此继续在祁连山找寻此类铜矿还有极大的希望。

(二) 铁矿：

铁山式下古生代条带状镜铁矿变铁矿矿床一般是含有碧玉条带的轻微变质条带状铁矿，有时与含锰或锰铁矿层相伴生，常生于枚岩中，有时生于不同的结晶片岩与大理岩中，大致属于地槽中条带状碧玉质沉积铁矿，有时变质后又受到一些热液的影响。

祁连山西部发现此类型规模巨大矿体，东部有八处类似矿床规模很小，生于薄层石灰岩中，位于砂质千枚岩夹细碧玢岩及凝灰岩中矿物为镜铁矿变铁矿少量的黄铁矿及褐铁矿。

镜铁山式铁矿床中寒武地层，这种地层分布，目前已经确知道的地区有玉门昌马、肃南白泉、天祝在浪河（以上属于北祁连山）及南祁连山的欧龙布里克等地。特别是在北祁连山区有更广泛的发育，北坡的寒武系属地槽但西南坡则属陆台型。

(三) 铅锌矿

在晚期海西运动同时，地壳深部的岩浆相当活跃，一部仍沿褶皱山脉的轴部侵入，而大部分则沿大地槽的两侧大裂隙带侵入，

中国主要矿产及成矿规律

故祁连山大地槽的两侧，有大片的花岗岩及花岗斑岩侵入体存在，随同花岗岩上升的铅锌矿矿液，即侵入于祁连山两侧石炭纪或泥盆纪地层，形成了祁连山的铅锌矿带。如地槽的背斜带和宇袤山地区深成断裂，多成北西西向，在此方向上曾发现了铅锌矿好几处，为祁连山有远景的铅锌矿带。

早期燕山运动之后，地槽两侧及其轴部，又广泛侵入了灰白色及肉红色花岗岩，一部分铜铅锌矿液亦随之侵入于祁连山主要山脉两侧的石灰砂岩及火山岩系的裂隙中，因此在白银厂火山岩系及一部硬砂岩系内，可以找到含铜铅锌石英脉及萤石矿脉，同时在祁连山大地槽的北侧，花岗岩侵入更为广泛，含铜铅锌石英脉也是屡见不鲜，与祁连山大地槽北部的裂隙带密切有关的。

附： 祁连山地槽内主要矿产及其时代

地质时代及火成岩	外生矿产	内生矿产	附註
Tr、Mz、Pz$_2$	煤、石油、油页岩		
Mz、Pz$_2$	石膏及盐类		
Pz$_1$(Cm.)	磷灰石、MnFe土		
Mz 侵入岩		Fe、Pb、Zn	
燕山早期多性岩		含Cu、Pb、Zn	
		萤石	
海西期火成岩		黄Fe矿型Cu矿	
		Cu、Pb、Zn、黄Cu矿	
		Fe帽	
PC 多性岩		Pb、Zn矿	
Pz$_1$ 火山岩		黄Fe矿型Cu矿	
超基性岩		镍Fe矿、CrFe矿	

附：柴达木盆地

一、概述

1. 大地构造特征：

柴达木盆地是一个大型的山间凹陷，构成位于阿尔金山、祁连山和昆仑山的山间盆地。盆地因此略为地檎复，可以在盆地边缘高山所见到的岩层皆为变质岩系，一般都是古生界地层经过褶皱变质的，如北缘都承南山系地层。盆地中间全为砂砾所覆盖。

从盆地中所暴露的地层观察，大抵柴达木盆地地块，自元古界结晶基础形成后就已经稳定。震旦系主要是陆屑建造。寒武纪与奥陶纪时，下陷为海洋与华北大海相联贯。奥陶纪末期，柴达木地块上升，在加里东或海西初期运动时略有____。石炭纪初期，又复下降，在整个石炭纪及二迭纪期间，都是处于海陆升降频繁阶段。海西末期运动柴达木盆地还受到影响，地盘上升海水退出。

在侏罗纪前期的造山运动期间，柴达木地块相对下陷，形成陆盆地部有侏罗纪煤系地层沉积，以微沉陷愈深，速度越大，致沉积的煤系及第三系的陆相建造，厚达5000公尺。后再受到各期造山运动影响，盆地中所沉积的各期地层，略有褶皱，产生很多扁平背斜构造，为石油等矿产的良好产地。

2. 矿产及分布：

柴达木矿产丰富，主要的有石油、食盐、硫、钾矿、煤、铅锌、金、铜铁、锡等。

石油：于柴达木中央隆起带西部，已探见的有红柳泉、油砂山、油泉子及大半山等处。在祁连山凹陷区马海已喷油，柴达木的专油层系侏罗白垩纪，储油层系第三系岩层。

食盐是柴达木盆地最丰富的产物，每一湖沼都可取盐，土法一人一天可取出食盐三千斤，察汗湖十九公里的公路，便是食盐堆成的，据估计柴达木大的储量在5000佰吨以上，可供全国大亿人口食用130000多年。

铅锌矿发现于柴达木断裂带内，矿产丰富，这是在全国不可多得的矿。

煤产于侏罗系地层内盆地中即为砂砾所复盖，于盆地周围多处有露出，煤质虽不甚佳，但柴达木燃料缺乏，亦属可贵。

二、外生矿产：

(一)石油和油气：

1、概述：

柴达木盆地是重要的油田区，在盆地的范围里有巨厚的中生生代与新生代的碎屑岩沉积，由于运动而形成了最理想的含油构造，含油层一般集中在第三纪中新统和渐新统地层中，现在已进行石油勘察，尚未开采。根据柴达木石油地质研究队黄汝昌对柴达木盆地西部含油的远景评价介绍于下：

小第三纪主要含储油层层位：1957年的研究，首先在冷湖区靠近盆地边缘如油泉山狮子沟一带可能有三个储油层，第一组储油层是在中新统底部和渐新统上部，靠近粘土石灰岩的附近，储油层总厚270公尺，第二组可能的储油层是在P_2^3底部，靠近第二组石灰岩附近，第一组可能的储油层是在第三纪地层底部不整合面以上。其次靠近阿尔金山边缘第三纪地层底部可能有一组储油层。第三在冷湖3—4号构造可能有两组油层：第一组油层是在中新统(N1)底部地层中可能有一组储油层，沉积环境稳定，砂岩分布广，厚度2—3米，颗粒分选较好，是柴达木盆地第三纪最好的储油层。

总之，柴达木盆地西部冷湖地区，储油层主要是在中新统和渐新统，而盆地东部马海一带，储油层主要是在上新统。

(二)从第三纪岩相变化特征推论含油有利地带：

①碎屑岩带：靠近洪积扇的前缘含量最高的"砂岩带"是寻找层状油页比较最有希望的地带。如油砂山狮子沟一带冷湖3—4号构造，马海一带，咸水泉江河子及小梁山一带，红三旱工号及尖顶山、黑梁子一带等。

②石灰岩带：分布在砂岸带的范围包括油泉子、茫崖等构造，油泉子构造断层发育有裂隙性油页分布在构造轴中含油面积2145公里，埋藏深度200—700米。

③石膏岩盐带：分布在盆地最中心包括开特米里克盐山土林河油墩子凤凰台及黄瓜梁等构造。也是裂隙性油页。

(3) 从第三纪构造发展史推论盆地含油的有利地带：

隆起较高的和较早构造都比较有利于油气的聚集。则盆地中块隆起带对储油构为有利

今把柴达木盆地有利地带作如下的分级和分区：

含油远景分级	构造带	油页类型	伍油页的层位
一级含油有利地区	(1) 油矿山、狮子沟一带	以层状油页为主	第三纪中新统和渐新统有三组伍油页
	(2) 冷湖3—4号构造	以层状油页为主	第三纪中新统和渐新统有二组伍油页 侏罗纪可能有一组伍油页
	(3) 马海一带	以层状油页为主	第三纪上新统N_2^3有一组储油层
	(4) 咸水泉、江河子及小渠山一带	以层状油页为主	第三纪底P可能有一组伍油页
二级含油有利地区	(1) 茫崖区	以裂隙性油页为主	油页层位不是受地层、岩性控制，而是受构造断裂及地下水的控制

中国主要矿产及成矿规律 ~257~

三级含油有利地区	(1)阿尔金山前红三旱次顶山及黑梁子一带	(1)以块状油气为主 (2)可能也有裂隙性油气	块状油气的位置是在第三纪底部
四级含油有利地区	大风山区	以裂隙性油气为主	
含油远景不大地区	甘森区、德令卡区		

2. 成矿分析：

关于柴达木盆地的生油及主要油泥区的问题，杨少华根据柴达木盆地的地质构造和岩相变化情况总结出盆地区生油沉积的几点规律：

(1)各时期的生油沉积多与各时期的凹陷有关。综合盆地内各时期的生油沉积的分布，在盆地内共形成三个主要油泥区：一是渐新世至中新世时期形成的昆仑山山前凹陷主要油泥区；一是可能在台吉乃尔一达布逊湖凹陷带，在新第三纪形成的主要油泥区。

(2)适于生油的沉积，主要是那些富含有机质的以泥质岩为主的沉积，在盆地内的中新生代生油沉积往往表现有和含火沉积及含盐沉积的一定关系。

(3)盆地内生油沉积和一个湖盆地的发展史也是密切关系的。如中新世时期，盆地西部主要油泥区与盐湖沉积的范围有密切关系。

参考文献目录

1. 祁连山东部火山岩系中的金属矿床　　地质论评 19卷 3期 1.
2. 对北祁连山火山岩系的一些认识　　地质科学 1959 5期
3. 胡志民等　祁连山黄铁矿型铜矿及其勘探　地质评论18卷1期

4. 祁连山硫化矿床中镁钾铁 的初步研究　　地质科学1957.5期
5. 祁连山东南部三迭纪和侏罗纪地质划分
　　　　　　　　　　　　　地质学报　第39卷．第一期
6. 内生矿床成矿预测 的编制　地质科学　59．1．
7. 戈亦南　鸭儿子夹油田地质情况　石油勘探．59．5．10期
8. 黄弟潘　钱扶危　祁连山东北麓的含油远景评价
　　　　　　　　　　　　　石油勘探．59．5．10期
9. 十年来中国石油地质　　石油勘探　19．20期
10. 十年来甘肃西部的石油地质勘探成果　石油勘探20期59．
11. 严济南　祁连山成矿规律的初步看法　地质知识．12．56．
12. 辛广磊等　祁连山的下古生代地质．地质科学　59．4．
13. 宋叔和1955祁连山一带黄铁矿型铜矿的特征与成矿规律．
　　　　　地质学报第35卷1期22．
14. 叶连俊．关士聪　甘肃中部地质志　1944年12月地质专报
　　　　　　　　　　　　　　　甲种第十九号
15. 对酒泉盆地东盆地地质与地球物理勘探成果综合分析的一些体会
　　　　　　　　石油勘探　玉门石油管理局
　　　　　　　　59．5．10期
16. 钱竞阳译　张守信校　1959．9
　　塔里木地块　地质集刊第四期
17. 钱竞阳译　张守信校　1959．9
　　昆仑山和喀喇昆仑山在地质构造上的主要特征　地质集刊第四期
18. 常隆庆　1959．8月　中国地质学讲义
19. 高俊杰　塔里木地面北块下寒武纪磷矿及远景预测
　　　　　1959年地质月刊第一期
20. 中国科学院地质研究所
　　大地构造纲要

昆仑地槽和艾北地块及塔里木地块

一、概述

（一）大地构造特征：

昆仑地槽原：中国西北部地槽区的一部分，艾北地块和塔里木地块是和它们紧紧相联的两个地块。

昆仑地槽北界东段与柴达木相接，西段与塔里木相接，南至玉树与喀拉昆仑相接，西与阿尔金山相邻。喀拉昆仑地槽位于西艾中部，在昆仑山之南，冈底斯山之北，澜沧江之西，包括唐古拉山和念青唐古拉山，在念青唐古拉山以北就是艾北地块。塔里木地块在昆仑山地槽北西紧紧相邻。

昆仑山是中国古生代地槽中的典型地槽之一。

下古生代岩系构成了全型褶皱，兴海南地背斜为二古生代平缓石炭系及火山岩系组成，并在此地有大量花岗岩侵入，在古生代末，昆仑地槽已经固返上升陷地褶皱。到中生代时受到剥蚀而地势变得低平，但到中生代中期及新生代，由于断块作用上升成高大山系，同时相应也成了库木库里盆地。

艾北地块是喜马拉雅及　　之间的稳定地块区。

西部为地背斜性质，受到的变动较强，主要表现在大量火成岩侵入。台块本身在中生代强烈下沉，南部有形成辛地槽的趋势。西艾台块边缘主要受NEE及NWW向大型断裂组控制，因而外形成菱形，西端断裂强，活动性大，沉积厚，中生部分成均质陷和喀拉昆仑构陷。中部有三迭纪红层及侏罗纪类复理式边造（3000）浅海相。

塔里木地块是中国西部也是中亚最大的地块。周围高山流下来的水口水形成许多的溪流，但这些水流没进入盆地内部，一到边缘便浸入沙漠中了。盆地中大部份为流沙。

塔里木地块较塔里木盆地大，它包括了现在的天山和昆崙山山前地带的一些地区。

根据构造的不同，塔里木地块可分为四个区域：

(1)北部的库东凹陷，包括柯平山区，(2)中部的马衣哈兹兰隆起，(3)南部的田尔羌凹陷，包括铁吉里克山地，(4)东北部的库鲁克山地。

(三) 矿产分布及其成矿规律：

我国西北地区由于解放前地质工作作得不够，几乎可以说没有进行研究，所以资料很少，因此对於此的矿产情况也不很清楚，解放后虽曾初步的研究，但仍然还是了解不多，现在仅将已获资料综合於下：

昆崙山地根据现在了解有多金属矿，稀有金属矿（主要为锡矿）金矿，及非金属矿，水晶和软玉。

塔里木地块有：磷、石油、灯、铁，多金属及含铜砂岩。昆崙山褶多金属矿产分布於塔里木边缘古生代的拗陷内，稀有金属多佈於两昆崙海西复背斜的轴部。

喀喇昆崙地块有灯·铁在侏罗纪地层中，本区侏罗纪地层广泛分布，内生的矿产一般生在喀喇昆崙山系的地背斜地带古老变质岩系中。

艾北地块矿产主要有硼砂·盐类及盐层，另外 Fe, Cu, Pb, Zn, 石电石英还可能有 Cr, Ni, 石油等矿产。

盐矿产主要分布在地块的湖泊中，金属矿及压电石英分布在地块边缘断裂带火成岩区。

地块上有很多内陆湖，中生代和第三纪形成内陆凹陷，而鸟丽上古生代和三迭纪·侏罗纪也都形成凹陷带，这些都是对形成盐类矿床很有利的地区，另外此区岩浆活动也可能带来一些矿物如上述的 Fe, Cu, Pb, Zn压电石英岩，因为本区火山岩分布也遍

中国主要矿产及成矿规律 ~26~

到处都可遇到流纹岩、石英安山岩、安山岩流，夹生白垩纪砂岩中，盖于红色砂岩之上，石灰系中酸性火成岩，第四纪及近代中酸性火成岩（分布于西北边缘）均与断裂有关。在深成岩方面，以花岗岩为主，其它类型则以岩脉、小岩体出现。李汉李将岩浆作用分为三期：海西期、燕山期、喜马拉雅期。

北部古生代花岗岩多，南部中生代花岗岩多，喜马拉雅地槽有大量超基性岩及基性岩。

二、矿产

(一)崑崙地槽的矿产：

1. 外生矿产

(1)砂金：是崑崙山广泛佈的金矿风化的产物，在沿着穿过下古生代的变质岩层和砂质岩系的河谷可以找到。

2. 内生矿产：

多金属矿产：多金属矿产在本区形成一个矿带。时代是古生代或更老一些形成的以锡矿为主，位于西崑崙海西褶皱轴部，这里分布有最大的上古生代花岗岩体，现在已知有许多锡砂矿和一些不大的矿点，矿床是石英质锡石型的，我们知道这种类型不能产生优良的原生矿床，但都有助于形成这砂矿。

3. 其它：

在西崑崙海西复背斜的稀有金属矿带内还发现有黑钨矿和绿柱石，另外，非金属矿床方面已知的有水银和软玉，同样也有找到金刚石的可能。

(二)艾北地块矿产：

1. 外生矿产：

(1)硼砂、盐类及盐层矿床：在第四纪干涸的湖中沉积

(2)煤：中生代（安东、买马）及二迭纪（乌丽）地层中，特别以乌丽地区二迭纪的煤矿最有远景。

~262~ 中国主要矿产及成矿规律

(3) 在晚古至中生代凹陷带内富含有机质海相灰岩且构造平缓，对于寻找石油很有希望。

2. 内生矿产：

(1) 铁、铜、铅、锌、及压电石英：分布在地块边家断裂带。

(2) 地块南缘及东缘的断裂发育的超基性岩与基性岩中，可能有 Cr、Ni 矿的存在。

(三) 塔里木地块矿产：

塔里木地块最主要的矿产多集中在边缘部分，特别在旁近天山的地带。

1. 外生矿产：

(1) 磷矿

甲 磷矿分布：塔里木地块区已发现的磷矿，主要为下寒武系层状磷矿与结核状磷矿，其次有志留、泥盆纪的介类 磷酸盐化砂岩，目前看来，后者价值不大，前者都可成为新疆的需磷肥的主要来源。

现在已知 下寒武纪磷矿在库鲁克塔格东段，即乌地一辛格尔一带，其中以西大山与富硒塔格二矿已进行工作较多，并已得出了数十万吨磷块岩矿量。辛格尔以东也有全层磷矿出露，但厚度一般很薄，在柯坪塔格东段磷矿分布面积达2000多平方公里，经过半年工作证明，已证实阿克苏一阿瓦一乌什间是一个有远景的含磷矿区域，其中沙岩里克磷矿，苏盖特布拉克磷矿，咯拉写隆塔格磷矿与乌什南山磷矿都是有价值的，多处可以进行工业开采。

(2) 构造位置：库鲁克塔格与柯坪塔格均位于塔里木地块北缘，天山 褶皱之南，两山隔阿克苏一库尔勒坳陷（阿尔塔斯明）相峙立，各占据地块北边角（楔形构造）之一侧。两山均为倾伏与半短轴背斜，扬起向斜及逆冲层组成。最浅是处在相同的构造单位，就目前资料分析有二种可能：①塔里木内部与南山有近于相同的沉积，属某统一的构造体，在古生代末北缘方即过天山地槽的上升而降起，形成库鲁克塔格与柯坪塔格，这样下寒武纪磷质主要来源于天山古陆。

塔里木内部没有震旦纪—寒武纪沉积，而为当时的古陆，那么库鲁克塔格—柯坪塔格就构成了震旦—寒武纪的狭长拗陷带，这样磷矿就可能来自南北两古陆，而不局限于天山。两种推测究竟那个正确，须待对塔里木盆地进行系统的探或钻探才能加以确定。

(四)磷矿特征：在西库鲁克塔格只发现一层厚度0.2—0.5公尺磷矿层，底板为泥质灰岩或硅质灰岩，顶板为安山岩或燧石层与炭质页岩，矿石以黑色或灰色层状磷块岩为主，其品位较高，结核磷块岩次之，伴生矿物主要为铀钒矿。

柯坪塔格有2—6层磷矿层，各层发育不同，大多数以下层及中层为好，最大厚度2公尺，一般0.3—1公尺，围岩以燧石层炭质页岩、粘土页岩与硅质页岩为主，与铀钒矿、重晶石及铁质层伴生。上面二层镁钙磷磷块岩很不稳定，黑色及灰色层状磷灰岩与结核，磷块岩同等重要。

在沙衣里克矿区二者床同等地位，莎盘塔南山以结核状磷矿为主，北山亦有层状磷块岩。喀拉穹窿塔田格主要为层状磷块岩，而乌什磷矿则主要由间砾状钙磷块岩组成，总之该区计有层状磷块岩，含磷结核燧石层与页岩，结核粒状磷块岩，间砾状钙磷块岩，沙质磷块岩。

两大山与穹窿塔格二矿区合计远景储量50万吨，粗略估计西库鲁克塔格远景储量可达3000万吨左右。

(五)区域远景预测与找矿标志：

区域远景预测：目前工作刚展开，目前发现的磷矿只限于西库鲁克塔格与柯坪地东段，而寒武纪地层在东库鲁克塔格与柯坪塔格西段都有出露，谢林当在罗布泊以北找到燧石层，但他当时错误的部划入了上寒武系。据前述对大地构造单位的分析看，整个库鲁克塔格与柯坪塔格都是找寻同类型矽矿的远景地区，因为它北面有天山古陆，显然若在天山南坡带去找同类型的矽矿是不必要的，因为那里当时是较年轻的大陆。由于对阿尔金山及西昆仑山研究的太少，目前还很难预测有没有矽矿分布。据资料反映，这里有寒武纪地层，倘若如此，也可以作今后找寻同类型矽矿的有希望的地区。

找矿标志：

地层：位于震旦纪绿色碎屑岩和变质岩之上，下寒武纪海侵建造底部，以及未变质的薄层碳酸岩建造下部。

构造：塔里木地块与古生代褶皱带之间的隆起构造单位，含矽层所处的构造为比较简单的过渡型构造。

岩石：下寒武系的黑色燧石层与硅质层是绝妙的找矿标志，有时夹有炭质页岩或粘土页岩。

矿物：与矽块岩经常伴生的有铀钒矿，风化后呈绿色及黄绿色，易引人注目。其次有结核状或层状沉积重晶、铁质层等。

地貌：由于岩性不同，在库鲁克塔名矽矿经常位于下窪地或侵蚀形成的背斜谷中，在柯坪诺格则较多存在于白云岩、大山的陡壁上，含矽层半形成水斜坡，有时也位于山间的缓谷山，但绝不生在平地。

2. 石油：

在塔里木地块北缘，那些年青含铜砂岩广泛发育的拗陷中，也有油气聚集，这些拗陷中的含油显示，在现为三纪和第三纪凝结不紧的厚层砂岩，粘土和泥灰岩所组成的拗陷背斜中，在成因方面这些皱是裂陷构造，在覆层沉积盖层上反映出来次的

中国主要矿产及成矿规律

状位移。搓折横斜破黄交错的断裂，特别是被那些傍依天山古生代岩体中的许多断裂弄得复杂化了，而且古生代的岩体又是受侵蚀最利害的。山前地带的内带褶皱在构造上的这些特点都说明了所有的已知的流入地表的石油就是蕴芷在这里的。

山前地带的外带褶皱，在喀什噶东矿区是明岑水褶皱，车库东外区是伊什塔林褶皱，这里没有大的窄逼构造的断裂，并且因褶皱形成不久，所以侵蚀也很微弱。这些褶皱对储油来说是最有利的构造。

另外，独子山统和库东统一样的成高穹构造和背斜构造，在天山南缘是觅油的对象。

油页岩：油页岩在二迭采上部，有若干公尺厚，分布在乌鲁木齐附近之妖魔山，东至阜康，长约100公里，有开采价值。

(3)炔：库东盆地在侏罗纪时沉积了很厚的灰色砂岩、砂岩、泥板岩和含炔层，化石有 Coniopteris hymenphyoides, Gekanowlcia 等。炔层不是和侏罗纪所有的剖面上都有出现，只安集中在上里阿斯统和下道格统的岩系中。全时最富的炔层是在与古生代交界的侏罗纪地层中，这里含炔岩系有8层可采炔层。离山地越远炔层的数量与厚度也渐减。盆地北缘侏罗纪炔系的露头线近200公里，在盆地中心的白垩纪和第三纪沉积之下，含侏罗纪地层延伸多远现在还不知道，如果说库东盆地含炔沉积带的宽度按20公里计算，那么炔田的面积应为4000平方公里，储量可达数十亿吨，一般说库东炔田的炔是灰分少，但炼焦性不良。

(4)铁：在侏罗采西湾采中，炔层上面有黄铁矿的沉积，同时还有赤铁矿和褐铁矿沉积，分布在绥定、乌苏、乌鲁木齐和库来宿一带。

(5)其它：第三记中有岩盐和石膏矿床。

2．内生矿产：

~266~　　中国主要矿产及成矿规律

(1) 多金属矿产：

多金属矿都产于古生代地层中，分布于柯坪山群库鲁克塔格和铁克里克塔格等地区。

柯坪山群多金属矿区包括十个以上的矿区，多半在奥依哈尔拉隆起地段，邻近天山活动带，分割着这一地段的断裂(paxotbi)促使活泼的金属化合物由深处进入地表而聚集在沉积盖层构造裂隙中。这一地区矿层的矿化现象是小型矿脉，矿巢和细脉浸染带的矿体，这些矿体生于靠近大断裂的寒武系和奥陶系，有裂隙的灰岩中。柯坪地区主要的矿物的共生组合是铅和铜，它们有时共生有时不共生，其次的共生矿物是铜和锌。主要的锌元素，只存在于柯古客塔格矿床中。柯坪矿区多金属矿床一般是 位低、储量不大。因此它们主要的工业开采对象。柯坪矿区仿佛是北哈什盖尔广阔多金属带的南界，这个多金属带延伸到天山和其与塔里木地块邻近的边缘。位于天山境内的这个多金属矿带的北翼主要以铅矿为主和   位较高为特征。

柯坪地区除多金属矿化现象外，还有康奈康和吉康两个巨大的硫矿床，呈脉状和 状矿体，生于奥陶纪的石灰岩和砬枝岩中。

库鲁克塔格矿区的地质研究不很详细，目前只知道两个铅锌矿床，怡皮山矿床，产生震旦纪的硬砂岩和灰质页岩中，另一个是阿尔特桐什布拉克矿床，产于多布泊北山寒武奥陶系石灰岩中。

库鲁克塔格与柯坪地区在地质发育条件上和矿化特征上的相似性，可以允许我们说库鲁克塔格这矿区和柯坪矿区是相似的成矿区。

多金属矿化的地区最后还有铁克里克山块，这里我们现在只知道有一个铅锌矿床——良加尔奥特拉凯尔矿床，这是一组交切震旦纪结晶片岩的方铅矿和闪锌矿的细脉。

中国主要矿产及成矿规律

含铜砂岩：含铜砂岩床中新生代分布在喀什噶尔和库车等地区。

含铜砂岩床生于天山山麓的年轻拗陷中。根据这些被奥汞哈哈尔隆起的柯坪山群分隔的拗陷的轮廓看来，北喀什噶尔含铜砂岩带可分喀什噶尔和库车两个矿区。每一个矿区都蕴藏着数十个矿床。喀什噶尔最大的矿床有恐康迎古兹阿克妲，康绪干；库车矿区最出名的矿床有础尔采、翁巴什、梅斯康。过去对许多含铜砂岩矿床已进行过开采。

在个别的一些矿区，含铜砂岩的含矿层与其他岩层趋合，所以只有对比各不同矿床的剖面才能了解它们含矿层位置。含铜砂岩在上白垩系地层、老第三系岩系和新第三系的下部岩层中都可以看到。这些矿床的矿化现象与围岩的岩性和构造特点的关系是比较难确定的。含矿层沿断裂分布的位置，说明含矿物质是深处来源。可能这些含矿物质是沿着断裂进入沉积地带而被包含在盆地的沉积物中。

含铜砂岩的金属矿物主要是孔雀石，偶有兰铜矿、赤铜矿、自然铜、辉铜矿、斑铜矿。矿化作用包括很大面积，但是很分散。根据现在的开采条件可供开采的金属集聚的地段，一般说是不大的。

附：崑崙山地槽、艾北地块及塔里木块块主要矿产及其時代

地质时代及火成岩	外生矿产	内生矿产	附註
Q	硼砂、盐类		
Tv	石膏、盐类		
Tv Cr	含Cu砂岩及石油		
Kz、Mz	含Cu砂岩		
Mz	石油		
MzP	煤		
J	煤、Fe		
D.S.Cm	磷块岩		
O.Cm.Sn	Pb、Zn		
Pz变質岩	砂Au		
Pz花岗岩		Sn、多金屬矿稀有元素	
超基性岩		Cr、Ni	

秦岭地槽区

一、概述：

(一) 大地构造和分区：

本区属于古生代地槽中的秦岭地槽区，即为中国大地构造纲要一书中的秦岭正地槽等（秦岭褶皱带）。

秦岭地槽位于我国中部，包括大部分秦岭山脉及大巴山北缘紫阳、岚皋、镇坪一线以北地区，东界豫西内乡江，在西部与柘肯山和阿尼马乡山（积石山）相接。在构造上，东部与北部和华北台块以大断裂相接，南与大巴山过渡带相邻，向西与东崑崙地槽的关系，从地形和山势看来，可能是相连的。

按地质发展历史及构造特征，可以把秦岭地槽划分为三个构造带：

(1) 北秦岭加里东地槽（北秦岭槽背斜）

沉积了栎水系及秦岭系，以大断裂分割可将此分为五个褶皱带：

① 终南山中部构造——岩相亚带： 沉积巨厚为沉积岩和火山岩系发育，火山岩以基性的为主，并有酸性岩体，基性和超基性的侵入岩，深大断裂分布。

② 终南山北部构造——岩相亚带： 由海相陆源碎屑物质组成，有古生代的侵入花岗岩侵入西部。

③ 终南山南部构造——岩相亚带： 由复理式建造组成，东边为变质较深的云母质石英片岩。

④ 太伯区构造——岩相亚带： 由石灰岩及泥灰岩组成，其中夹火势的陆泥海相碎屑，有花岗岩体侵入。

⑤ 鄂岱构造——岩相亚带： 主要由含有机质的灰黑理式建

造组成。

从以上岩性的分布表明，在地槽的早期，生于拗陷结果，形成了海相碎屑岩，顺断裂发生了强烈的海底火山喷发，其后中部隆起，并伴随基性、超基性及中、酸性的岩浆侵入，与此同时在两旁形成了新的拗陷，其中堆积了巨厚的复理式建造，在太白区形成稳定的沉积，可作为磷矿形成之区，在鄠鄂区则发生了强烈的下降。在整个北秦岭地槽迴返时，有巨大的花岗岩体形成，在晚期则有基性岩墙和碱性花岗岩小岩体侵入。

(2) 南秦岭加里东地槽（南秦岭槽背斜）

主要由下部古生代变质岩系组成，具明显的分段性。
东西两端相似，以基性侵入体为主，中部变质较深，大量的酸性侵入体，分布在弧形构造的顶部。

(3) 中秦岭海西地槽（中秦岭槽向斜）

加里东时期为——地背斜带，东部有 Sn、Cm、O、S 沉积，往西沉积厚度渐减，S 缺失，主要是地台型的碳酸盐建造。

① 西部海西地槽：

A、北部莲花山构造——岩相亚带：D_3、C_3、P、T_{2-3} 岩层组成，并有花岗岩体侵入。

B、中部梅鹿山构造——岩相亚带：主要由 D_2、D_3、C_1、C_2 的复理式建造组成，有花岗岩体侵入。

C、南部大美山构造——岩相亚带：由 D_2、C_2、C_1 及 P_1 的碳酸盐类地层组成。

② 中部海西地槽：

主要由变质岩系组成，在构造带内有变质的闪长岩，变质花岗岩及花岗岩类侵入体。

中国主要矿产及成矿规律 ~271~

③东部海西地槽：

A、东部东高构造——岩相亚横：主要由D碳酸盐建造和类复理式建造组成。

B、中部镇缓构造——岩相亚带：由D、C地层组成。

C、南部上莱坪构造——岩相亚带：由D、C的复理式建造组成，有轻微的区域变质现象。

从以上沉积情况可知，中泰岭海西地槽区内堆状了厚达8000～9000m的巨厚冒地槽型沉积，经海西运动之后褶皱迴返成山。地槽早期，加里东褶皱海带的边缘，堆积了厚武沉积建造，在地槽中央沉降浮深。

海西运动初幕发育，使大部份地区经此运动后隆起，末运动三后，本区转为频繁的升降运动。

东部地区在部末期结束了地槽的发育，而西部地槽发育在T_2末期结束。

④武当山诗斜带：

A、下构造层：由前Sn的变顶火山岩系及云母石英片岩，云母片岩组成，含鞍山式铁状。

B、上构造层：由Sn、Cm、O、S地层组成。

(二)、矿产分布后成矿规律的分析：

本区矿产非常丰富，但因目前在此区所进行的工作还不深入，因而在本区所发现的巨大矿床区较火，对具有工业价值的矿床的研究更少，只能根据若干矿点的分布情况，对本区的成矿规律进行初步的分析：

根据现有的资料统计：

外生矿产——以火、铁为主

内生矿产——以铁、铜、铅、锌为主

根据已知矿点，结合本区的地质发展情况，初步可确定本区的矿产分布规律：

（1）加里东时期：北秦岭地槽在下部古生代初期就形成，并有海底基性火山岩的喷发，形成Cr、Ti、Cu和铂等矿床。

较晚有中、基性责发岩形成，随之而来的基性和超基性岩浸入，形成有关的镍矿，不排与火山岩有关的细脉浸染型铜矿床形成，与酸性岩活动有关的有色金属、稀有金属、贵重金属等成矿的有利地带。

南秦岭晚于北秦岭形成，中期有花岗岩基侵入，在志留纪时有海底基性火山喷发，以后渐变为中基性火山喷发，附近有锰矿沉积，并形成与此有关的细脉浸染型铜矿床，在白龙江系中有灰沉积，与基性岩浆动有关的铬、铁矿及石棉。

（2）海西期：地槽返回活动性很强烈，花岗岩体大界的侵入，在褶皱的岩层中形成了侵染型和脉网型的W、Sn、Bi、Mo、Cu、Pb、Zn等矿床。

在C、P时，本区褶皱坳陷，形成内陆拗陷，岩浆活动又引起变质作用强烈，所以在盆地之中堆积了含灰岩层层，形成华亭弹灰系、亮池奔灰系，龙家海灰系，及东平灰系。

（3）燕山期：燕山期岩浆活动已大大减弱，这时形成许多内陆拗陷，如徽成、陇中、二阳湖和郎木等内陆拗陷，在拗陷内充填含灰碎屑岩沉造，形成了灰质优良，具有很大工业价值的海泉灰系。

（4）喜马拉雅期：形成一系列的第三纪内陆拗陷，盆地中堆积了红色砾岩、砂岩及粘土，在这些红色盆地之中有很多有价值的非金属矿床，如石膏、食盐、硝及硫磺。

从以上分布看来，秦岭地槽可以总结为三个成矿带：

(1) 北秦岭金属成矿带：

① 中部成矿区：有与次生石英岩有关的细脉浸染型 Cu 矿床，与基性岩和超基性岩有关的 Cu、Ni、Cr、P 等矿床，与细碧岩有关的含 Cu 黄铁矿型矿床等。

② 北部成矿区：有与岩质片岩系有关的钒、铜矿床。

③ 南部成矿区：有与花岗岩类接触带内的矽卡岩型铜铁矿床，及其附近的热液脉状型赤铁——镜铁矿床。

此外，在太白区还有与大理岩和副角闪岩有关的磷矿床(?)，与花岗岩、片麻岩有关的接触型铁矿床以及与变质砂长岩有关的铜、镍矿床。

与北侧大断裂带有关的脉状铅、锌矿床，以及与内部和边缘小断裂带有关的铜铅锌矿床亦应予以注意。

本成矿带内还有与上古生代和中古生代内陆断陷有关的汞矿床。

(2) 南秦岭金属成矿带：

本带主要有：与志留火山喷发岩有关的铜矿床，与基性和超基性岩有关的铜、镍及铬矿床和石棉矿床，与火山岩造贵切相关的有沉积锰矿床。在褶皱背斜边缘的断裂中常有脉状铅锌矿床。与志留地层有关的是劣质石灰变质的石墨矿床。

(3) 中秦岭金属成矿带：约可分为几个成矿区：

① 与花岗岩类接触带有关的矽卡岩型钼、W、Cu 和 Pb、Zn 矿床，以及与 C、P 地层有关的 Al 矿床。

② 有与花岗岩类接触带有关的矽卡岩型铜矿床及Pb、Zn、W和Mo矿床。

③ 有与断裂有关的低温热液脉状及浸染型汞矿、锑、砷、重晶石矿床。

④ 有与花岗岩类和灰岩接触带有关的矽卡岩型铜铁矿床。

⑤ 与北部深断裂带有关的基性和超基性岩侵入体中的Cr、Cu、Ni矿，以及与小断裂带有关的热液脉状型铜矿床，与寒武纪地台磷质地层有关的铜、钒等矿床。

⑥ 有花岗岩类接触带中有的矽卡岩型铁矿床，和以铜为主的多金属矿床。

⑦ 汞、锑、砷低温热液矿带：在地槽回返以后，中新生代形成了许多北东向及北西向的内陆拗陷，在其中堆积了侏罗纪的丸象及Al土矿和粘土矿床。在第三纪地层中也有Al土矿及粘土页岩矿床。

根据地层、构造、岩浆岩与矿产形成的关系，又可得成本区矿产的分布规律：

(1) 与一定地层有关的矿产：

① 太古界 —— 有铀、钍、金、砂锡、铁、镍、云母、蝗石等矿种，以铀、钍、金为重要。

② 元古界 —— 有铁、锰、钼、钒、铀、钍等矿种，而以钼、锰、钒、铀、铁为重要。

③ 震旦系 —— 主要有Fe矿。

④ 寒武系 —— 主要有磷、钒、铀、铝土等矿床。

⑤ 奥陶系 —— 白云岩。

⑥ 泥盆系 —— 铁矿。

⑦ 碳二叠系 —— 主要有Fe、Al土矿、汞、黄铁矿、白云岩系。

中国主要矿产及成矿规律

⑧侏罗系——主要为 Fe、煤炭等。
⑨第三纪——油页岩、石膏等。

(2) 与一定构造有关的矿产：
① 元古代褶皱带大背斜的核部及临近基底——主要有铀、钍、金等。
② 元古代褶皱带的翼部——主要为有色金属，稀有金属等矿。如钨、钼、锌、铜、铁、铌、钽等。
③ 断裂带——为成矿的控制构造，各种矿产多存在其中及其附近。

(3) 与岩浆岩有关的矿产：
① 中生代的侵入体与围岩接触处附近，如花岗岩、石英斑岩及细粒花岗岩附近，多生成 W、Mo、Pb、Zn、V、Th 等矿物。
② 元古代侵入体及围岩接触处附近，如斑状黑云母花岗岩及黑云母角闪石花岗岩附近，多有铀、钍、钽、铌等矿物存在。
③ 在基性或超基性侵入体本身及与围岩接触附近，如蛇纹石、辉橄岩、辉长岩附近，多生成铬矿和石棉等。
④ 在岩脉中及其附近，多有铜、钴、金、稀土以及钽铌等有无素存在。

二、外生矿产：

(一) 矿产及其分布：

1. 煤——为本区最主要的外生矿产，主要在 C、P、T 的地层之中，分布在山间盆地中及凹陷地区，在潮湿的还原的条件之下，按时代分述如下：

~276~ 　中国主要矿产及成矿规律　　　　十

S：包龙江系地层中。
C：亮油组地层之中，称亮池寺煤系，厚6m。沿秦岭向斜式山间盆地之内云化，分布老阔广，同受区域变质的作用，因而煤质为低等无烟煤。只有火成活动性较大的地区，保存有铁质的煤生。

P：龙家沟地地层之中，称龙茶洞煤系，厚30cm～3m。沿多向斜或山间盆地内分布，同石炭纪煤一样，煤质不好，但在陇南盆地在古炭纪已经逐渐下降，受褶皱的影响比其他地区小，因而煤质较良好，为秦岭寻找C、P煤田的远景地区。在甘肃武都附近成层较厚，可达3m。

J：河县煤系，赋煤在窑地或地堑之中，分布在秦岭东段：秦岭地盾西北带交境的蜀县一带。秦岭中段：中带地槽斜区，凤县徽县一带，和南带地间斜与古志地块的接境河县城北。煤质优良，以烟煤为主，在秦岭区为具有很大工业价值的煤，现在蔺马、河县煤田已开采较大区域。

Cr：分布在河东系地层之中。

一般煤矿在秦岭沿缘特别缺乏。

2.铁————本区钢铁火、太古代、震旦纪、D、都有，但较大的外生铁矿系，目前以发现滑银火，大海退层序，温热气候，浅海反潮盆地中形成。

一般自秦岭系片岩至震旦寺以若老地层中均有发现，以沉积矿和风化残余矿为主。

分布在秦岭中部及西部地带，为小型Fe矿。

3、石膏——甘肃系地层中，在第三纪红色盆地内，因当时气候炎热，湖水蒸发后形成。在汉阳卷城县梁州均有开采。

4、食盐——甘肃系地层中，品质甚好，产量也相当大。在甘肃漳县与礼县都曾凿井汲取。

5、硝——新生代黄土层当中。

6、硫磺——分布在黄山竹棵等处。

7、石灰石及大理岩——在含石灰盐沉积的地层之中。

8、油页岩——沉积于凹陷地区，还原条件之下，常与煤共生。

9、石油——新生代地层，襄樊一带。

(二) 成矿分析：

在中生代时，由于燕山运动的影响，在本区发生断裂凹陷，构成许多山间盆地。在盆地之中堆积下了侏罗纪的含煤岩系，盆地位于地斜上或在地槽边缘，又因当时气候温湿，植物繁茂，并随着气候的炎热，因而在盆地之中造成了成煤的有利条件。因此，在丁时，盆地和地堑之中就形成了很有工业价值的煤层——海罗煤系，以可炼煤焦用的烟煤为主。

在C、P时，也由于海西运动的影响，形成了一些下陷盆地，但因当时地壳活动性较大，并有褶皱运动的影响，因而在盆地反向斜中形成煤质不太好的无烟煤，如壳组煤系及P的龙家湖煤系。

由于本区生了三叠纪气候变得炎热，盆地之中湖水逐渐蒸发，因而在第三纪的红色盆地之下形成了食盐及石膏。

三、内生矿产：

(一) 概述：

由于本区的岩浆很活动，断裂、褶皱都很发达，对金属矿床的形成是相当有利的条件。特别是与花岗岩有关的金属矿床价值更大。其中以 Pb、Zn、Cu、Fe 为最主要的内生矿产。

1. 铁 —— 分布在秦岭系花岗至志留板岩的各地层之中，皆有发现。

   矿体呈层状、脉状、筒状、豆状，为小型铁矿，但内生者少。在秦岭中P及西P一带出现。

   在秦岭北带的铁矿是与古生代末期的酸性岩浆侵入有关的。铁矿在本区分为两带：

   ① 秦岭带。　　② 巴山带。

2. 铜 —— 产于秦岭片岩、志留寺板岩及二叠纪灰岩等地层之中。为热水矿床，成份为辉铜矿。

   分布于安康、房县、保康、竹山等地层中。安康铜矿为最有远景区。

   中秦岭与花岗岩侵入有关的矽卡岩型的铜矿床比秦岭与古生代末的花岗岩有关的铜矿床。

   在西汉水地层中发现有黄铜矿。

3. 铬铁矿 —— 秦岭南带在中段有沿构造线延长很远的超基性岩活动带中发现铬铁矿。

4. 铅锌矿 —— 在与酸性岩侵入体有关的石灰岩接触带及绿化岩中，有 Pb、Zn 矿，但没有具体资料说明，对其成矿规律不能论述，只在房县等处发现此类型矿点。

5. 黄Fe矿石英脉：西汉水地层中发现。

6. 锰矿 —— 在二叠内丸系地层之中，商南等处发现。

但为内生或外生不能具体说明。

7. 磷矿——寒武的半变质岩系之中。分布在东秦岭东段大洪山至襄阳、武当山一带地层中。

8. 石棉：产于秦岭变质岩系中。平利及宁陕等地已有开采。

9. Fe、Mn：矿床都集中在火山的顶边造中。

10. 辉钼矿：于花岗斑岩有关的网状脉型矿床。此矿化与该区燕山活动的晚期阶段有密切的关系。属中、深成的高、中温热液矿床。

并与黄铁矿共生，矿床受断裂构造控制。

矿化作用集中在秦岭地轴内东段的南部边缘上。

在秦岭地轴与秦岭地槽加里东褶皱带的东西向过渡区域内。即北秦岭前震旦纪构造层与加里东下古生它构造层之接壤区域，是寻找辉钼矿最有远景的地区。

在此区找辉钼矿的标志：

① 花岗斑岩类小侵入体的存在。

② 矿化在断裂带内或其附近的裂隙构造中。东西向大断裂与其斜交的北北西方向的断裂构造相交的地方。

③ 围岩蚀变——黄Fe矿化。

④ 地层为年代较新的酸性及超酸性侵入岩。下震旦 变质的武当山岩及前震旦纪各种结晶片岩、片麻岩等。

⑤ 矿床出现的地方，地形上处于比较平缓或低洼地带。

(二)、成矿分析：

目前对本区成矿分析较详细的地区为西秦岭的中、低温热液矿床，如Fe、Cu、Pb、Zn等。

Fe矿床产于西汉水系地层中，在背斜翼部、接近轴部地带，矿体呈层状、脉状、透镜状，矿物为赤Fe矿类型镜铁矿——赤铁矿——碳类型。围岩十铁热液蚀变现象，脉为充填形式，交代作用微弱。

西汉水系中的铅锌矿处于背斜轴附近，矿化局限于黑色块状灰质板岩和矽质岩内，矿化断续而不规则的细脉，浸染现象很少，主要为方铅矿和闪锌矿，也有少的黄铜矿、黄Fe矿。

脉石矿物为石英、方解石，含矿围岩未见有交代及蚀变现象。

在该地层之中还含有含Cu、Pb石英脉，矿化现象见于地槽中的上泥盆纪和中石炭纪浅变质碎屑岩系之中，矿脉为裂隙充填，矿区受构造活动，围岩无蚀变现象。

由上述可知，西秦岭地区的内生矿产局限于上古代，以志留系和石炭系为主的巨厚的浅变质的碎屑岩和碳酸盐系中，并经常出现，在破碎带、断层、背斜轴部。

四、基底岩系中的矿产：

本区基底岩系中的矿产目前发现很少，也不佔重要的地位。

铁——古老岩系大规模的出露，以秦岭东段为主，在武当山带及豫西已有鞍山式铁矿发现。

磷、锰——产于古老的变质岩系之中，为本区普查代矿的对象。

本区的基底岩系分佈在中秦岭东段，武当山一带广泛出露，为变质岩系，在构造带内有变质的肉长岩及变质花岗岩是，还有花岗岩侵入体，因而造成矽卡岩，并形成与此有关的矽卡岩型铜状，由于当时气候湿、温，其沉积地带有 Mn、P 矿床。

附：川西邛崃地槽、松潘地块

一、松潘地块：

位于南秦岭之南部，为古老结晶岩所组成的三角形的古地块，在地块之东南为邛崃地槽，西南部属于折多山区。松潘地块的存在，含有限定的成份，但由于其周围山系方向变化，因而与岷山和南秦岭有显著的不同。

在该地块上，松潘漳腊观根志留泥盆系的浅变质下部为灰岩大理岩夹绿泥石片岩，称卓地系，其中天祝层，为 C、P 地层。上古生界灰岩相及嘉陵江灰岩比较发育。所以此古老地块在上古生代及下部中生代为海水浸漫期。在阳新灰岩之上，有峨眉山玄武岩，其中可能有铜矿。

在此地块的松潘漳腊一带有著名的金矿，象张金矿，产于长不过二、三公里的水成岩地中，地区狭狭，但数十年来，产金数量很大。金的原生矿床，约在古老变质岩中，成矿时期可能在震旦纪以前，也可能更晚些。

其他矿产还待今后努力工作查明。

二、邛崃地槽：

在三角地块的东南，是邛崃地槽，在川西大宝金汤一带，为下古生代凹陷区。

基底岩系是康定杂岩，其上有 Sn、Cu、O 及 S，毛石页岩，共 $1000m$，变质不显著，加里东运动退出。

但在金汤一带，有深达 3000 米的火山岩系，为态酒此，可能有与火山喷发岩有关的铜矿床，及与火山岩沉凝灰有关的沉积锰矿。

上古生代有强烈回降和次沉积发育，古生代末脱离海浸，并超岩浆活动是广泛的，有辉岩、榍橄岩等超基性岩侵入，可能有与此有关的 Cr 铁矿矿床，及接触带附近的煤矿及石棉。

海西期在本区表现不明显。

本区的矿产是根据地层岩性推断的，因目前没有发现有矿点的分布区。根据构造等情况看来，本区的矿产与秦岭地槽的重要性相同。因而本区仍埋伏有丰富的多金属矿产，今后在此区展开找矿工作是非常必要的，因此，本区的成矿规律只待今后证明。

插图：(1) 构造单元划分图。1
　　　(2) 矿产分布图：中国大地构造纲要 中图 139、138
　　　　　　　　　136、135、134、133 综合

参考书：中国大地构造纲要：中国科学院地质研究所
　　　　中国地质学讲义：成都地质学院、1959、0
　　　　中国地质学　　：常隆庆、常达
　　　　中国地质学　　：喻德渊
　　　　地质学报　　　：1959、第39卷、第三期
　　　　地质月刊　　　：1959、11
　　　　由秦岭中低温热液矿床成矿带及矿床成因问题：
　　　　　　　　　　　　陈克斌
　　　　中国地质学参考资料、第二集、成都地质学院

第五节 中新生代地槽区

横断山系地槽：

一、概述：

(一) 大地构造性质和分区： 横断山地槽位于原澳地唐以西，大致成南北向，其北端与西北地块成过渡的关系。西介在高黎贡山以西至缅甸西部的古老结晶岩分布区。在西支部，地槽与喜马拉雅山地槽的关系成交错状。地槽东边北段与折多山古生代地槽相接，在金沙江以东，巴塘德钦一线现为界介。

地槽在中生代产生强烈的造山运动，褶皱、断裂都非常发达，均作南北方向。在发生褶皱与断裂的同时有酸性花岗岩，以及基性超基性岩体的侵入和玄武岩、凝灰岩、安山岩等的喷发作用。喜马拉雅山运动使本区强烈上升，同时也发生一些断裂活动，也可能有酸性岩浆的活动。

根据基底岩系议及盖层的情况，以及褶皱的隆起与凹陷的情况，我们将此区分为以下的八次级构造单元：

(1) 高黎贡山地背斜——位于地槽西部，高黎贡山为其主体，其由古老的片麻岩、板岩、片岩等变质岩系和花岗岩组成，其南延可能与缅甸的相孤的岩系相连，在那里，其上为不整合于其山的兴隆洞地层可以证明岩是前寒武的东西。

(2) 点苍山地背斜——由古老的点苍山片麻岩系组成，向北可以延至黑河以北，南由断层关系与哀牢山地背斜相接。

(3) 哀牢山地背斜—— 也是由古老的片麻岩及结晶片岩组成，此带与红河平行一直延至越南，沿红河以东顺东与墨江及金平有的东方向大致相同的断裂通过，向南也延至云南境内向北，其二者交义，成成楔状，成在东与北西点苍山地背斜约南缘相对。

(4) 怒山地背斜——保山以东成NNW方向延伸的古老变质岩代，其向北延可包括怒山，并在此与高黎贡山会合。其主要由绿泥石片岩，石英岩，结晶灰岩组成。其向西可以包括唐古拉的东支一直延伸到黑河，此带向南呈顺字、云果展开，此处我们亦可见到带儿的片麻岩及花岗岩系岩体。再南至澜沧地区可见浅变质的石英岩、板岩、片岩、绢云母岩等，其厚度极大，並具复理式构造。代表前寒武的地槽式沉积物。

(5) 保山地向斜——属于古生代的凹陷地区。其下古生代为广泛的海相沉积，以C_{m3}~O_3主要是砂页岩和灰岩的沉积，厚800M左右，志留系为灰岩夹页岩，厚约600~800M。上泥盆系仍是灰岩夹页岩。在　　地区达3000M厚。石炭二迭喷是灰岩沉积，仅上石炭有火喷的钛页岩夹层。此区在下古生代期间以保山大理为沉降中心。

(6) 南丁河地向斜——在怒山地背斜与腾冲之间，主要由石炭二迭纪灰岩及三迭纪红色地层和黄昆灰岩组成。在石炭二迭系与三迭系之间发育有各种火山系，及二迭三迭纪砂页岩组成的蓝向灰岩。其也是古生代的。

(7) 兰坪昌茅地向斜——中生代凹陷代，位在澜沧江以东，其间西北雄首都可与唐古拉山两侧的三迭保要纪凹陷带相联。此地之三迭纪有海相，也有陆相(红层)。从塞尼克到诺尼克的红层，在邓川附近其厚度从南西的100M增至400M。而海相泥岩和灰岩在白江有发现，安尼西克(Iniolc)在大理，白江是富含泥灰质的岩石。厚度也是向北增加；拉丁尼克和卡尼克在白江，邓川可达几千公尺。为质地均匀的块状灰岩，但向西至兰坪有了红层的夹层。这说明西向西一定跨度为海陆交替相，到越西则陆相占优势。晚期二迭系主要为陆相沉积。在獨庆　永陆东泥积于诺利克次系，澜沧江现上三选系顶部的砾岩含，其底部是石英砂砾岩、上部是紫色灰岩、黄色砂页岩夹薄层灰岩。此区上全部的岩层总厚可见，它的沉降在中生代是相当剧烈的。

(己) 中甸盐边地向斜——中生代凹陷代，其重要是中生代的陆成层堆积地层；全区多为红色地区复盖，普遍含盐是其最大的特征。

(二) 矿产及分布：

横断山地槽的矿产是非常丰富的。不管是内生还是外生都非常发育。而且矿种也多。但是由于到目前为止，地区的工作还不够，资料也不太多，因此详细的了解还有待于今后的工作。下面就目前已有的资料谈一下。

(1) 外生矿产：震旦纪地层中有层状铁矿床，矿石为砾铁矿或镜铁状，分布在白江、维西、德钦一带（及澜沧江西岸）赤铁矿与菱铁矿在二选、三选、侏罗纪及红色系中均有发育。

煤：在横断山的地槽中的发育也是相当广泛的。其成矿时期有石炭、二选、三选、侏罗、第三纪、第四纪六期。昌都以东有二选纪煤田，澜沧江上游一带有分布相当广泛的侏罗纪煤田，另外，拉萨与扎布亚康几十公里之间，有分布广泛的无烟煤田，实川、祥云、弥渡煤田以及腾冲福煤田等。由前述可见本区的煤田是广泛分布，种类多且大有远景的。还有值得注意的就是，这些生中有稀有元素的沉积，这就更加提高了煤的价值。

石油：在本区主要是油页岩，当然也不仅如此，而在西芙高原上也发现了油苗，据材选来看也是有利的。今后的工作可以注意。油页岩在云南有三选纪红色地层中的，其分布零化等地方外，怒江上游第三纪地层中也有油页岩的发育，较有希望。

盐类矿产：与三选纪红色地层有关。因石尼三选纪红色地

~286~ 中国主要矿产及成矿规律

层分布的地区都可以进行盐类矿产的找寻。如：剑川、云龙、芝坪、镇沅、景谷等地。此外，近代的湖泊中及洞穴中有盐类矿床的沉积，如西支拉萨与日喀则间的班戈诸地方有硝、朋砂、碱等矿产的沉积。

砂金分布于怒江、澜沧江流域一带。

其它的外生矿产有下古生代磷矿，反英石矿以水墨江的风化型镍矿，以及玄武岩风化后红土中的钴矿等。

(二) 内生矿床：中生代的造山运动在横断山地槽是非强烈的，在断裂的同时就伴生了强烈的岩浆活动，因而带来许多矿产。

中生代酸性岩浆挨破的作用，造成了高黎贡山、怒山一带的钨、锡、钼、铋、铜、铅、锌、汞等热液的金属矿床以及与其成因相同的非金属矿产水晶、莹晶石、黄石等。据已知的材料来看，它们都是比较有希望的，无论是任量还是质量。

其中高温的钨、锡、钼、铋经常共生。锡矿产下雅西、大理、保山、龙陵、路西一带，钨矿产在龙陵等地高黎贡山、怒山一带，同时在金平也有发现。铋与钼产于钨、锡矿床之中，目前资料尚少，仅在部份地区有发现。

铜、锌、铅、银矿床及具有同样成因或者与其经常有共生关系的稀有元素矿床，非金属热液矿床等的发育也是顶有名的，尤其是铜、铅、锌是很有价值的。

铜矿产在中甸、维西、兰坪、鹤庆、归江、云龙、邓川、永胜、龙陵、永平、保山、云来、路西、景东、景谷、宁洱、顷宁及蒙化等广大地区之内，基本上其是沿怒江、澜沧江平行分布的。铅锌矿的分布与上述地区一致，而且更为广泛。此间以永胜、蒙化、洛南、保山等钨矿较有价值，很可能这些地区的铜矿都因具一种成因，是一个矿产的，因而我们就可以看成是顶有价值

中国主要矿产及成矿规律

的，这要待今后的工作来肯定。铅锌矿中以斑洪、滇濞、施甸、云龙、澜沧最为有名，尤其斑洪的铅银矿，含银也相当高，甚有价值，开采也早。

值得提出的是在这些多金属矿共生的稀有元素是很值得注意的，而且也是有希望的。

与酸性岩浆热液活动有关的低温热液矿床中，以锑汞最为著名，锑产于云龙崎哑口、大理之耳鲜，其他有采平、维龙、景谷等地，而汞矿产于保山大田头，施甸等地岩，兰坪瓜硅坡以及维西、怕江、云龙、广槿、永平等地区，也是与澜沧江平行分布。

此外，由于酸上岩浆的活动还可以产生水晶等，与热液有关的矿床以及其形成的变质云母矿床为变质铁矿等。

超基性、基性岩的活动在此区造成了镍、钴、铬等金属矿床与非金属石棉矿床及其它上共有 的矿产。

目前哀牢山地持斜上 点矿是非常信的。

(三)、成矿规律分析：

无论内生矿床或外生矿床的形成，都是受大地构造的控制的，当然其中有直接的关系，也有间接的关系，有的非常明显，有的不太明显，其表现如下要着重提出来讨论。

本区是位于中文代一 云、贵、粤、东、线一带奇变北向，深大断裂较明显太，断裂的方向也是多为北向，由于有这些断裂（包括古老的断裂及中生代）岩浆的侵入发生了岩，岩浆活动，可以看出，横断山地槽中成育的内生矿产都与一定的火成岩有关，且按照深断裂的方向作大致南北向的分布，矿带与断裂带平行，是很容易见到的特征。

燕山期的花岗岩（包括印支期的）带来了各种热液矿产，如钨、锡、铋、铜、铅、锌、银、锑、汞等金属矿产以及水晶等非金

~288~ 中国主要矿产及成矿规律

属矿产。另外，花岗岩侵入还带来了金、稀有元素等也有价值的东西，如：古老花岗岩块中的含金石英脉以及伟晶岩中的 Li、Be、白云母等矿产都是有价值的。当然，对于这些矿产的了解还有待于今后进一步的工作。

  关于矿产分布与大地构造的关系，大致可以把此区的内生矿产分出如下几个成矿带：

1、滕冲、工东岸 As、Hg 矿带：此代相当于次级单元的兰坪～临沧地向斜。矿产的发育与燕山期花岗岩有关，并受构造（断裂和褶皱）的控制，矿液循深断裂上升，然后又沿某大断裂两旁的次级断裂上升，最后沉淀呈西或裂隙充填或细脉状或浸染状。一般来说，他在构造带中沿背斜轴或断裂成线状分布，生于石灰岩层下或断裂破碎带的石砂岩石中，此处的矿到围岩变化极弱反复。辰砂就产其中。共生矿物有方铅矿、闪锌矿、辉锑矿、勒铜矿方介石、石英等，有时辉锑矿富集就单独组成锑矿床，有时二者均较丰富。采的矿物是辰砂或者黑辰砂。

  此 As-Hg 矿带是拥当有价值的，论构造、围岩、火成岩都有到，而且已发现的矿床也很多，矿宽可达一公尺，辰砂质量也很好。

2、保山铜、铅锌采锡矿带及锡人矿带：大致相当于保山地向斜。以铜、铅、锌为主，二化 Pb、Sn、少量萤石，如班洪、临沧等地，质佳房多，开采多年。矿体成矿状袋状，交代矿主围岩为 Sn、P、C 的灰岩，铅锌银矿排成带状分布，与构造线方向一致。锡、铋十带，东边句明无相连，南延至印度支那锡矿带，也是有希望的，今待于今后的工作。

3、高黎贡山地背斜稀有元素矿带及锡钼矿带：此区工作还很不够，目前甚产金矿，此地背斜中的花岗岩分布地区是稀有元素的远景区域，锡、钼矿带南延可与缅甸西部的 W、Mn 十带相连。

是很有远景的。

4、哀牢山地背斜带：

哀牢山带沿断裂发育了超基性、基性岩，其向南还可以与越南北部的超基性岩体相连。在那里发育了非常好的Ni、石棉等矿产，因而这里也应该是很有希望的。同时，其北延生昌都地区，分布面积广大，是银的大有希望之区。如今的墨江镍矿是很大的，它也与超基性岩有关。另外，如果超基性、基性岩、其好的话，还可以发育金刚石及镍的塔矿 Cu—Ni矿床。玄武岩与灰岩接触处也可发育铜矿。

估计说明对象如今我们对本区的工作还不够，尤其昌都地区以及西支部分更差。

外生矿床的发育主要与古地理有关，当然，物质来源、地球化学因素等都是重要的。

在……砂岩及灰岩中，有层状的菱铁矿为已受破坏的节理及裂隙而生成细脉的镜铁矿，走向北东，倾向南东，倾角很小，仅3～5°。成因问题尚未介决，不过可以认为层状者，很大程度上主要是沉积形成的。

石炭纪初期，经过海西运动，整个……北……断山脉地区下陷，其内不但沉积了巨厚的碎屑岩及浅海相灰岩，而且……下强烈的玄武岩喷发，至二叠纪时……海底……活动直到三迭纪……………………有……迭纪………久青，如……………………………………………………萨康间分布凡，公里的灿田（……不有灾，……迭纪）。此……多，灰岩之……玄武岩之下，我……与玄武岩……交错。与三迭……丽江荣大理一带地壳起为陆，海水南退至……工中……的绍宁一带，所以……以北，都是陆状沉积地层，绍宁一带仍为海相。由三迭过渡到侏罗之间还发育了红色的陆丰组地层。

由此可见，三叠纪初气候比较适于三棱生长地。而到上三叠纪气候变得干燥，海也变浅，就发育了江之现代……产生大育对油页岩及盐类矿产。

侏罗纪时期为浅海湖泊沉积及陆相的沉积，煤盆、地层下部为页岩，上部为砂质岩及煤系，在煤系中产有菱铁矿，铁矿主要是菱铁矿之类，见于拉萨等地。这没有价值，但是……可以与……更替。也可……法相为，见于拉萨及班禅……上核地……非常广泛。

另外，第三纪的褐煤，油页岩及第四纪的现代……甲沸酸类矿产，及之代何谷中的冰盐矿也是非常丰富的。

由前述可见，中国发育沉积中产最重要的如期大类二叠及第三纪的煤，及丁丁红色地层中的盐类矿产及油页岩。就其地理分布及大地构造可分为如下的矿带（或矿区）：

(1) 怒江以西为铁矿带，为……屋状矿床。

(2) 昌都大理以东的三叠、侏罗纪系及丁纪系中的携带元素矿产，此矿带为横断山地槽东部的一片红色盆地，其中也有盐类矿产及油页岩。

(3) 澜沧江以西的盐类，油页岩矿带，发育于T红色地层分布之区。

(4) 拉萨—瑞昌江上游的T纪以西的矿带。

(5) 拉萨地以东的此矿带及石膏矿产：那些……九田发育于三叠也，九色煤岩此较佳。其地质模大可以有18M丁纪丁石膏矿层很大而质岩也好，甘……石膏矿之级达……km²，储岩约4亿八千万亿。石膏含量 75%。

(6) 澜沧江：怒江流域的现代沙矿石。

(7) 其他……在三纪期盆比中的U矿床，现代河谷中的钴朱石砂矿，西芙拉草地区的石土以及西芙高原上的石油矿产。在西芙高原上如今有油矿苗的发现，且其构造也适宜于储油的。遗憾的是如今几乎没有对这些地区进行什么工作，资料太少。

由于对本区的研究不够，变质矿床的发现也是很少的，如今已知的有：与酸性花岗岩有关的接触变质矿床为红卡加卡为墨矿，昌都之石墨矿床，西艾娘归石墨矿床及墨江、元江变质岩中的为墨矿床，腾冲北滇滩关的接触变质铁矿床等。

从前述不多的材料来看，无论是构造、岩浆活动、古地理、岩性岩相……各方面都构成了本区极为有利的成矿条件，又从已发现的矿点来说，本区矿种繁多、储量丰富、分布极广，今后是大有前途的。但是，由于前人工作太少，资料极端贫乏，对此区了解非常不够，今后对此区工作加强之后一定还会发现更多更有价值的矿产。

据目前情况来看，本区最有希望的内生矿床有：锡、钨、钼、锌、铜、银、汞、铅、铁、石棉硼砂等等，外生的有：煤、石油、芒硝、风化型的镍矿等等，对于U矿来说，外生内生都有希望，稀有元素及金矿也如此，但是对金来说，外生砂金要更大一些。

据已发现的矿产及成矿条件来说，横断山地槽的矿产是非常丰富的，无论内生与外生，其矿种多、分布广、质量也较好，对于发展现代化工业的人材、铁、石油都之砂金、更可怕水力资源丰富，总之当然资源不愁。目前由于各区的工作基础太差，又是水时族地区，尤其山更部分，利用起伏尚不甚高，以后随着交通事业的发展，地质工作的发展，还会发现更多更好的矿产来，总而言之，此区甚有远景。

三、内生矿床

对于内生矿床成矿条件已如前述，在这里仅提及其几个律性

~292~   中国主要矿产及成矿规律

及与其他矿床对比来阐明它的价值，指出存在问题及今后工作的方向。因而对于其构造控制、岩浆活动关系、围岩性质、成矿时代等均不加详述。由于资料的限制也不可能将所有的矿种全部提及，只举一些有代表性的描述如下：

(一) 钨与钼：

横断山地槽在中生代活动非常剧烈，与矿产有关的黑云母花岗岩及花岗伟长岩沿深大断裂的方向侵入，成南北向分布。今发现的钨与钼矿分布在高黎贡山、怒山一带，其向南延至缅甸北部，可能与缅甸西部有名的锡钼矿带相连，由于工作不详，现有资料还不多。

在龙陵过泉城南3km的地方，有钨、锰、铁产于花岗岩内的石英脉中，矿质纯而晶体较大，为黑钨矿，与其共生者有辉钼矿。等等，矿是属于高温热液成因的矿床，中生代的黑云母花岗及花岗伟长岩可能就是他们的母岩体，而热液显然是沿断裂活动的，成南北向分布。

另外，在金平及高黎贡山、怒山等处均有钨钼矿的发现，分布地区是很广的。显然可见，它的发育是受花岗岩及断裂构造的控制的，与围岩关系不大。并且，其与有名的缅甸西部的钨钼矿带相连，也应该如此，也定有远景的，这有待于今后的工作来证实。

(二) 锡与钽

其成矿条件与钨相似，分布于腾冲、大理、火山、龙陵一带，主要的矿物为锡石，产于花岗岩中，在滇西地区的冲积层中也见有锡石的砂矿。

此矿带可与简旧锡矿以及整个的印度支那锡矿带相连，很可能就是属于一个成矿带的，当然，现在的工作还有不多，不过可以予告其地是有希望的，如果其真能与印度支那锡矿带相连的

中国主要矿产及成矿规律

话。

(三) 铜矿：

铜矿产于蒙化、永胜、文水、路南、保山等地，分布甚广。一般来说，其与海西燕山期的基性岩有关。其中，以永胜铜矿较有价值一些。铜矿成脉状，细脉状产于火成岩（玄武岩等）本身或者其附近的围岩中。围岩有石灰岩以及红色的砂页岩，也有成层状、结核状而产于玄武岩之上红色层中的砂岩或页岩中，此为沉积所成，与四川荣经铜矿相似。

矿区地层除火成岩断层布之露的石炭、二迭纪的灰岩之外，大部都是中生代沉积。尤以三迭纪的页岩、砂岩及灰岩最为发育，分布最广。铜矿大多均产于此系底部之页岩。火成岩有玄武岩流，位于石炭、二迭纪灰岩与三迭纪地层之间，露头分布百余公里，主要铜矿均产此中。另外在玄武岩及辉长岩等基性岩浆侵入体的分布地也是有希望为含铜的地区。

矿体产状有两种情况：

1、含铜矿物在泥土状的黑色页岩中成脉状或结核状。

2、在玄武岩裂隙中成交错之细脉状。

前者含铜矿物主要是斑铜矿，含Cu 30%，工业也多，而后者含Cu矿物多为次生之孔雀石、蓝铜矿，也有黄铜矿、辉铜矿，其工业价值不大。在蒙化等地见铜矿，为铜矿及其石成结核状，产于一迭三迭纪的砂页岩中，除上黄砂矿于下红色变多中，附近有基性岩侵入体。

由前述矿床特征可见，本区铜矿可能为浸染型的，也可能是沉积形成的，但是，不管怎样，它们是与基性成岩有关。如果是沉积的话，那么，主要有关的基性岩体为二迭纪的，也就是说为海西期的；如果是接液充填矿床的话，就应该是燕山期的。因为在三迭纪地层中发育了矿产，现资料不足，要成此二者皆有

~294~ 中国主要矿产及成矿规律

铜什么中于出露上去的岩料和保山地区出露三叠系与玄武岩的关系及辉长岩的关系很大，因而，今后找铜的方向总是基性岩分布的地区，即是说在中甸盐边地区辉长及澜沧地大量基性岩、花岗岩、闪长岩分布的地区有进一步工作的必要，同时还应注意闪长岩、因为东川式铜矿床是与闪长岩有关的，尤其注意其与灰岩的接触处。

此外，还有与铅锌矿成因及分布一致的热液铜矿放在后面与铅锌矿一起叙述。

(四)、铅、锌、银

主要分布在保山、澜沧一带，其它地区也广有分布，北自中甸南至墨江都有发现。其成南北向的顺着澜沧江发育，为构造方向所控制，由其分布也可见，它显然与重要山字型的中性火成岩有关，为热液矿床。其中最有名的班洪茂隆厂，澜沧募乃厂，保山施甸，元龙，蒲藻等之。

矿床为脉状，囊状产于震旦、石炭、二叠纪的灰岩中，以交代的方式为主，矿带南北向分布，与断裂方向一致的。矿石主要是方铅矿、闪锌矿、黄铜矿、黄铁矿等。方铅矿中含银等都较高，并有含铋高含金也为特规律，黄铜矿有时也可以单独富集成矿床。

四 简单先于见，铅、锌、铜、银人们与其有一定关系，但它都有不是矿产，主要受注燕山期之成的，重川闪岩为中主，而且有酸性花及花岗闪长岩，此岩本在造岩的以云的时新发生的矿矿过程中分，公出了含矿的热液，这些溶液就活动早期（印支期或更早）的断裂成围岩中的裂隙活动，与震旦，石炭、二迭等时代的灰岩发融，发生交代而使有用组分的 Cu、Pb、Zn、Ag 等沉淀下来而富集成矿。

中国主要矿产及成矿规律 ~295~

铅锌叶及银叶主要分布在保山地向斜的保山、涌澹等地，其次就是在中甸边边地向斜、高黎贡山地背斜、点苍山地背斜等构造单位上均是有希望之区，这些地区组成一个与澜沧江、怒江平行的叶带。

在滇缅交界处以产银著名于世界，其地质情况及大地构造特介也相近，本区的银矿状上粘土料来看，也很有价值的，而铅锌叶早已著名于国内。

此外，在昌都与桂滂三成计处见有铅、锌叶脉，其地表露头达2Km（据李琪等）、与生长对比可能与保山涌澹之带相似。如果是此叶带的北延的话，那么，它的意义就更大了。

（四）、汞、锑：

横断山地槽中的汞锑矿均甚发育，其成叶条件及分布大致与铅锌相似；仅为介层概念叶富集不一。

主要分布于兰坪、思茅地向斜、点苍山地向斜叶，雕西、三平、云龙、永平、保山、顺宁、武罗一带，虽然其与澜沧江平行之大断层有关，而锑叶见于大理、太方、鹤庆、景谷等等。

汞叶床产于三迭纪地层中，临层理呈或成陈交侵成脉状或浸染状，也有在方解石脉中或咸浸染状产灰岩内者，脉宽之1小，沿背斜轴或断层而生，并与大断裂有关，叶物为辰砂、雾空水，其生叶物为铅锌叶、黄铁叶、劫河叶、石腊等。

锑叶产于三迭纪地层中，多为断层石英脉、方解石，大多叶物为黄铁叶、黄铜叶、方铅叶，有汞矿及石英之等为构造控制。

此汞锑叶带的成叶条件及形态与贵州汞叶相似，从其工来说，也有很大价值，它可分为澜沧江以东坤莽叶带及保山河涌锑汞叶带两区，前者相当于兰坪思茅地向斜，后者为保山地斜，分布在澜沧江大断裂两一定距离之内，离之愈远叶较高达的铜

~296~   中国主要矿产及成矿规律

渐，及…海动嫌…这一些。

（四）锦及与超基性岩基性岩有关的矿产。

主要为基性、基性岩分布在天山地槽中，其沿深断裂侵入而发育的。有方什产有石棉、铁什、铬铁矿等，如果其分化好可形成较好的大量镍矿床及金刚石什床，但至今发现较少。此处所产镍什主要成分主的风化型镍什床，在陕西处出什床有他。

石棉生长于蛇纹岩中，以细脉型为主，也有绸状脉及纵纤维型。细脉型者分布广，什带间之距离不等，成相互平行的排列成雁行状排列，网脉状者呈带状而历星分布，质量甚佳，以横纤班为主。棉脉呈淡绿色呈白色，即是在风化 Ni 什的下西，新鲜蛇纹岩中也有石棉什，整个蛇纹岩体内广泛见石棉什带，具工业价值极大，为大型石棉什床。

金什，蛇纹岩体与三☓纪砂页岩接触处，岩石主要灰白岩，灰岩，成灰质石英长石砂岩，所有的岩石均受强烈的黄铁矿化，这种黄铁什化的石英岩或石英砂岩中，普遍有含宝石英脉贯穿入，一般均沿挤压破碎带或层间滑动侵入，岩向黄色致，岩石甚为破碎，有强烈的铁染现象。忌生硫化物板状火见。金什呈浸染状存在于破碎的石英脉，石英岩、石英砂岩节理面上，破碎的强烈就钞染的石英平 Au 最高。黄铁矿化的石英脉含 Au 亦高。金什一化走向长 21m，平均厚 300m，品位变化宽大，Ni 与 Au 什生，含有一点银也高。

这些什产中除基性、超基性有关，玩是火成岩在变平山地槽制中有两期，海西期内辉绿岩分布火，而要主要的是燕山期的，与上述什床有关的亦是燕山期的成岩。

此外，基性岩风化后会造成外生的风化红土什河 Co 什及风化型破碎矿床。

值得提三一点的是蛇纹岩本身 含 MgO，一般在 35～36%

已达作钙镁磷肥料的要求，差不多整个地纹岩均可利用。

此基性岩体分布广，其南延与越南的基性岩体相连，北达昌都地区，都是找 Ni、石棉、Au、Co、Cr 的有远景的地区，尤其据现在已有的资料证实，以及和越南有名的同类矿床的对比，更增加了我们的信心，尤其 Ni 与石棉。

(七) 其它：

1、高黎贡山地背斜中与花岗岩有关的稀有元素。

2、与古老花岗岩有关的伟晶岩中的 Bi、Li、白云母、水晶矿床。

3、与燕山期花岗岩有关的垂晶石、萤石、黄铁矿床。

4、雄黄、雌黄矿床，低温热液矿床，分布蒙化、保山、漾濞、宁洱等地，矿成不规则状，最厚 1M，分布于三迭纯灰岩及石英质灰岩及页岩中，交代或充填而成。也有在三迭纪砂砾岩之裂障中成不规则之细脉状，浸染状例。

(六) 石 墨：

分布在腾冲、龙陵、保山、墨江、元江、昌都、三岩一带的变质岩中，质务较好，昌都三岩石墨矿石墨产于云母、石榴石片岩中，共二层，其中两层较厚，各达 3M，因褶皱关系，厚度不一，产于石墨化岩中者，品位 5~10%，富的可达 10~20%，延长一公里，斗岗石约 5...

昌都江东，加字寺有石墨，加以燕岩侵入，以东之石，岩之炭质页岩及以盆冲碎，吸其之 CO_2 及 SiO_2，最主要之砂蓝而将其残存的碳质重行聚集而成石墨，这就是说料以的郑贡花岗岩变质而成。

对于这类矿床来说区是非常有价值的，但是，由于对这些地区的工作不够，如今还没有较完全的资料，所究也更谈不上了，我们今后在此区工作也可注意这一点，因为在这里的矿床及花

~298~　　中国主要矿产及成矿规律

阔范围，分布都是很广泛的，也可以形成上失类型的石墨矿床。

同时对变质岩系中的石墨矿的研究也是不够的，当然在此也不能谈其价值之何了。

二、外生矿床：

横断山地槽的外生矿床亦是极丰富的，但是由于我们的工作不够，很多矿种区未发现，或为很少去调查，尤其西支。 区都差地更差。

（一）铁矿：

1、绕铁山式：到目前为止，发现的沉积铁矿的成矿时期大约有三期：震旦、二选、三选。前者分布于震旦碎屑岩中，二选三选的铁矿都与K系地层有关。

震旦纪的铁矿主要分布在德钦、维西、丽江、澜沧一带的古老地层出露的地方。在澜西，寒武纪主要是由石英岩、板岩、千枚岩、砂页岩及部分灰岩组成，层状的铁矿即产在砂岩中，矿体产状与地层一致，走向 NE，顺向南东，倾角平缓，一般 3～5°，矿体厚大见10M厚，一般矿层在层间、破理或沿裂隙而生，后破理；层理而生者多为砂铁矿，而次发原生者多为绕铁矿的细脉，矿石含铁最为 50～60%。质量不太高。

从这种矿床的对比、密目 岩性、产状形状等特征来看，想 绕铁山式的对比，我国已采群众，一般人认为其是变质变质矿床，岩层外目录及是无沉积的，例如此处水生矿床，当然也不大临色。

在震旦纪时期，此处在该受海浸了区，当时的沉积中，是在深山一带，是吕梁运动之后首先发生下陷的地区，随着海水的浸入，在海湾的边缘就有铁质的富集，其物质来源可能是古的康滇地层。

1、横断山地槽中的震旦纪地层，主要分布于东部的点苍山及袁铧山地向斜，以及西藏的唐鲁贡山地向斜上，因而我们今后主要在这些地方去寻找震旦纪的铁井是有效的。

此类型的铁矿是极大价值的，与其同类的有鞍山，绕铁山，东川等地，都是中外驰名。显然我们今后的工作一定要注意。

2、二迭三迭纪地系中的铁井及三迭纪红色地层中铁井与地井之探。它们大多分布在上古生代及中生代的凹陷地区，其为海陆交替或者内陆湖相的沉积，一般为似层状、层状、透镜状的赤铁井，赤铁矿之体。其成矿的地质环境及分布在二节中一起叙述。

这类型的井床估号不会很大，它的物质来源与二迭纪的基性岩有关，可能为其喷发之后经风化而将铁较带入水盆地中沉积下来的。虽然其估号不会太大，但是对于发展地方工业来说是完全可以的，因而，今后也不能忽视之。同时因为地层分布广，也很有价值，今后的找矿方向主要应该在中间的迎中生代的陆带（地向斜），及澜沧江上游一带广大地系分布的地区及红色地层分布之区。

3、侏罗纪地系中的铁井：据袁璞等的报导，在江亨，昌都等地都有此类型的铁井产云，如赤铁井及菱铁井，质量也很好，其他报导较火，不过据当时的沉积环境以及广大的侏罗纪地系的分布来看，还是有价值的，储存也不太少，对于今后发展西安的钢铁工业来说也是有一定的价值。

另外，侏罗纪的地层中还含有希元素，这就更大大的扩大它的价值。

在澜沧江上游一带也是广泛侏罗纪地田分布的地方，也可以在其中去发现此类型的井产，因其在沉积环境、古地理、构造运元上讲都是一致的，很可能它们还是相连的，如果是这样的话，此类型的铁井就更有远景了。

~300~

二叠纪　　海西运动使 育的山地槽迅速沉降时期，同时在石炭二叠纪代发育了海底火山喷发，地壳也渐升降，因而也就造成了一些分布浅水与星如集的海泡交替相的沉积，这尤其一般为好 岩异不丰富，但在昌都地区则不然，尤其在二叠纪 水发育是此较好 ，煤层广在地表达 1.8m 。

到三叠纪初期，　　槽发展达到顶点，丽江、镇沅一带发育了标准的地槽沉积，但 ，此时大理、丽江以东则上升为隆起地带，发育了很好的 系地层，直到侏罗纪，构造了二迭侏罗煤田，在澜沧江上以西也漫起沉积了陆相的红色地层，此时的海槽只是一个狭长的南北向的地中海了。

三迭纪末期气候变得干燥，沉积了许多红色地层，其中广泛发育了油页岩及盐类什苹。

三迭末期，发生宁支活动，大部海水已退出，但是，印支运动之后，经其褶皱，断陷之区仍 沉陷，其中沉积了侏罗纪的 系地层，这时在保山一带：有海水。

新第三纪及第四纪在腾冲等地区，气候仍然都非常温润，雨水也很多，有砂岩夹粘土层的湖相沉积 的发育，其中第三纪发育了很好的褐煤及第四纪的泥炭。

褐煤及泥炭 主要发育在燕山期以后山间盆地湖泊之中的。

根据 育发与 对应的关系，横 山地昌冶煤田大致可分以下几

1. 昌都地区内二迭纪煤田，此 西 有中到良 大水性的 煤 ，据苏联等人的报导，其地层厚共可见 30公尺厚 其发育寻万许。

2. 丽江、大理以东的三迭侏罗煤田，中间单 向斜的 段，大红色盆地之区，为陆相碎屑岩及 系地层，煤层就在砂岩中，质为思好，可以炼焦，挥发份高 18～34 名，为烟煤及

半烟煤，煤层1～3层，厚总约2～3M，其分布于整个红色盆地中，北自旧华坪、丽江，南至祥云、弥渡，是很有希望之煤矿区。

此外，在南部宁洱也见二迭三迭纪烟煤，其为低级的烟煤，有4～5层，总厚3～6公尺。

3、拉萨——澜沧江上游侏罗纪煤田：根据报导此区煤田分布很广，且有价值，但无实际资料可见，因而此处无法需述。

4、腾冲褐煤及泥炭：

(三) 盐类矿产：横断山系地区的红色地层分布的地方都是寻找盐类矿床的希望之区。其中最大价值的是北起永胜、永仁、兰坪，西至永泽，南达思茅的一大的红色盆地。各个盐井均分布此盆地的边缘。如兰坪、剑川、云龙、宁洱、景东等等。在此红色层中主要的盐类矿产是岩盐，及芒硝等矿种。部盐在腾冲景谷也有发现。

除与红层有关的盐类矿床外，还值得提出的就是近代的沉积物或湖泊中的盐类矿床，特别是西芙地区的湖沟中的盐类矿产是非常丰富的，例如安琪班戈错的芒硝，硼砂锶矿床及，拉萨东部的矿床等都是近代的。

西芙安琪班戈错的芒硝，硼砂，锂矿床位于拉萨与日喀则间，面积大5 Km²，厚约1.2米，含芒硝及食盐1.4%，芒硝以白色块状至细粒结晶多，美，芒硝，石盐等七本八八公尺，碱约3~6公尺，硼砂3440吨，含量都是很可观的。

在西芙高原上，因为气候干燥地区温度的，此此地此盐类矿产颇多，质佳量好但寄大而分布又广。

(四) 石油及油页岩：油页岩产于三迭纪或更新的红色地层中，主要见于蒙化（三迭纪）或怒江上游（第三纪）等处。蒙化油页岩产在红色岩系上部的棕色页岩中，共有四层，共厚13米时，各层之间夹有白色及灰白色的页岩，整个含油地层岩层总厚

~302~   中国主要矿产及成矿规律

千公尺。此油页岩价值不太大，但是有进一步工作的必要。
入红色盆地东北、丽江、盐源经过德钦、顺澜沧江河谷以东至盐津以西的一大条带。至鸣丽以南延至西藏地块的西部是一大利储油构造区。而且，在西艾它发现了油苗的显示，因而此区储油也是有远景的，这要今后工作来证实。

（五）风化壳镍矿：与超基性岩有密切的关系。它分布于峨眉山地背斜上的超基性岩中，为超基性岩风化后的产物。

矿床为地表化学风化作用形成的风化壳矿床，一般地质构造简单，矿体位于蛇纹岩体的表面，复盖层不厚（一般3~5m），矿体形状简单，呈层状，近于水平，随地形起伏而起伏。矿体顶板平滑，底板微有起伏。主要矿石和复盖层均疏松，矿石的组成是蛇纹石、绿高岭石、镍绿泥石、暗镍绿泥石、褐石蛋石、石英、矽镍褐矿和铁锰氢氧化物等。围岩是辉石橄榄岩变来的蛇纹岩，镍的含量不高，并有少量的 Co 和 Cr。

本矿床可能是第三纪或第四纪形成的。它的形成密切与气候有关，在本矿区也可见，此外是亚热带气候，既潮湿又热。并且风化壳的保存情况直接与后期冲刷及地貌条件有关。岩体的大小也关系着矿床的远景，石棉大的矿床远景也大，小的远景也小。另外，风化壳的形成与构造也有关，构造破坏则若风化水则广泛发育。岩石本身的颗粒粗细等不同都具有利于风化进行的。这一切是我们找矿中必需的地方。

此类型的矿床在峨眉山一带是有远景的。从而在超基性岩分布很广，今后可着重其，来来发现新矿床。

（六）其它：现代河流中的冲积砂金矿，锆英石砂矿等均是有价值的。砂金的分布主要是澜沧江、怒江床岸地区。价值较大，可能来自变质岩派中，但本区地形过陡，不宜砂矿沉积，是为不利条件。锆英石砂矿主要来自酸性岩体，为其风化之后的产物。

第三纪湖相沉积的铀矿，以及沉积的黄铁矿、寒武纪的磷矿，与基性岩有关的风化红土中的 Co 矿都是值得我们今后工作注意的，尤其是铀矿与磷矿，可能希望最大，也是我们国家急需之工业原料。

附：横断山系地槽主要矿产及其时代：

地质时代及火成岩	外生矿产	内生矿产	附注
Tr、J、T、P	煤炭及稀有金属		
J、T、P	赤铁矿、黄铁矿		
T	油页岩、盐类	水晶、汞、朱砂	
Pz	磷矿、蛭英石、砂矿		
	风化型镍矿、铀矿		
Mz 多性火成岩		W、Sn、Mo、Bi、Cu、Pb、Zn、As、Sb、Hg、Fe 水晶、宝石、稀有元素等	
Pz 基性超基性岩		Ni、Co、Cr、Cu 及硼等	
古老花岗岩		Au、Li、Be、稀有元素 白云母及水晶	

~304~ 中国主要矿产及成矿规律

喀喇崑崙地槽

一、概述

喀喇崑崙地槽是中生代末结束地槽，它的特点是具有中生代海相堆积，而且形成弧形褶皱。主要由古老结晶岩系及花岗岩组成，形成地背斜。北部地向斜凹陷较为主要，再北与崑崙地槽的南部古生代地向斜相连。地背斜之南的地向斜与喜马拉雅山的北段不易区分。（详见本讲义第七章所述）。

喀喇崑崙地槽有煤、油页岩、铁、锡钨外，铜外，银、铅、锌、钾和宝石的出露等，其分布及成因分析综合简述如下：

二、外生矿产

（一）煤：本区煤为燕山期，分布在于布雷康到拉萨几十公里间的地带，产于中生代侏罗纪地层中。煤为无烟煤，在侏罗纪后期横断山地槽向南北两方扩展，至边沿地带沉积了煤砂页岩系，同时持续期海自南向东延伸到拉萨和豐北地块，更往与横断山地槽相结合。此时的沉降中心移至黑河以西，自拉萨到豐北地块都在强烈沉降中，在沉降初期还有大量基性岩浆喷发，侏罗系总厚有2600米以上的海相沉积，所以为进一步勘探煤的远景地区。

（二）其他：在侏罗纪层中还有含铁的现象，是沉积铁的标志；此外，在怒江上游第三系中含有油页岩，其他的大型山间盆地中也可能有油页岩的广泛分布，是值得注意的。

三、内生矿产

（一）铜外：据初步勘探在拉萨地区的古老变质岩系中产有铜矿，可能是产于大理岩与花岗岩的接触带。

（二）钨锡外：分布于喀喇崑崙地背斜带，为燕山期的产物。

中国主要矿产及成矿规律　～305～

锡矿床有石英锡石型的，也有硫化物锡石型的。据柯兹洛夫，塔里木盆地背斜带的锡砂矿延伸到叶尔羌河上游和帕米尔之间，约有100公里之长。

(三)、金矿：与钨锡矿一样，分布在塔里木盆地背斜带的古老变质岩系中。

四、其他：

在泥盆纪和侏罗纪地层中还有发现铜、铅、锌、砷和金属矿化点。燕山期的岩浆活动，以酸性火山岩为主，在松潘的林子宗火山岩系下部为中性斑岩，上部为流纹斑岩夹集块岩，也属于燕山期，在黑河一带还有安山岩喷发。由于规模的岩浆活动强烈破坏，中生代地层遭受了深浅方向的变质，所以推测以上矿产和燕山期的岩浆活动很有关系。因为中国燕山期的岩浆活动带来很多金属矿产。

附：塔里木盆地槽主要矿产及其时代

地质时代及火成岩	外生矿产	内生矿产	附注
Tr	油页岩		
J	煤、铁		
燕山期酸性火成岩		W、Sn、Pb、Zn、Au、金属矿等	
古老变质岩		Mo、Au	

喜马拉雅地槽及台湾地槽

一、喜马拉雅地槽：

(一) 大地构造主要特征： 喜马拉雅地槽位于西藏的最南端，包括雅鲁藏布江以南的地区，西起帕米尔印度河上游，经塔什米尔、尼泊尔、不丹，在雅鲁藏布江转弯处急折向南，冲入缅甸西部，其包括为世界最高的喜马拉雅山系，其南是印度河、恒河平原，北为喀拉昆仑地槽及藏北地块，东及东北为横断山地槽。喜马拉雅北坡平缓，南坡陡峭，极不对称。

喜马拉雅山是在晚大的阿尔卑斯构造旋回中形成的山系，其近代的活动性也较强，直到现在部分在继续上升，并且区非常显著，这些地带的改造作用还较剥蚀作用为强，据李璞、王大纯、袁道先以及西藏地质局地质人员在西藏东部的路线观察和印度地质学者在克什米尔及印度北部的研究，喜马拉雅可分为几个构造单位：北喜马拉雅中生代地向斜，大喜马拉雅地背斜，西瓦里克老新生代拗陷。

(1) 北喜马拉雅地向斜： 在雅鲁藏布江以南作东西向延伸，其中沉积了从古生代早期到始新世的含海相化石的地层，并经了大量的中酸性熔岩，火山岩的喷发，其主要下沉时间是P，石炭纪，到晚三叠世（上墨地）到老第三纪初期，新始世末至中新世末褶皱上升，形成线状紧密褶皱。

(二) 大喜马拉雅地背斜： 由喀什米尔河谷向东延长，包括尼泊尔、不丹和中印交界地区的高峰，其在阿萨姆以北，沿雅鲁藏布江急折向南，冲入缅甸掸若高原的西部。

这个带主要由前寒武纪的结晶岩及变质岩组成。包括花岗岩，花岗片麻岩类，片麻岩，千枚岩，各种片岩等。此结晶轴在整个地史时期都起着稳定地背斜的作用。由于它的阻隔，在印度方面也就只有极薄的古生代地层发育可甚至缺失。

(3) 西瓦里克边缘拗陷（新生代）：

相当于地形上的西瓦里克山，此带位于喜马拉雅地背斜之南，也是东西延长的窄带，西入巴基斯坦，东入纷(?)剑西部，多在国界以外。这一带几乎全是由第三纪，而且主要是上第三纪河流相沉积构成。构造简单，第三纪沉积厚数千公尺，下部砂页岩及泥岩的复理式建造，上部是为湖相建造；褶皱多成紧闭的线状形式。其中没有基性火成岩及超基性岩。

喜马拉雅地槽：在古生代之初，就已形成了一个大地背斜和其南北两面的大地向斜。大地背斜即为今之喜马拉雅山系所在，而向斜即为今之雅鲁芙布江及恒河流域。此地槽从古生代直到第三纪都未经受强烈的造山运动而沉积了很完整的各期海相地层。

(二) 矿产分布：

从喜马拉雅地槽的地质发展及大地构造来看，本区的矿产可以肯定的说是很丰富的。但是，由于对此区域的工作太少，了解极端不够，所以就没有多少实际资料可谈，仅从其地质情况来看，可能发育的矿产是：

(1) 铁、锰矿：地背斜结晶岩带扳大的可能，在印度半岛的古老结晶岩系都有很好的铁、锰矿的发育。

(2) 稀有金属：晚期花岗岩活动有关。

(3) 砂铁矿以及 (Cu、Pb、Zn)、热液矿床，新生代花岗岩与花岗闪长岩的接触带中。

(4) 铬、镍矿：在超基性岩中。

(5) 压电石英也是喜马拉雅山脉中的重要产物。

(6) 石油：在喜马拉雅西带。

(7) 沉积矿产：北喜马拉雅地向斜中，至今对这个地向斜

~308~　中国主要矿产及成矿规律

的情况知道极少，绝不可能相任。在变改的地槽史上不发育矿产，因而今后可以在其中去寻找沉积矿产。

(3) 第四纪近代湖沼盐类矿产。

附：喜马拉雅地槽主要矿产及其时代

地质时代及火成岩	外生矿产	内生矿产	附 注
Q 近代期	盐类		
K₂ 花岗岩及花岗闪长岩		砂铁矿，Cu、Pb、Zn、及稀有金属等	
超基性岩		Cr、Ni 矿	
古老结晶岩系	Fe、Mn		

参 攷 资 料

1. 中国科学院地质研究所　中国大地构造纲要　1959
2. B.M. 西尼村　亚洲发育地区的大地构造轮廓　地质译丛 56，四
3. B.M. 西尼村　中国大地构造轮廓　地质译丛　56，第六期
4. 谢家荣　中国矿产地分布规律及其预测　地质知识　54，8期
5. 俞德开　中国地质学　地质出版社　1959

6、成都地质学院： 中国地质学讲义 1959.9.
7、谢家荣： 云南矿产概略 地质论评 第六卷1～2期
8、邓家蕃： 滇南硅酸镍四型风化壳矿床的普查与勘探 地质月刊 58年9期
9、李璞： 西芙地质的初步认识 科学通报 55年7期。
10、彭孝贤： 云南沉积及沉积变质铁矿的找矿方向 月刊 58年10期
11、吕宝善： 怒江两岸大地构造单元的商榷 地质月刊 58年10期.
12、　： 五八年北京会议资料.

二、台湾地槽：

(一) 概述：

1、大地构造主要特征

台湾位于福建省的东南，为我国沿海第一大岛，与最大陆距最近处只有135公里。全区由台湾及澎湖群岛组成，是属于新生代地槽区域，以及喜马拉雅褶皱带为界，近来本区地壳运动是第三纪剧烈，许多火山喷出岩形成，此区走向及主要构造均呈南北向，且为一略呈西凸东凹之弧形，象一条梯形构造。被断成几个南北向梯形向斜，中间经过断裂，形成一些山系，和西南海岸一些平原地形。随之褶皱运动和断裂的同时，火山喷发很剧烈，主要以安山岩、玄武岩等为主，其他岩类似辉长岩、煌斑岩及蛇纹岩等。所形成的岩脉及小规模侵入体亦多，酸性岩浆稀少。断层以台东断层线最大，断层与梯形轴线平行，北越台

北的苏澳，南至台东之南端。断层发生的时期：差三更新世和冲积世。根据构造形式、变质程度和火成活动情况，台湾大致可分为主要五个地质带（如图）。

(1) 台东山脉：主要为新第三系海成，夹有火山物质。

(2) 大南澳带主要由大南澳、苏澳两部分组成。大南澳统属于佐川山地的融部形成半个非对称的复背斜，由角闪母而岩岩浆岩和厚层灰岩组成。苏澳统呈带状分布，由黑色板岩及石英质砂岩构成。

中国主要矿产及成矿规律

(3) 乌来带有乌来统构成，构成台湾的脊梁。

(4) 西台湾带是新第三纪形成的，它一再重复褶皱，由中新层形成的基隆叠瓦带。

(5) 西海岸平原主要是冲积层形成的，与脊梁山脉的升高对应。

2. 矿产分布及成矿规律

内生矿床主要产在东部大南澳带和乌来带以及台湾北部台北、基隆地区。矿种有：金、银、铜、铁、锰、铝、锌、汞、铿、硫、明矾、石棉等。外生矿床主要产在西台湾带和西海岸平原及台湾东。以煤、石油和天然气为主。

第三纪构造运动所形成的一系列平缓褶向斜，成为主要煤和石油产区，特别是在中新世地层，不仅是煤系地层，也是石油和天然气的主油层和气层。在构造地层上，开发最有希望的是麓山褶皱带（相当于西台湾带）。据苏方意见，其中脊梁山褶曲变质带（乌来带相当），没有石油的希望。台东和台北火成岩活动带，希望也不丰厚。西海岸平原凸出带不作重点，且埋太深。煤层是北部多南部少，主要是台北统东北至基，北部夹煤层，南部没有煤层。第三纪的褶皱运动的同时，中基性岩浆随着活动，因而有斜长岩侵入和安山岩、玄武岩的喷发。这些火山岩特别是安山岩与形成大型金属矿床有密切关系。

(三) 矿产矿床

1、煤矿：台湾煤层是第三纪造山运动时期，主要是中新世开始，台湾本岛普遍下降，在未被海水侵入的下陷区域，即向斜部份形成的。主要分布在台北、新竹及基隆一带，如石底、万里和八堵等地，多属于第三纪中新世台北统和上新世新竹统地层。含煤层状夹在台北统砂岩页岩和火山岩中。台北统相当很大南北相异，北部以灰岩、页岩为主，含火山岩及地层，还有凝灰岩，总台湾北部在成礼时期，而南部仅是砂质页岩，缺火山岩和灰岩。新生多为沉积岩、火山岩。分两层：下部以灰页岩为主，局部有珊瑚灰岩，含有丰富的有孔虫、瓣鳃类及珊瑚化石。最大厚度可达1000M。上部除页岩外，多为砾岩。新竹坑不仅是台北的主煤层，也是台湾的伍油层和伍气层。台湾煤以台湾煤田为主，煤永产在海山系地层中，延长120公里，煤层较薄，（共0层）小于1米，变化较大，规模较小，质量不好，有下中上三层，均为烟煤。估计伍为复四亿公吨。

成矿分析：由于煤层多产在第三纪构造运动的褶皱的下临区域，在沉积时海⋯⋯火，北期主要是内陆相沉积（也夹海陆交互相沉积）新竹期是海陆交互相沉积，同时缓慢下降，沉积寂厚。由于当时珊瑚和其它生物非常发育，可知当时气候是温和又潮湿的，特别是在新世更加湿，由于植物的繁盛，所以形成煤层，由此可知之所以中新世煤层比上新世煤层好，就是因为气候的变化。由此在中新世的沉陷盆地中，特别是台北的地层是主要成煤时期，但是由于⋯⋯相变很大，南北差异，煤层都集中在北部，南部没有。可是我们认为台湾第三纪地层中不限于这一隅之地，可能还有新的发现。

2. 石油：台湾油在清朝时代就开始开采，是我国较早的老油田。产于西部隆起平原的底部山地⋯⋯特别是麓山褶曲带上五十几个褶皱部族产油。主要人矿⋯⋯苗栗，竹南的伍水，嘉义的新营等处。已知的石油产都是在第三纪的新北地层，尤为中新世在西部北系地槽沉积的海陆交互相沉积，有机质丰富，且天有火山岩层，是成油的良好条件。

成矿规律分析：据陈某人的研究，台湾油田有两个特异性⋯⋯一，台北大树造是由东外压造成的复背斜，在⋯⋯

中国主要矿产及成矿规律

翼低部的小背斜一般是西陡东缓型构造，平缓的东翼挡不住由西而东上的油。第二，台湾雨量特别多，丰富的地下水配合作这种台湾型构造所生成的 Flushing 作用，会把生油带走。

台湾油田的油母岩也许是鸟未统，台湾已知的含油层都在中新统，上新统似乎没有富集的可能，新第三纪地层的岩相，台湾南北虽有点不同，但有理由相信有希望的油田并不限于南部，而真正支配油田成败的还是背斜的构造，和它所在的地质区域。有前途的台湾背斜油泥要多，流失要小，所以它的位置，不在大构造隆凸之处的麓山褶曲带中。本身必须的条件是平缓开阔的西翼和陡窄的东翼，西翼不能有断层，东翼的闭合性断层可能有益无害。这可能找不到，但过陡的东翼和平缓的西翼仍是台湾良好油田所必须的条件。现在推测，未来有希望的采油田区，应该在台中，新营、和恒春附近。在嘉义以南，下淡水溪中游的丘陵地中，地层中也发现了油田构造，将来在那里开采石油也是有希望的。

3. 其他：油田中还有大量的天然气，可以随石油附带开采。

此外，在台湾新南（团沙）群岛还产有P（磷）。

(三) 内生矿产：

1. 硫磺矿：台湾的硫磺矿与近期的造山运动伴进行的岩浆喷发作用有关。因此多分布在台北大屯第四纪火山区，如北段冷水坑、大油坑、三重桥、七星子等地。

台湾硫磺矿多为自然硫，按其成因可分为三种：

(1) 升华硫磺：是由磺气孔喷出，聚集在附近火山岩上生成即火山喷发作用升华作用而成的。

(2) 浸染硫磺：是喷发的气体与围岩的交代浸染而成。

~314~ 中国主要矿产及成矿规律

自然硫多聚集在多孔的火山凝灰岩堆积物的裂隙或孔隙中。

(3) 沉积硫磺：是硫气喷孔在池沼中发生沉淀而成，或者是与火山作用有关的温泉中之 H_2S，经不完全的氧化作用而成的，多存在于火山口湖内。

其中以喷溪硫磺为最重要。

成矿规律分析：由于资料有限，对台湾的硫磺矿，不明的以及很多关于硫磺矿的分布规律和形成问题尚未搞清楚，但是根据现在已知的硫磺矿是台湾主要矿产之一，在成因上与火山喷发作用有密切关系，且全为自然硫磺矿床。我们知道，台湾地区的近代火山作用是相当发育的，特别是台湾北部地区，因此，在台湾的自然硫磺矿床是富有远景的，在近代火山喷发地区，还可能有很多新的硫磺矿床的发现。

二、金矿：台湾的金矿多产在现代火山作用强烈的地区，主要分布在台湾北部基隆附近。基隆地区以金瓜石、瑞芳及武丹坑组成三金山。其中经济价值最大的为金瓜石及瑞芳两地，向以产金、银、铜等著名，金脉富化体与火山岩（安山岩）有密切关系。

金瓜石金矿脉具有充填交代及喷溪型三种：

(1) 硫砷铜矿与金矿共生的多金属矿床：上部以金矿为主，下部以硫砷铜矿为主。其它共生矿物有二氧化硅石、明矾石、黄铁矿、斑铜矿及砷矿等。

(2) 瑞芳金矿脉：为裂隙充填矿床，没有见到铜化。脉石以方解石为主。共生矿物有黄铁矿、闪锌矿、方铅矿及辉银矿等。

(3) 武丹坑金矿：但此位很弱，质量不及上两个矿床。

成矿规律分析：台湾金矿多与火山作用，特别是安山岩作用有密切关系。由于台湾蓬莱式的造运，形成有断裂和随之而起的岩浆活动：很强烈，有安山岩、玄武岩、辉长岩、斑岩。

中国主要矿产及成矿规律

蚀变岩所形成的岩脉和侵入体也相当发育，因此台湾的金矿不仅在基隆一带发育，而且在台东海岸山脉和大南澳带及其间的老岩系纵谷也可能会发现更多更好的金矿床，是我们今后在台湾找金矿时应特别注意的。

3、铜矿：台湾铜矿常和金矿一起共生的，也是产在火山喷发岩地区，主要以基隆附近为主。在基隆附近金瓜石、长仁有硫砷铜矿，与金矿共生，结晶巨大，但含铜成分不高，规模很小，一般多是和金矿同时开采。在台北苏澳附近，也有含铜硫化铁矿床。另外，在东海岸带的结晶片岩中，常见有含铜的硫化铁矿床，以黄Fe矿、砷黄铁矿、黄铜矿为主。露头部分含铜率较高，但似乎不多，开采价值不大。

成矿规律分析：台湾一向以产金、银、铜著名，可是对台湾的金属矿床研究还不够，虽然知道有些老资料也未查全。但所有金属矿床多与台湾第三纪岩浆活动有密切关系，特别是第一纪构造运动的断裂带中，是成矿的良好通道，可能有低温热液矿床的富集。同时在台湾东海岸一带的结晶片岩中，也存有含Cu的硫化Fe矿床，这些结晶片岩为大南澳片岩，地质年代尚未弄清，可能是第三纪以前的岩层，经褶皱运动或岩浆作用的影响变质的。无疑的，构造运动和火山作用对形成金属矿床提供了有利条件。特别是低温热液的含铜硫化Fe矿床易于富集。因此我们认为在台湾除基隆附近的金瓜石、长仁两地的铜矿床外，台湾东海岸山脉及大南澳带也是产铜矿有远景的地区。

4、其他：锰矿产于台北苏澳附近，大部分产于石英片岩中，成层状，以硬锰矿为主。矿床的工业类型尚未弄清楚，可能是老地层受地质作用的矿床，也可能是相当于太平洋第三纪热液矿床。锰矿可以随金、铜矿一起开采。

在台北苏澳群东澳呆鸟林附近及南澳、大浪北溪附近有白云

~316~　中国主要矿产成矿规律

母矿床。

　　此外，铅、锌、锰、汞矿也有，说明矿、石棉也产有，但都较次要。

参 攷 目 录

陈秉范：　　台湾老油田之新指法　　地质论评 13 卷

小林真著：
刘兴文译：　台湾地质构造发展史　　　地质出版社

殷祖英：　　台湾的自然条件与资源

俞德浦　　　中国地质学　　　 科学出版社

附：台湾地槽主要矿产及其时代

地质时代及火成岩	外生矿产	内生矿产	附注
Q 火成岩		菱铁矿、砂黄铁矿、含铜硫化铁矿、黄铜矿、黑钨矿、闪锌矿、方铅矿、辉钼矿、毒砂矿、重晶石、明矾石、尿砂、石棉、汞等。	
Tr 上新世 Tr 中新世 Tr 辉长岩 玄武岩 火成岩	火、石油及天然气 外：石油及天然气	各种内生金属矿床	

第七节 结束语

「中国主要矿产及成矿规律」是中国地质学时属的第八章，但从其份量及内容之丰富程度而言，它可以独立成为一篇讲义。在以前中国地质学讲授中，矿产分布是贯穿在在整组内容之中或者简单的在每一大章元之后，有些则附于整个中国地质学之后略谈其分布规律的，而关于中国地质学的最终目的是为了找矿不能够从讲授及教材安排上体现出来。解放以后，在党的领导下，地质科学得到了空前的发展。在教学事业中，理论密切结合实际是党的教育方针中主要的内容，因此中国地质的目的为了阐明矿产分布规律或进一步到阐明成矿规律，而最后发展到紧密的结合矿产，预测心须逐步的找出来了。我院地古教研室中国地质教学组在院党委的领导下，贯彻了党的政策了针也逐步的认识了中国地质科学之教学工作应走之道路，所以以中国地质学第八章「中国主要矿产及成矿规律」学题进行科研，编写教材，并在中国地质的讲授中，安排了村近二十学时的讲授。

本次科研是采取三结合进行的，具体而言，就是在党支部的直接领导下教师与学生相结合，参加科研的教师共有四位，参加的生有找矿学56105～56109 四个班共二十人。组织形式是在党支部书记直接领导下，教师及学生做一人共同组成领导核心，分工是大致一个教师与几个学生组成一组，按照中国大地构造分区而分别担任华北陆台、扬子陆台、华夏陆台、地槽区四部分编写，每组里又按矿种分别一人或2～3人负责1～2组矿种的编写。教师负责每一节之概述及整理之话论。

这次科研是在院党委号召大搞科研而师生积极行动开始的，从第十周开始到第十三周止，每周抽七学时，也就是在二十八学时内编出了这本讲义。在这短少的四周里突击出来的「中国主要

~318~   中国主要矿产及成矿规律

矿产及成矿规律」讲义，就其字数来说有17万字，师生在编写过程中参阅综合的文献就有150余本。

在群众大搞科研的时候，党内还有一股逆流，说"科研不能大搞专字搞"，"多数八稿不成"，"学生搞科研质量不高"，"科研与教学矛盾不可统一"等。我们却在党支部直接领导下，三十四个师生相结合，通过仅仅三十八个学时，有了「中国主要矿产及成矿规律」谈谈这三结合的科研的收获：

1、提供了教学资料。半责任教学内容，前面谈及中国地质结合成矿规律是贯彻党的教育方针，理论结合实践的开始，所以从来没有一本完整的系统有关参考资料或讲义，而我们为了教学的需要，用自己的双手编出来了，它综合参考了有关文件150余篇，可以说尽管它目前尚未十分完善，但它却提供了讲授中国地质中关于中国主要矿产及成矿规律以系统文件，丰富了教学内容，这不是少数人依靠搞出来的，而是三结合的结晶。

2、通过了这次科研，使师生共同认识到了中国地质的理论与实践的方向，教师在编写中深感对成矿规律知识不足，这对以后提高教学质量起了推进作用。在学生来说，通过了编写杂阅了不少文件（平均每人有5篇以上）巩固了课堂所学，同时能够一起同所学，这可以从本学期中国地质期终考试成绩来证这问题，参加科研的30位同学除一名未交卷外均是优良成绩，70%以上为优秀成绩。这可以说科研没有降低教学质量而是提高了教学质量。

3、本次科研是首次较大规模的师生结合，搞的是新的从前没有的教材，从以上三点说明教学必需与科研相结合，这为以后进一步搞好三结合，大育群众性科研打下了基础。

最后我们应该说由于时间比较短促，我们参考综合的新资料还不够多，我们的知识水平不够高，编写后还来不及充分讨论修改，今后进一步修改完善是必要进行的，然而继续贯彻党的教育方针，坚持三结合的原则，坚决在科研中走群众路线，使中国地质学与实践结合，而且有阶级斗争是我们今后继续努力的方向。

编写《中国主要矿产及成矿规律》讲义的报告

报告

中共中央关于召开全国科学大会的通知中说:"在华主席为首的党中央领导下全国各族人民团结一致,艰苦奋战,我国悠久的文化传统,必将得到发扬光大,我国丰富的自然资源,必将得到充分开发。"方毅同志在全国自然科学学科规划会议结束时的讲话中心提到:"建议老科学家在可能的情况下,在身体允许的条件下,写文章,把你们的感受写出来,给后人留去科技发展的资料。"读这些文件以后,我也同其他科技人员一样,心情激动。谈到自然资源的开发,开发矿产是主要课题。研究中国地质的目的,就是为找矿服务。现时我国已经有许多专家对个别矿产,做过很多实际的研究。就而在成矿规律上,形以大地构造与各种矿产的内因和外因的连系,还缓作进一步的普遍研究。当然,这种工作是经纬万端的,单是中国大地构造,就是众说纷纭,新的理论,必有多种意义。这就值得进行分析,予以抉择。要从构造中找出成矿依据,并反转来用矿产的生成来证实大地构造的划分。然而主要的目的仍然是研究成矿规律,把我国各种主要矿产的生成和分布,找出或多或少的规律,条分缕析,做出科学结论。以便于对找矿和地质工作人员有指导的作用。对广大群众,有普及的意义。我读的中国地质课,在1960年,在找矿系党总支和地质教研室党支部统一领导下,曾以三结合的方式,编成了一部《中国主要矿产及成矿规律讲义》。但由于编写时间的仓卒资料的缺乏,在当时错的地方很多,以现在的标准来衡量甚至可以完全废去。然而仍然可以作为一个参改文献,鉴于地质工作和教学的需要,建议区域地质教研室,把成矿规律作为一个科研项目,在教研室党支部统一领导下,组织力量,进行工作。我愿以退职之身勉力以赴，贡献力量，参加这一工作的研究和编写。

我矿采退休教员 常隆庆
1978年2月1日

1978年科研计划

科研计划

1. 题目　中国矿产的成矿规律

2. 参加人员　常隆庆、黄邦强、钟浩义

3. 研究目的　研究地质学，主要是解决矿产资源问题。每一种矿产在地壳中的赋存有一定的位置，定的分布范围和品位高低都与方化各时期的成矿条件有密切的相互关系。把许多种同类的矿产来比较研究，就可以找出某些条件是共通的，而某些条件则是特殊的。一般说来，从共通的条件中，可以找到一种矿产的成矿规律。当然，这些条件是大前提，有了这些条件，可以缩小找矿的范围，对找矿有重要的指导意义。即是说要找这些件矿，必先看有没有这些条件，这是起码的条件，但不是绝对的条件。

我国地大物博，已知的矿产非常丰富，我们就可以利用已有的资料来寻求矿产的成矿规律，使地质工作者能够利用这种规律来寻找更多的矿产，以达到华主席号召的"加强地质工作，大打矿山之伙……适应经济建设高速度发展的需要"。

矿产在地壳中的赋存，简单说来，仍然是空间（地区）、时间（成矿期）和环境三项要素的相互关系。这三项要素，都是非常复杂的。对这一系列的问题，都需要有整体的认识，要从众多的事例中，才能找出线索。因此，有进行全国性矿产成矿规律研究的必要。

4. 研究内容　主要的工作内容有三项：

(1) 大地构造轮廓　我国的大地构造模式，是经过许多代纪的地质演变才形成的，所以各种矿产的生成和演变，是和大地构造有密切的关系。因此，要研究成矿规律就要首先研究大地构造轮廓。所谓轮廓是根据大地构造的传统理论将我国的成矿地区划分为几个大区，使成矿地区与大地构造区划能够互相吻合。

(1)

<2> 成矿时间　矿产生成的时间，有和围岩或脉石同时生成的，有在生成之后富集或变质的。各种矿产在不同的时间内，都能生成，但性质就有所不同。所以在同一时期的岩层中，往往可以找到同一性质的矿产。在同一大地构造区划中的矿产，这种规律性尤其显著。

　　<3> 成矿环境　包括温度、压力、海陆变迁、生物分布、基岩性质、水流和风力的方向、空气潮湿度、褶皱、断裂和破碎的型式、围岩和岩浆岩的类别，动力大小等等。在不同的环境中，成矿的型式就不一样。要知道某种矿产的形成，就要研究当时的成矿环境。这就需要了解当地的有关岩石矿物资料和地质发展史。

　　研究工作即依上述内容分别进行，最后分别作出成矿规律。

　　5. 分年进度　全部科研预计四年完成。

　　第一年（1978年）　搜集和整理资料

　　　一、分类摘录主要矿产资料（黑色、有色、可燃有机及其他）。

　　　二、阅读适当比例尺地质图、构造图、矿产图和有关说明书，侧重于基底岩系的分布和各主要旋迴的影响及有关矿产。

　　第二年（1979年）　编制图件

　　　一、中国主要矿产分布图

　　　二、各主要构造旋迴古地理图和断裂系统图

　　　三、各主要构造旋迴岩浆岩分布图

　　　四、中国大地构造简图（轮廓图）

　　第三年（1980年）

　　　一、编写地台区主要矿产成矿规律

　　　　（一）煤炭　　（二）基底岩系中矿产

　　　　（三）内生矿产　（四）外生矿产

（2）

（五）其他

二、绘制叙述中各种矿产的成矿环境图

三、绘制叙述中各种矿产地质柱状图和对比图

第四年（1981年）

一、编写地槽区矿产成矿规律

　　（一）总说　　（二）内生矿产

　　（三）外生矿产　（四）其他

二、绘制叙述中各种矿产的成矿环境图

三、绘制叙述中各种矿产地质柱状图和对比图

四、校改全部文、图稿

6. 需用材料及经费预算

一、需用材料

1. 1:10000000 中华人民共和国空白地图 200幅，作编制各种图件用

2. 绘图纸（道林纸）50厅

3. 透明纸 20米

4. 绘图用具及文具纸厅

二、经费预算　全部3000元

　　用于收集、购买资料及之进图件、文具、纸厅

1978年3月20订

3月30修订

科研计划初稿 1978.3.20

1、题目：中国主要矿产的成矿规律

2、参加人：袁奎荣 黄邦强 滕镰义

华主席在第五届全人大会议上的政府工作报告中说："必须发展基础工业，必须大力加强地质工作，大打矿山之仗，使地质工作走在採掘工业适应经济建设高速发展的需要。"

3、目的性：研究地质是，主要是解决矿产资源问题。地壳中矿产资源赋存在地壳中的蕴藏，总有一定的储量而它的品位高级来分布范围，都与当时期的成矿环境条件有密切的相互关系。把许多种同种类的矿产来比较研究，就可以找出某些条件是其国性而某些条件则是特殊性。共同的条件一般说来由不了这些成矿的规律。在一定成矿地质条件下有这些条件，也不一定就一定有这些主要矿床的成矿范围，附近矿有强的指导意义。既然要成矿条件，必须发成矿条件。

我国地大物博，已发现的矿产非常丰富，我们就可以利用已有的资料来总结矿产的成矿规律，使据发现用这种规律来发现新的矿产送到国家经济建设更好地服务。"加强地质工作，大打矿山之仗"

"适应经济建设高速发展的需要"

矿产在地壳中的赋存，简单说来们这是地层、时间、环境的关系。这三种需要中及第三种都是互相关系的，是非常复杂的一个重要因素。们对这一复杂的问题，都需要有整体的认识，才能做好进一步细密周密的有建设性研究的必要。主要目的有二种：

① 我国的大地构造单元，是经过若干代的的地质运动，才形成的。矿产矿产的生成和发展是与大地构造有密切关系。因此要研究成矿规律就要首先，研究大地构造轮廓。所谓轮廓是根据构造特征划分大地构造单元时的主要大地构造单元。

据大地构造理论纲领出来的，还在井…是某一等级阶作好区别。
将机固成片地区划分为若个大区……地主边的正确大地构造资料。

2. 成矿时间 时间成矿条件之一，内生矿产，一般来
岩石及其有密切关系。内生矿产则与有利围岩和临近同时生成的有
在后又经过富集或变质，各种矿产生不同的时间都有形成
的在同一时间内产成的成到同一性质的矿产。在同一大地构造同
中的矿产是种性质尤其显著，就有一般规律性。

3. 成矿环境，包括温度，压力，渗透度迁，生物作用，基
性、性质，降落位置，水质和风力加，潮湿度，裂隙度成，岩浆岩
种类，动力大小等。在不同的环境中，成矿的形式就不一样。
要知道某种矿产的形成，就要研究当地的矿环境。这就需要参考
成矿地区有岩矿产的资料和当地地质的变迁历史。

研究工作进行明后与述三项分期进行，总计需要3年时间，方案一
第一年任务为编制(大地构造区划图，具体比例同旅100
万分之一地质图及各种大地质构造的运用，及有关说明书，侧重于基底
岩层的分布和各种运种回的主要影响。二、编制矿种参改图律
1. ① 编制中国主要矿产分布图，主要矿产分为基底关系中矿产。
2. 外生矿产 ④内生矿产。 ③可是有机矿产。
2. 编制各种构造体国与矿生图。地使用和不断裂带图。
3. 主要 岩浆岩图分布

矿产分类 黑色，有色，其他

第二年(1979)
1. 编写东部地区区矿产成矿规律 一、总论
二、基底关系中矿产。
三、外生矿产 四矿经有机矿
四、内生矿产
2. 编制各种域进中的成矿环境图。
3. 编製会成矿中的各种矿产地层柱状图及 地层对比图。

第三年（1980）

⟨1⟩编写地槽成矿及成矿规律

1. 总论　　1. 基底发展中矿产

　　　　　2. 盖生矿产　3. 可能有找矿产

　　　　　3. 内生矿产

⟨2⟩编制金亚中的各种矿产地层柱状图及地层对比图.

⟨3⟩绘制构造中以及种成矿环境图.

⟨4⟩校对改全部文稿和目录。

地 质 笔 记

四川岳池县溪口大槽实测剖面纪录
1961年5月13日

由下而上

以寒武系灰岩顶界，灰岩厚层夹些露头实为标志
E 144° 38° (高)　　　　　　　　　　　　零发料

石灰岩：淡灰色，水湿绿色稍深，风化后呈白灰色，含泥质重。泥质在灰岩中，分布不很均匀。含泥质多的地方，易受风化。风化表面多有粘土堆积。组织坚固紧密，有细微结晶。见 HCl 强烈起泡。厚度均匀，含理水平，上下各层均在 0.5m 土，无大差异。层面经侵蚀后，凹凸不平，多作 4-5cm 凹坑，並现许多较大坑洞。接近层面处常有铁质夹层，並不连续，侧面观察，呈断层般的褐色细线。节理发达垂直层面，一般造成显著的岩石。性很脆，断面粗糙，打破时有土臭味。由于含泥质多，风化后适宜于植物生长。多松柏树，植被茂密。

O-001 〈501〉 159° 36°　　　　　　　4.08m
页岩棕绿色，水湿后色稍深，风化后呈黄绿色，保泥质组成，组织均匀，粒度极细。不含灰质，过 HCl 无反应。水平层理，每层在 1cm 以下，容易顺层理面劈开。下部层理较厚，上部层理较密。最顶部有含铁质似顶之一层，厚约 2cm，风化后呈棕黄色。层面一般平正。风化后成小碎片。层内石碎片很多，有时可见小的黄铁矿结晶。此三叶虫等品种及许多腕足类化石 F004, 005.

O-002 〈502〉　　　　　　　　　　　4.10m
页岩棕绿色，稍带灰色，风化后呈灰绿色，保泥质组成。粒度极细水平层理，每层在 1cm 土，以层理容易劈开。下部层理较厚，上部层理较密。层面平正，风化成碎片。层内结构紧密不易破碎。F006 Lingulella F008

O-003 〈503〉 147° 41°　　　　　　　2.30m
页岩棕绿色，风化后呈灰绿色，全由泥质组成，粘结紧密，组织极细。过 HCl 无反应。层理平正，每层 1cm 土，风化

成份及状态层代，作灰绿色。层内美化石多轮多三叶虫、腕足类。

以上二层灰岩均凡化强烈，左半地为枝车远生地。下伏的寒武系石灰岩上合，与上震岩层〈504〉为临。

O-004 〈504〉   309°∠73°   7.70m
泥质灰岩与页岩之互层。灰岩呈灰色。凡化成土黄色。灰岩中含大量泥质，约占30%以上。结构紧密坚硬。不易锤碎。不呈晶粒。未凡化外，遇盐酸强到起泡。已凡化则不起泡。中层状。水平层理。凡化后层次清楚。如同色有未凡化之页岩，呈蠕虫状，或如竹叶状，大致排列在同一层位上。即页岩断为多层与灰间的多界面。因有页岩相隔，非常清楚。层面稍有起伏，侵蚀後凹凸不平。每层厚70-80cm。层内节理发达，裂隙甚多。

页岩作黑灰色。凡化后呈黄棕色。质坚密。从其凡化后颜色上看，似乎含铁质多。层理水平。凡化面很破碎。〈此此地层有局部变动，此页向倒转。向中可能有一小断层〉

15/5 O-005 〈505〉   303°∠78°   1.99m
重泥质灰岩浅灰色，略带粉红色。水湿后，粉红色更显著。风化后呈灰白色。含泥质多。在新鲜面上遇HCl只轻轻很小的泡。此为与上下层不同之处。结构紧密硬而脆。未结晶。水平层理。下部面层厚约30cm。往上加厚。顶部约50cm。层面凡化後：呈比较大的凹凸，史中有许多不规则戍肉。在岩石侧面，则成垂直层面的肋肉。呈相平行。生凡化强烈层面上，有较大的凹洞。左侧面排列成会。会内结构一致。只是有些地方，红色稍深成水云状。节理很大，破裂面细致。半层岩石风化後均成泥土，其上植物畅茂。未见化石。

O-006 〈506〉   1.05m
泥质灰岩黑灰色。水湿后色更深。泥质含量多，不易锤碎。不呈晶粒。水平层理，州状。凡化後成土黄色与未凡化部分相间，断续成会。与504会很相似，惟层理更薄。

竹叶状花纹排列较密。泥化强烈处全部成泥土，很像由页岩组成。层面比较平整，又泥质较多部分凸起，灰质部分凹下不多，无大坑洞。层内结构均匀，新鲜面色调一致。

O-007〈507〉 328°∠68°   7.15m

泥质灰岩，灰黑色，泥化后成黄灰色。含泥质多，遇盐酸微起泡，结构紧密，不显结晶。水平层理，性皮状。每层厚50cm±，上下部层变相似。层间夹薄层页岩，黑色厚4-5cm。距左雁衣面约2m处夹有细砾岩一层，保内生，砾石为石灰石，状扁圆形，长径约10cm厚3-4cm。砾石泥化后多作深红色。层面一般平整，岩石侧面侵蚀较易，因不规则同穴。侵蚀后页岩会成灰黑色，成性状分布。大部岩石仍成黄灰色。层内结构均匀，色调一致。

O-008〈508〉 137°∠70° 及 137°∠74°   3.15m

含灰质页岩，黑灰色，泥化后呈黄灰色，遇盐酸微起泡，水平层理，性皮状，成碎片。本层沉积有二次韵律，两次均为页岩，其后变为灰岩。灰岩厚30cm±，成为层石。灰岩不易泥化。遇HCl猛起泡。层内平正。节理纵横正交，成小方形。页岩内有 Lingulella。

〈以下投向南方大量〉

18/5 O-009〈509〉 121°∠34°   12.42m

泥质灰岩夹页岩。灰岩黑灰色，泥化后棕黄色。灰岩中含泥质高，但均匀混合，泥化后不现竹叶状或虎皮斑纹，保均一由石灰质组成，泥质混在灰质中，同时沉积，成凝块状结构。在放大镜下观察颗粒模糊不清，粘结很紧密。层理平行，层面稍有波状，层间界十分清楚。层内均为同类颗粒，与页岩相间成为有韵律的立层。每组灰岩厚约1m。页岩棕灰色，泥化后成黄灰色碎片。层内结构均匀，剥石细致。每层厚约为大部近灰岩层的1/3-1/2。且页岩层泥化后地形凹陷。

O-010 ⟨510⟩   134∠62°   12.62m
　重泥质灰岩，浅灰色，风化后微黄色。含泥质较高，风化后几全为泥土掩盖。粘结紧密，为凝块状结构，粒度很细。层理平行，层面清抻皮状，为厚层状，小部分成页状。成页状部分，泥质更重。大致每1.0—1.5m成一小段，每小段开始均有页岩层薄层。厚5—40cm。灰岩层内构造均匀，有时稍显层纹。方理发达，多垂直节理。风化临节理进行，丝丝切穿灰岩。断口整齐。灰岩性脆，未见化石。此段风化后，地形特别缓。

m₃下为红花园组   ⟨12/9校⟩
O-011 ⟨511⟩   134∠64°   3.17m
　直岩，红紫色，风化後灰紫色，为细致泥质组成，遇盐酸不起泡。颗粒很细，成凝块状，组织紧密。层理水平页状，每小层厚1cm±。层面平整，层间界已不清楚，保留有过碎裂才显出层理。小层厚度大致均一。层内构造均一，只夹有淡绿色砂岩，形如芝麻，成大小绿点，又有淡绿色条纹，其色绿因腿素而次生。在该层底部0.8m处有一层砂岩，淡绿灰色，粒度很细，粘结紧密，保平行层理。每小层厚22cm，总厚90cm。砂岩断面整齐，层内不显杂质。砂岩之上仍为红紫色页岩，顶部有粉砂岩厚20cm。

22/5 晴，去岳地质队大槽
O-012 ⟨512⟩   129∠68°   5.69m
　砂岩，淡灰色，风化呈黄色，主要成分为石英。底部砂岩组织紧密，粒度约0.5—1.0mm。大中尖夹有角砾状粗砂岩。角砾大小不一，一般在30cm以下，最多为0.5cm。稜角清楚，未经远距搬运。主要由511层破碎而来。显然代表另一旋回的开始。砂岩中含有黑色矿物细粒，但为量极少。并含少量钙质，遇以盐酸起泡。粘结质为砂质。风化后疏松易碎。层理水平底部此角砾质砂岩与以下之粉砂岩界面十分清楚。此层厚约50cm，以上即为粗砂岩。此种粗砂岩中石英粒作次圆状，但稜角显著。夹很少的黑色矿物，多系辉石。

砂岩中至末有粉砂岩薄层，到顶部则变为粉砂岩。粉砂岩组织紧密，不含黑色矿物。风化后有对星细水云状花纹。未见化石。每层厚约40-50cm。

O-013 ⟨513⟩   129°∠63°   2.44m.

页岩灰紫色。风化后，有水云状红紫色晕纹，沿层理分布，自侧面观察，则呈或粗或细之红紫色水平条纹。为砂质粉砂粒组成。粘结紧密不含Ca质。含理水平每层厚约30cm。亦已风化后呈碎块状。层内组织均匀，节理发达，断面平正，容易沿层理剥开。每小层厚2-3cm。在距底部约20-150cm范围内，有生物碎屑成粒堆积层，相距在1m内，每层厚约1-2cm。其中生物碎屑为黑色有亮光，多为小舌形贝碎屑。碎屑一般皆呈密集排列，使此层变为灰黑色。灰紫色页岩中末含有Lingulella，但很稀少。愈近顶部则逐渐由灰紫色变为红紫色。f.031

O-014 ⟨514⟩   125°∠59°   4.36m.

含钙细砂岩，白灰色。风化后呈灰白色，水湿后则呈棕黄色，主要成分为石英细粒，夹少许黑色小物。石英碎粒状。黑色小物稜角显著，砂质粘着紧密，但风化後则疏松易碎。砂岩中含Ca质，即愈多。风化后则不含。水平层理。每层厚约50cm。上部层理较薄。层间界面清晰，且平正不平整。呈波状。并夹有泥质夹层。层内结构均匀，节理发达。断面粗糙。风化后植被畅茂。

O-015 ⟨515⟩   131°∠60°   18.90m.

灰黑、黑灰色，风化后黄灰色。由均一的CaCO₃组成，精粒泥质。成敲紧块状。遇盐酸强烈起泡。一般呈泥质灰岩。层理水平，每层厚约500m。大约在中部7层以上，每层顶部有4-5cm页岩。顶部则变为砂岩。侵蚀之后，砂岩突出，成脊状突出条地。页岩则成为凹槽。层间界面分别显然。层面不平正。凹凸显著。其上亦有纵横刀斫状蚀痕。灰岩中往往有三叶虫碎屑。偶尔见方铅矿小晶体。节理发达。侵蚀沿节理面进行。往往成很宽的裂缝。在本层顶部，泥质增加，灰岩色更深。风化后成黑灰色，很像砂岩。顶部泥质灰岩很硬，不易侵蚀。在地形上成为山脊，区别显然。中部灰岩有些结晶状者，並偶有之译石碎屑，所夹砂岩，石英粒显著。

O-016 ⟨516⟩　　　131°∠71°　　　　　6.27m.

介壳碎屑灰岩，黑灰色，风化后呈灰黑色，组织紧密，灰岩部分结晶，方解石晶形显著，系后生。层理水平，每层30-40cm。介壳碎屑密集在每层上半部，几全为碎屑组成。其中腕足类碎片占90%以上，余为三叶虫及虫颚微体古生物。在f.036 捡得比较完整的三叶虫及 Sinorthis. 三叶虫多系大型者。层内方解石细脉颇多，厚在3mm以下，大致顺层理排列。层内有细小黄铁矿晶体，黄铁矿风化后成棕黄色，节理发达，灰岩断口粗糙。F. 035-036.

O-017 ⟨517⟩　　　134°∠69°　　　　　1.40m.

页岩，灰绿色，风化后呈黄绿色，泥质组成，粘结坚密，层理水平，每层厚1-3cm，容易沿层理劈开。层面可见细碎云母片，微体化石多。F

O-018 ⟨518⟩　　　　　　　　　　　　1.50m.

生物灰岩，黑灰色，风化后颜色稍淡，全部由微体生物组成，系细小圆球形生物，直径0.5-1.0mm，由若干同心圆包裹而成。层理水平，每层厚20cm，层面平正。与其上下之页岩均系整合。层石上呈现密集圆点。层内除微体化石外，尚有腕足类碎片。节理发达，断口粗糙。F

O-019 ⟨519⟩　　　136°∠71°　　　　　1.74m.

页岩，灰绿色，泥质组成，加HCl全不起泡。粘结紧密，层理水平，容易剖开成2-3cm厚片。页石风化后成碎片状，层内结构均一，含有三叶虫碎片，系大型三叶虫。断口粗糙，与上下层均整合接触。F

23/5　左岳地溪口大槽

O-020 ⟨520⟩　　　136°∠72°　　　　　18.38m.

灰岩页岩互层，灰岩色黑灰，接近底部有4层介壳灰岩，接近顶部有3层介壳灰岩。此种介壳灰岩，基本上是由三叶虫碎片组成，只有很少的腕足类介壳。其中完整化石少见。介壳灰岩，粘结紧密，层理平行，每层厚约10-20cm。层面有十四四侧石呈介壳这种形状，呈黑色弯曲条纹。层内节理发达，敲碎后可见化石碎片遍布岩石中。非介壳灰岩中亦含化石碎片，但很稀少。此种灰岩，颜色稍淡。

三叶虫中有大型者，但完整者少。腕足类在岩面上皆分选进程，布满岩石，岩内介壳密集，有时有方解石晶体，并夹有石灰岩小角砾。在一些介壳空腔内，特别在房角石内，经常有方解石填充，乃白色。本岩石本体与别层差些。节理发达，都面粗糙。

O-022 ⟨522⟩ 128°∠65°   15.47m

灰岩夹页岩，灰岩灰黑色，风化后呈黑灰色。灰岩中除底部及顶部为介壳碎屑灰岩外，中部中有表壳介壳灰岩。其中以 Sinorthis 及 Orthis 为多。并有三叶虫碎片，在风化面上，常有 Ophileta 及 Cameroceras 发现。

组织较为紧密。介壳灰岩与普通灰岩，均与页岩交互成层。页岩灰绿色，风化呈黄绿色，由泥质组成，其中夹有三叶虫腕足类等化石。见HCl不起间（泡）。在许多页岩顶部，也有介壳碎屑密集层，厚1-3cm。在本段地层中，灰岩与页岩厚度，一般在40cm上下，只极少层位到100cm。其特征是介壳灰岩很多，有时成厚层附在页岩之顶部。在与灰岩生在一处时，介壳灰岩一般也生在灰岩顶部，其中只有少量外（壳）。介壳灰岩中往往还夹有角砾状石灰岩块子。证明是生环境变迁及水量不正常情况下的沉积。兹将本层详细变化情况纪录如下：由下而上

0.60 介壳灰岩 F	0.45 页岩	0.38 介壳灰岩〈介壳在底部〉
1.47 页岩	0.30 灰岩	0.91 页岩
0.40 介壳灰岩	0.20 页岩	0.84 灰岩
0.40 页岩	0.27 灰岩	0.40 页岩
0.30 介壳灰岩	1.00 页岩	0.30 灰岩
0.80 页岩	0.48 灰岩	0.50 页岩
0.10 介壳灰岩	0.32 页岩	0.30 灰岩
0.80 页岩	0.30 灰岩	0.53 页岩
0.40 灰岩	0.11 页岩	0.20 灰岩
0.24 页岩	0.50 灰岩	2.95 页岩
0.37 灰岩	0.26 页岩	

0-021 〈521〉　　133°∠78°　　　　　　　　3.84m

介壳石碎屑灰岩，灰黑色，风化后呈灰白色，含泥质多。泥质沿灰岩层面或裂缝分布，是次生的。风化后，泥质聚积处，即凹出灰色或侧面成细网状，作深棕色，为本层特色。灰岩批结紧密，坚而脆，层理平行，每层厚30-50cm，在顶部层理较厚，岩层界线清楚。层面大致平正，稍呈凹凸，全体岩石，均为介壳密集组成。张Sinorthis。未找得Ophileta及Cameroceras发现。灰岩石便脆，层理水平，每层约40-50cm，界线清楚，往往由页岩隔开。页岩深绿黄色，风化呈棕黄色，往往过渡为薄会（层？）灰岩。页岩中有Lingulella、Orthis及Trilobites化石碎屑。在生许多层页岩之上，有一层介壳碎屑薄层灰岩，页岩每层厚约20-30cm。一般较灰岩层为厚。但愈接近顶部，则页岩愈厚，F，并接近顶部灰岩中，有方解石细脉。

以下为湄潭组

24/5.1961 快晴，左岳地溪口大槽

0-023 〈523〉 116°56′ 22.02m

页岩，淡灰绿色，风化后呈黄绿色，主要为泥质组成，粘结紧密，水平层理，成页状。每层厚1-4cm，层间界面清楚，但容易沿会面劈开。会面平正。层内含丰富化石，以Orthis为最多，经之粒紧成介壳层。完正者多，未经长途搬运再碎。三叶虫不多，並有笔石，保笔石介壳混合相。页岩节理发育。断口不正齐。F.A.B.C.D.E.F.G.H.共中H会与厚编号055相当。〈左最底部FA即发现Didymograptus 在FE有Taihungshania，故本层已属湄潭组〉

0-024 〈524〉 129°59′ 20.55m

页岩，淡灰绿色，风化呈黄绿色，水平层理，成页状，底部2-3m 易于风化成疏松碎块，与下层颇易别。中部〈FB层〉及上部夹有层砂岩。砂岩细粒状，青灰色，内多云母碎片，每层厚5-10cm，风化后或呈棕灰色，或呈灰色，或呈条带状，或顺节理断开，或扁豆状，不连续的嵌在页岩中。丰会化石以大坡山虫及对笔石为多，另有正形贝等。化石层位 F.060, 065, FA.085, FB.100,

0-025 〈525〉 133°60′ 8.75m

页岩，浅灰色，风化后呈棕灰色，此粉砂质，粘结紧密，层理水平，近底部比较易于风化。含丰富的直角石。多沿节理风化，全层风化後，呈墨球状结构。层间界面清楚，但容易顺会理劈开。层与层间呈过渡性质。层内组织均匀，节理发达，断口粗糙。

0-026 〈526〉 128°63′ 25.60m

页岩，淡灰色，风化后呈黄灰色，作细碎片状。层理水平，层间界面不清，很易劈开。页岩底部有一会粉砂岩，厚约0.5m，其中有直角石。页岩上部夹有砂岩多会，每层厚约10-15cm，砂岩粉砂质，灰棕色，组织细密，具微层理。层面上细碎云母片密集。砂岩并易於劈开。风化后成较大碎块。页岩节理发达，风化后成缓坡，可耕种地，故上植被茂密。

Ca质页岩黄灰色，风化后呈黄色（土黄），稍含铁质，新鲜石过盐酸起泡。页岩上下各层均含Ca质。粘结紧密，由水平层理。下部含砂质较多。形6dc砂岩，厚约1m。比上含Ca质稍多，但仍咁细砂状。女中有笔石及腕足类化石。上部上与泥质灰岩成顶状。但异石不情。灰质风化后则成小凹陷。一般长2-4cm，高1-2cm，成椭圆形，顺层石排列。自侧E观察，则层次井些。页状层次，所从此种凹陷中显出。但未侵独部分，则仍连成一体。不过劈开时，下陷会石碎裂。每隔40-50cm，泥质增多，即形成一个异石，成一大层。层内节理发达。节理平正。风化后沿节理进行，更为显著。F. A. B. C. D. 左A.有 Didymograptus, 腕足类,三叶虫. B有 Dendrograptus, D有 Dendrograptus, Glyptograptus. 〈本会是下统顶部〉

26/5. 1961 星期5. 上午大风，微雨。

0-031〈531〉 110°51′ 中统底部　　　　　　　　9.75m.

泥质灰岩,灰黑色,泥质在灰岩中成细网状分布。所临处生裂缝分布。在新鲜石上,灰岩褐灰色,泥质则为淡灰色,成3-4mm曲线, 但继续成极变晕密状。异孫石膚,线内经酸,泥质部分起泡不如灰岩部分强烈。层理平行,呈条层状,异石均为泥质底层,每层底部含泥质均较多。均不易风化,故风化后,自侧石观察。每层都下宽上窄.每数十层又组成一较厚层。厚约20cm±,必是下部含泥质较多.泥质层中化石,孜较灰岩中为多.有腕足类,多朵十型岩.三叶虫碎片丹多.灰岩中则多直角石.灰岩中经经有黄铁矿细十晶体。丁夜出结晶形式。本会风化后,自侧视观察,泥质层成参批状,顺会面延伸.层状会理显生,呈犬持紅。风化比较上各泥质灰岩层均较强到。地形稍石凹下.风化岩石呈灰黄色。本会与530接触处无显著侵蚀面。

0-032〈532〉 111°50′　　　　　　　　　　　5.06m.

泥质灰岩,未风化样灰色.泥质作细网状分布.作绿灰色。岩石中灰岩成砾状状.被泥质胶结起成.砾岩略目或椭圆,稜角不显著.至与泥质有渐变形势.灰岩几全为细碎不竞碎屑组成.呈之像不竞经过搬运碎屑后的沉积.泥质层,在填充在砾石之间.伴灰岩沉积後即遭破坏.泥质在灰岩破坏时,即逐层沉积.像朵同生.泥质在灰岩中组成细网.网目约1-3cm.底部成会轻厚.约3-4cm.

上部成分较差。每层厚0.8—1.0cm，上部泥质增多，呈绿灰色增多，棕灰色减弱。又成斑点状的包体。全部灰岩层理水平，每层厚50—110cm，层间界石不清楚。成大型节理。此层底部与531正合过渡。由本层抵抗风化力较强，有显经分别。本层底部有大型直角石密集排列。

14/9，1962 披
0-033〈533〉 119°48° 4.03m

泥质灰岩，原生色棕灰，中部作灰棕色。底部有研状结构，形同532。全部灰岩，均含介壳细屑，有腕足类及三叶虫碎片。一般都成粉碎细屑。层理水平，成厚层状。地层间，每厚2—6cm有黑色泥质薄膜，风化后自侧石唄窜，特别清楚。直角石圆筒经常顺层石排列。泥值自裂缝侵入裂缝石，凹凸曲折。泥质均保黑色。自新鲜的侧石上唄窜，状如残存的墨迹反突，是本层的特征。层石批夹锐，泥质凸起，并有皮痕。本层底部与532接触处，有软质灰岩。侵蚀径成一宽缝。

0-034〈534〉 120°51° 14.9m

泥质灰岩，原生色褐灰，风化后呈白灰色，为介壳碎屑组成，含泥质重。每层泥质，均停向上逐渐增加。层理平行。每层厚30—50cm。层间界石上均有泥质薄层。泥质灰黑色。灰岩泥裂发达，泥裂在层石上成不规则曲线网状。网目宽度5—15cm。泥裂一般大致垂直层石，稍有弯曲，直接下达底部。泥质填充泥裂中，成黑色线纹。剖开表侧成黑色带状。风化后，泥裂在层石上现色裂纹，左侧右侧形成约略平行凸起细线。均突出层石或侧立岩石上。本层含中国直角石，均顺层石排列。并含小型腕足类、三叶虫。化石丰富，但不易採出。

0-035〈535〉 125°49° 13.87m

泥质灰岩，白灰色，风化后呈灰白色。含泥质重，彰很久的方解石晶粒。左顶部灰岩中，有萤铁外微小晶粒。泥质向上渐增，表现在各层灰岩下部易被侵蚀，和层石经不平正。层理平正，层间介石为泥质层清楚划分。每层厚20—40cm。下部成分较厚。上部成分较密。一般为20cm或更密。泥裂成曲线状，一般呈凹角。裂隙较此下各层为宽。左5mm以上，自侧面唄窜。泥裂一般达到每层底部。但往往只到中部而互相奏曲连结。泥裂呈大致垂直层石，有的倾斜，有的稍有曲折。

裂缝的上下宽窄至不一致。泥裂中填满泥质。此种泥质在新鲜面上为黑灰色，含有铁质，是在灰岩沉积之后，发生干裂，含泥的潮水淹没其上，泥质堆积到每一个泥裂中，随同灰岩石硬化而成。由于泥缝中含有铁质，故风化后呈黄褐色，且枇结井紧。本层灰岩，一般是 $CaCO_3$ 组成。不像此下各层含有大量介壳之碎屑，是其特征。层内含有直角石，但之不如此下534之多，也不如534层中所含之大。又含有三叶虫、腕足类等，化石丰富。本层灰岩较易风化，常为厚土掩盖。与534保正合接触。

O-036〈536〉　　120°49°　係直角石灰岩组顶部　　2.28m

泥质灰岩呈灰色，风化后呈黄褐色；底部中部及顶部各有较硬的灰岩薄层。灰岩部分，有细网状泥裂，网眼2-3cm宽，1-2cm高。因含泥质多，组织疎松，易于风化。灰岩中含黄铁矿，呈放射状晶体，像次生作物，往往生于结核中。并有戚镁合晶体者。此种黄铁矿，大概是上奥陶纪开始时还原环境中所成。黄铁矿大都已风化成褐铁矿。灰岩层理平行，层面覆盖为泥质薄层，还看有如页岩。层内节理发达，侵蚀沿节理进行。与535为正合接触。F.有三叶虫及腕足类。

O-037〈537〉　　121°50°　之峰组　　2.4m

页岩，黑色，风化后呈灰色，由细泥质组成，遇盐酸不起泡，组织细密，水平层理，层理清楚，层间容易劈开。页岩部分颜色深浅略有差别。因此有黑色条带状出现。层之平正。层面有丰富的笔石，炭化后稍带亮光，並有小型腕足类化石。层内含黄铁矿小晶体，节理发达，风化很盛。主要化石层间位三层。与上下层位均保整合接触。但以下来見鹽牟层，当有侵蝕间断。

15/9/196?年 按是日阴雨
30/5/1961年 阴天无云，间有微雨

S-001〈538〉　　116°61°　　5.99m

页岩，黑色，风化后呈灰色，组织细密，下部泥质较细，顶部稍粗，稍带致密状。层理水平，页状，呈微层理。下部可以劈成厚到1mm的薄片。层与层之间，层之之情，保连续沉积。又是在沉积进程中，有断续交替的不同，因而成为页状。下部页岩可劈成较大的薄片。炭上部则較脆。

节理发达。碎块角作锐刀状。顶部有铁质侵染会，厚约20cm。风化后呈褐铁矿形状。并结成铁质薄膜。与上会有显著之间断性质。本会笔石丰富。有A. B. C. D. E化石层。以Petalolithus为多。又有Orthis，笔石均岩化很深。本会可分为立个旋回。而旋回均是下部页岩较硬。上部较软。化石盛产在每旋回顶部。

S-002 (539)   118°55′   22.90m

页岩，黑灰色，风化后黄褐色，组织细致。层理水平页状作微层理构造。易按顺层理劈开。微层理的颜色深浅不同，自侧面观察，呈灰色与黑色相间的线条状。层内组织均一，含笔石很多，多为Monograptus triangulatus (Harkness) 本会在公路上，为浮土所掩，只在半坡上，现出一小部分。

S-003 (540)   118°50′   12.20

页岩，黄褐色，风化后为褐黄色，组织细密，层理平行，但层间介石呈著。容易劈开成薄片。碎片易成长条状。上下层厚度无变化。顶部为一会含铁质页岩。厚5cm。风化后成黑褐色。表面全成泥质，颇为醒目。本会构造均一节理发达。节理面光滑平正，其他风化面则粗糙不平，易于崩坍。化石二层。顶部之含铁质页岩透水性较大，呈也润湿状。风化面上独此层中有苔藓等小植物。

S-004 (541)   120°50′   27.20m

页岩黄褐色，风化后为淡绿黄色。组织细密层理平行，呈页状。偶呈微层理状。容易顺层理而劈开。风化均成细条状。层内组织均一。一般现球状风化。上部岩石精细青灰色。风化后并作淡绿黄色。全会风化后均成长条状。会内节理发达。节理石平正。化石五层。

S-005 (542)   120°45′   7.85m

页岩，黄褐色，风化后为绿黄色，下部页岩组织细密，有时现微层理。微层理之颜色，浓淡不同，很清楚，风化后，层中呈现斜叉层理，但小致缝。呈细微黑色细纹。下部页岩容易风化，风化后，成细条状。上部并为同性质同形式页岩。不过风化后细条更短小。而颜色则为灰绿色。由于易按风化。故顶部为泥土复盖。化石二层。

S-006 ⟨543⟩   118°44°   39.50m
页岩，黄绿色，风化后绿黄色，泥质组成，遇盐酸不起泡，层理平行，层间界石不清。页状，上下厚度无变化。在本层厚度约0.5-1.0cm，但劈开时，均不沿层理。风化时呈细长条状，并不是沿层理崩坍。层内构造均匀。其间或夹有较厚较硬之层。每层厚约10cm。此种较厚层，在全段地层中，分布并较均匀。在本层接近顶部处，颜色稍转为黄灰色，但风化后，仍为绿黄色。化石11层，化石层位大致分布均匀，至顶部稍稀。

S-007 ⟨544⟩   109°59°   35.30m
页岩，大体为黄绿色，风化后为绿黄色。为泥质组成，组织紧密。依岩石色调及粘结情况，大体可分为4组。由下而上，1及2为夹绿色较硬页岩。1层透水注佳，裂隙较多，有泉水组织沿层流出。此2层各厚2m。3及4层为黄绿色，似本层最大厚度。均易风化，风化成长条状，4层风化更甚，几全部为厚土掩盖。只顶部2-3m露出。本层层界石不清。层内节理发达。节理不正齐。碎碴石及断石均不正齐。化石只见于底部。

S-008 ⟨545⟩   120°56°   12.61m
页岩，主要为黄绿色，风化后为绿黄色。只底部3-4m为灰黑色，风化后为黑灰色，此灰黑页岩子较硬。大体全部为黄绿色页岩。均同为平行层理，作页状。但无明显介石。风化后均现长条状。劈开时，均不现层石。断石不正齐。层内组织均匀。节理发达。沿节理及小型裂缝，偶有铁锰质薄膜，作棕黑色。层内化石很稀。只底部有笔石层。

S-009 ⟨546⟩   121°46°   33.10m
页岩，淡黄绿色。风化后呈淡绿黄色。泥质组成，层理水平，经久见微层理。微层理最厚不到1mm。从侧石条纹上可以分辨。层间界石不清。劈开石不正齐。风化石成碎条状。侧石多呈球状。自底至顶，均是如此。为本层特色。上下层内，组织均匀。节理发达，成多条密集断块。久固即发生球状风化。化石稀少。只底部有笔石层。有Petalolithus 5

S-010 ⟨547⟩   119°47°   49.60m
页岩，灰绿色，风化后呈棕灰色，粘结紧密。层理平行，但连续性差，层间界石不清楚。在风化石上现页状层理，劈开时不显层石。只临层石方向，易于劈开。层石风化成碎屑作长条状。层内节理发达。节理产状为 14°∠19°, 70°节理面平滑。风化经常临节理而进行。有如刀切。更有小裂缝。风化后，经常造成大型球状风化。节理面及裂缝中常有褐黑色苔膜，保铁镜密渲浸染所成。本层岩石较硬。在地形上特别凸出。其灰绿色并很特征。含笔石最丰富，各种单笔石类笔石体均较细。

12/6，1961年 晴，星期一。在溪口大巷测 S-011-013止

S-011　　138°∠72°

页岩。淡黄绿色。风化后淡绿黄色。细泥质组成。过盐酸不起泡。在放大镜下，可见白云母极细碎片，闪光发亮。层理水平。层间介面不清。层石不正齐。风化断面成页状。劈开面不齐。层内节理发达。风化沿节理崩坍。易成掩盖地区。露头稀少。未见化石。

S-012　　132°∠47°

页岩，淡青灰色。风化后呈淡灰色，质不硬，过盐酸不起泡。组织较密。上部也粉砂岩状。层理水平。风化后层石整齐。层间介面不清。保过渡性质。含石英和铁镜质浸染。具假相化石。层内组织均匀，含有化石碎片。节理发达。节理产状 330°∠50°起圆形风化。组成大巷至阔之间道上之一长条山脊。层石有波痕。

S-013

页岩，淡黄绿色。风化后为绿黄色。泥质，粘结疏松。上部组织较紧密。层石不齐。层间介面不清楚。风化后，多为厚土所掩盖。组成缓坡。中有 Monograptus regularis Tornquist.

S-014（549）120°∠50° 在铁厂教堂转运站北

页岩，深灰色。风化成白灰色。泥质为主，间或粉砂质。组织紧密坚硬。不易风化。过盐酸无反应。层理平行。每层厚 0.5-1.5 cm。层间经常夹有白色砂质，或石英砂质的薄层。厚 0.1-0.2 cm.此种产会为此项页岩之特征。灰白相间成为鳝状组织，此种层较硬。风化后，凸出少许。在侧面观察很显著。许多4层集合成一厚层。每厚层厚约 25-80 cm。层石具波痕，作平行排列。波谷相距约 4-5 cm。波固两侧对称，保成海沉积。层石上有泥裂。穿插在波纹中。泥裂宽 2-5 mm 一般上部阔下，两侧凸起，保泥质所填充。假独后，很显著。质多铁质或铁镜质苔膜。假化石花纹非常清楚显目。苔膜布满层石时，则层石呈全面黄褐色。以至为灰黑色。层内节理发达。岩石中时见黄铁矿小晶体。化石

不多见，偶见苞石、珊瑚及三叶虫碎片。此层顶底颜色均匀，其中所夹白色灰质层下部较厚，一般在0.2cm以下，愈上则愈厚，厂到3~4cm。在泥质层上，波纹更显著，多为平顶宽谷，紧接其上渐有曲，并随下层的峰谷弯曲。丁贝此种沉积在缓慢中进行。本层可沿层面劈开，为其一种特性。

S-015 ⟨550⟩   115°∠63°

砂岩黄绿色，风化后为棕灰色，由粉砂粒组成，见盐酸不起反应。层理水平，每层厚2.0~4.0cm。由于其中颜色有深浅不同及差异，岩石软硬亦稍有不同，因此砂岩成为页状，风化后页状更显著，可沿页状层理劈开，每层厚约2-3cm，上下变化不大。砂岩含铁质多，层染很深，层内节理发达，含化石较富，有腕足类、三叶虫，苔藓虫，海百合等碎片。

S-016 ⟨551⟩   124°∠50°

页岩，深灰色，风化后呈黄灰色，主要为泥质，近底部有细砂岩，粘结颇紧密，层理平行页状，中夹有白色细砂质夹层，在侧边显示氧化条纹。每余此成一小层，厚1-2cm，可沿条此劈开。愈上砂岩愈增，渐成粉砂岩形式，层理呈波展，波浪峰平谷广，谷间相距约5cm，大致平行，并有细小泥裂。层上开有铁锰质存膜，风化后成黄棕色，层内节理发达，有腕足类、珊瑚、海百合、苔藓虫等化石碎片。

S-017 ⟨552⟩   120°∠47°

页岩，绿灰色，风化呈绿黄色，上部砂质渐增，在顶部有层砂岩，厚约60cm。页岩大部粘结紧密，层理平行，层上丁见有细小之泥裂，又有铁锰质存膜。故呈成黄绿色，以至青灰色，层内砂粒面有细粒及粉砂质的变化。节理发达，页岩风化后成长条状。部分被植置。此层为下统顶部。（自此以上移到粘土外的轻轨路上）

S-018 ⟨553⟩   中统底部自此层起，左闾三间

砂岩，青灰色，风化后呈黄灰色。底部砂岩厚约40cm，极易风化，其中含丰富的三房贝。为本层的特征。紧接之房贝层次，砂岩厚约1m，风化后呈多孔状。孔洞的成分排列，皆保化石风化后所遗。再上则为余此状砂岩，此种砂岩中夹有白色稍疏细砂岩余此。因此将砂岩引成存层状如页岩。其形状与549下部极为相似，每层厚约1-2cm，白色细砂岩层厚1-5mm，此等中砂岩，碱以盐酸不起泡。

又在白色细砂岩上稍有十气泡发生。砂岩风化后，经常呈页状会理裂成碎片，未风化处，则成块状，坚硬异常，层理平正。稍有凹凸，西不见波痕及泥裂。节理发达。节理产状 275∠38°

S-019〈554〉　　117°∠45°

页岩灰绿色。风化后呈黄绿色。泥质组成。粘结坚固结致密，层理平行，成页状。但层间介乙极不清楚。风化后才显出。每层厚1-2cm。但不能沿层理劈开。风化后层乙平正。有时此细小波纹。如倾乙风化，则成细长小条。层内构造均自。节理发达。节理产状 304°∠28° 及 219°∠74° 化石号406。

S-020〈555〉　　119°∠52°

页岩，紫红色中夹绿灰色薄夹此。风化后颜色稍浅。绿灰色条状。每层厚 0.1-0.5cm，但层理分布相隔距离不等。组成美孙条纹状如条花布。页岩为泥质，层理平行，页状，但层间介乙乙清，又是风化后逐层脱落状，则层理清晰。新鲜时，乙易沿层乙闹开。紫红色页岩中夹有薄层灰绿色泥质灰岩，成层或乙成层。在灰岩中，又继续夹紫红色薄层。并继续变成礁状灰岩。完全由珊瑚及腕足类组成。其中以蜂房珊瑚为多。礁状灰岩极易风化。成深浅不同的大小凹凸。可作为寻找化石的参考。各种页岩，过盐酸皆起泡。礁状灰岩尤甚。本层含化石丰富。下部强到风化为厚土掩盖。紫红色层节理 108°∠43°

S-021〈556〉　　115°∠40°

页岩，紫(色)(红) 中夹绿灰色薄夹此。风化后颜色稍浅。绿灰色条此每层厚 0.1-0.5cm。沿层理分布相隔距离不等。组成美孙条纹。状如条花布。页岩为泥质，层理平行，页状。但层间介乙乙清，又是风化后逐层脱落成则层理清晰。新鲜时不易沿层乙闹开。紫红色页岩中夹有长会灰绿色泥质灰岩。成层成乙成层。在灰岩中，又继续夹紫红色薄层。并继续变成礁状灰岩。完全由珊瑚及腕足类组成。其中以蜂房珊瑚为多。礁状灰岩极易(化风)成深浅乙同的大小凹凸。

页岩，紫色中夹白灰色页岩夹此。顶部为绿灰色页岩。底部有礁状泥灰岩一层厚 30cm。含丰富珊瑚化石。以蜂房珊瑚为主。其顶部乙绿灰色页岩下亦有珊瑚礁一会。本会与555为连续沉积。而颜色区别显然。岩性则大体相同。

S-022〈557〉　　115°∠36°　　115°∠48°

泥质灰岩。灰黄色。风化后呈黄白色。含泥质重。过盐雕起伏，但不强烈。组织坚硬脆，层理水平，块状。层理清层内夹有珊瑚礁体。以 Favosites 为主。层内节理发达。风化沿节理进行，成层厚状。有时层理，节理产状 308°∠55°

S-023⟨558⟩　　　115°∠36°

尼质灰岩，黄棕色，组织紧密硬脆，夹泥质重，并含有黄铁矿晶体。及结核但很分散。底部有礁状灰岩层约1.2m，全为苔藓虫组成。紧接北为蜂巢珊瑚层厚30-40cm。再上则为不规则之砂砾或角砾岩或砾岩风积。其中亦夹有珊瑚腕足类化石碎片。纵立动荡环境沉积风积。角砾大小不一，小者不过直径4-5mm，大者可至10cm。形状不一，棱完正，当系崩碎后，未经搬运，就地再行沉积之物。其圆形砾石则系他处搬运来的。其中亦有生物碎屑碎块。由于石质不一，故此种砾岩风化后，表面常凹凸不平，此项岩石中亦有方解石细脉，或成网状，纵横穿贯，保后生之物。由于此项砾状灰岩中夹有珊瑚礁，中有蜂巢珊瑚，其时代应为中志留世。此层厚差不一，在短距离内即有变化，为曾经遭受侵蚀的加据。其与铜矿集层的接触面，恰故开挖耐火土的坑道经过。崩塌下来的石块和浮土，恰恰将其掩上。但从上下关系与距离推问起来，是不平正的，应该是一个平行不整合。
　　　　　　　　　　　　　　　　　　⟨62年9.29日校对⟩

3/10.1962改　5/10.1961阴，下午6田和，在岳地溪口三百样加
P-001⟨559⟩　118°∠49°　铜矿溪层
　　　粘土页岩，可分为三层。底部黄灰色。风化呈绿黄色，批粉砂质粘结紧密。有时呈粉砂岩状。层理水平。底部与558层接触凹凸不平。层内往往夹有粗粒异色砂粒。圆或椭圆多无棱角。直径4mm以下。还夹有不能鉴定的植物化石碎片。以发条状的为多。裂缝发达，多被铁矿浸染，成深褐色或褐黄色。断口粗糙。在断口上下，看出风化层次。中部黑灰色。风化呈灰色。主要成份为粘土质。组织细密，与底层保留新鲜沉积。层内夹较多的植物化石碎片，黄铁矿细粒及球状黄铁矿。黄铁矿往往构成黄铁矿的外围。保由黄铁矿风化而来。断口不平整。层面现凹凸状。有批平行于批的起伏，乏条纹方向也不一致。有时像迷粒的贝壳状。裂缝经常被铁质浸染。顶部灰黑色或棕黑色。风化色精致。粘土质为主。含很多的植物碎片和碎屑，有时成为煤层。此时呈亮亮，乌黑或棕黑。其中夹很多的黄铁矿。成完整晶体或致密晶。大小不一。大晶体直径达2cm。一般0.4cm。又结成结核状。结晶或仅边缘部份有放射状晶体层石呈凹凸状，或批介壳状。断口粗糙。以上三层，均不连续沉积。即砂质铜矿

保层。在石棉未见化石。现时此项粘土页岩。由南充专区革都县开採.作制耐火砖材料。据云保採取中部及上部。中部含粘土质较多。上部则含黄铁矿较多。可以兼作制硫磺用。用HCl试之。底部及中部均不起泡。又顶部灰黑部都作起泡。丁状保捆露灰岩中灰质侵入所致。全层节理发达。节理产状 312°。

P-002 <560> 115°∠55° 栖霞灰岩.

灰岩夹页岩。保本层灰岩与页岩薄层的交互层。灰岩每层厚10-25cm。页岩每层厚5-10cm。底部有页岩一层较厚。约20cm。此层底顶岩S559保整合接触。亦逐渐过渡形式。底部含量黄铁矿细小颗粒或小结核。风化成黄绿色。此上则为灰色含钙质页岩。过盐酸HCl剧烈起泡。页岩上部含丰富的腕足类及大量的珊瑚和苔藓虫。女此即为灰岩古页岩的交互层。灰岩灰黑色。风化呈灰白色。过盐酸剧烈起泡。组织细密。层面介乎页岩。清楚明晰。但凹凸不平,作皮浪起伏状。层内含黄铁矿品粒。结晶完整或不完整。风化后,在接近黄铁矿处。呈成一小窝,其中往往保留有黄铁矿残余体.化石碎片卫生风化后凸出层石或倒凹。页岩作深灰黑色。风化后作灰褐色.含不等质.见HCl均强烈起泡。风化后成纸状薄层。内含微层理显著.中有腕足类及珊瑚和甘化石。层面成波浪状.与石灰岩一致.层内亦含有黄铁矿细品粒.含量与灰岩中的大略相等.纵有页岩与石灰岩.均有逐渐过渡形式.风化后.石灰岩印包于页岩中.渐续成层,或如结核,或如砂砾。页岩均含灰质.与其下的铜矿层含粘土质页岩分别显著。本层下部的½页岩较易风化.上部½则含灰质较多.不易风化.

P-003 <561> 120°∠50°

燧石层夹泥质灰岩.保大致成层的燧石夹薄层状的泥质灰岩.燧石漆黑.松脂光泽.断口呈贝壳状.风化呈褐色.风化强烈处.成泥土.燧石裂纹组发达.但很细小.一般垂直层石.方解石填充.细小如发丝.燧石大体成层.往往顶底石均成波状.面层厚1-30cm.普通至15cm止.但形状至不一致.一般缝床.层石上的凹凸与变更.比层移的形状复杂.燧石层中並包裹有泥质灰岩.燧石的稜角和界石与灰岩区别很显著.在新鲜剖面上极为美观.灰岩成薄层状.含泥质极重.色深灰黑.风化后呈白灰色.过盐酸起泡.风化强烈震呈页状.有的页岩.别不起泡.灰岩每层厚1-20cm.层石随燧石层作波浪状.界限清楚.从整个岩层构造观察.灰岩与燧石层保同时生成的.灰岩风化后呈微层理.女中含纺锤虫化石很富.

7/6, 1961 星期3. 阴 渥有雾   在陽口三百米
P-004 ⟨562⟩   114°∠53°

灰岩夹页岩。灰岩黑色，风化后呈灰黑色，组织紧密，遇盐酸强烈起泡。层石平整，会同界亦为页岩，界石不清。因页岩与灰岩为过渡形式，在新鲜割口上，不可看出。灰岩与页岩，有显著的界石。灰岩每层厚 15-25 cm, 层石有轻微起伏。大致水平。会内有少许方解石脉，厚在 2 mm 以下。页岩黑色，新鲜石上与灰岩色调相似，风化后呈深灰黑色，组织不很紧密，见 HCl 强烈起泡。层石与灰岩一致，起伏相同。层内页理发达。风化后成片状脱落。而保证脚与灰岩过渡。在风化强烈处，灰岩色在页岩中，有如结核。页岩每层厚 5-10 cm, 风化后显得更薄。在本层底部有页岩一层厚将及 1m. 作为本层底界，本层较易风化。在极厚底部成显经缓下地形。

P-005 ⟨563⟩   111°∠52°

燧石灰岩。燧石多, 灰色灰黑, 风化呈黑灰色, 组织紧密硬细。遇 HCl 强烈起泡。层理平整, 每层厚 30-60 cm 层石有大起伏。凹凸不平。层同界石不清。风化后显可腐蚀零星少。层内有解石脉。一般 沿节理 或垂直层石分布。层内夹燧石结核甚多, 多沿层石分布。也有夹在岩层中的, 但很少。从风化后的侧石观察, 燧石往往甚与裂缝相连。此种裂缝 往往 燧石或泥质所填充。保留生好。本层与上灰岩比较, 本较易风化成 较低地形。为一陡梯。层内多纺锤虫及 stylidophyllum, ⟨自此以后, 移过石桥在向东修⟩(大量)

P-006 ⟨564⟩   117°∠58°

燧石灰岩, 夹极少燧石, 灰岩色黑灰, 风化后呈灰色, 组织紧密, 遇盐酸起泡。层理平行, 每层厚 30-40 cm, 层石稍有凹凸起伏。层与层同有黑色页岩状泥质灰岩夹层。风化后呈黑灰色显著界线。层内燧石极少, 有方解石细脉, 一般垂直层石沿节理式裂隙分布。较厚的脉中, 方解石有结晶。灰岩及黑色泥质灰岩都有过渡形式。灰中都含有丰富生物及生物碎屑。本层底部泥质灰岩增多, 厚约 2 m. 较易风化。为本层底界。本层珊瑚及纺锤虫都很多。

P-007 ⟨565⟩   120°∠57°

燧石灰岩。灰岩下部黑色, 渐上为灰黑色, 组织紧硬细密, 风化呈灰白色。层理平行, 每层厚 30-40 cm. 层石凹凸不平, 层间有黑色泥灰质夹层。风化后界石清楚。层内燧石成块状, 由下往上逐渐增多。在中部变有成层燧石一层。方解石脉细小, 多垂直层石, 另有成网状者。节

理发达,节理比层亚重要。节理产状 295°∠18°。本层顶部燧石呈散点状,质较软。风化成一横形地,顶部岩层最硬。

P-008〈566〉　　118°∠56°

燧石灰岩,燧石多成层状,少数成块状,灰岩灰黑色,风化呈白灰色。组织细密硬脆,层理近平行,层面凹凸不平,层间界石,无有燧石对很清楚。左风化后,层间组成泥质夹层,一般有节表出界石,燧石层往往沿层石分布,有时燧石成瘤状,中夹有灰岩,在成块状的燧石层中,燧石之间,有泥灰岩质沉积相连。此种泥灰岩沉积,未化时与灰岩同色同形,风化後呈灰色,显呈皮状的微层理。此种沉状,一般随层石及燧石块弯曲,在风化后上如书页形状。本层化石丰富,多为挂珊瑚及纺锤虫,海石合基。在近顶部里,有成层的单体珊瑚。本层与界 5565 呈连续性质,除3 本层燧石成层,化石较多之外,难以看出是明界线。

P-009〈567〉　　118°∠48°

燧石灰岩,底部有夹层灰岩一套,厚约1m,每层灰岩厚10-15cm,为黑色泥质夹层所隔开,风化强烈,成凹入地形,中部为厚层灰岩,呈灰色,风化后呈灰白色。层理近平行,层石呈皮状,每层厚60-70cm,但缺中等表泥质夹层。风化后又显出更多的层理,中部灰岩含燧石少,上部灰岩含燧石多呈块状征呈色灰黑,风化也呈灰白色。组织细密硬脆,组成高山顶脊。燧石由下而上,陆续加多加大,顶部差有成层者。上部灰岩成层清楚,每层厚60-70cm,层石凹凸不平,层间界石,无有黑色泥灰质夹层。本层全体所含泥灰质夹层中均有介壳碎屑,全层节理均发达。节理乙大致水平,与层面约成60°。

P-010〈568〉　　121°∠54°

燧石灰岩,底部与567整合接触。燧石稀少,层理清楚,每层厚70-100cm,灰岩色灰黑,组织紧密硬脆,风化呈灰白色。岩层介石上有夹层泥灰质黑色页岩。其中含有丰富的介壳碎屑,随层石曲折凹凸,有时在岩层中组成网状脉,层都皮状起伏,有不规则凹凸而非波浪。层内有少许燧石,有时石泥质细灰,团结成块状,望之如燧石。岩内有方解石脉,含左垂直层石及平行节理小。缝隙中,珊瑚及腕足类化石,多为方解石填充。本层以纺锤虫化石为多。

P-011〈569〉　　119°∠53°　　栖霞组顶部

燧石灰岩最顶部有60cm的黑色泥灰质页岩,风化後成千枚状。中多介壳碎屑,见 Hcl 起泡。5569是连续沉积,但纹很显然。灰岩顶部夹有燧石结核(不多)或长条状燧石。燧石未风化时呈白色，以後为灰质。灰岩色置灰。风化呈灰白色。组织紧密细缓。但风化后则粗糙状。其中所含生物碎屑不甚大现。层理不很，含石波状起伏。层间介石不清。灰岩中方解石细脉多，多呈垂直层之网状。灰岩下部成层较厚。在1 m上下。此种厚层很显著。此岩层在三台梯组成最高峰。灰岩上部层次减薄。在50cm以下。其中含燧石极少。易於破碎风化。组成凳坡。石栖霞最上层。顶石树木畅茂。与茅口别显然。各层灰岩新裂处，均发轻微沥青臭味。

8/6, 1961 星期4. 阴星微雾　以下为茅口组之三梯段
P-012 (570)　　　　123°49°

灰岩灰黑色，泥灰质页岩。灰岩燧石与栖霞顶石接触处在槽探处显露清楚。其二燧石与栖霞直接之触。底部像一层不规则的黑色泥灰质页岩。厚5-15 cm。随栖霞顶石作波状曲折。不过岩性则显然不同。栖霞顶部 569 为黑灰色，和茅口底部则为黑色灰岩。茅口底部灰岩风化呈白灰色。组织紧密。含理近平行。有三层。每层厚约 50-60cm。层石四凸不平。层间夹黑色泥灰质页岩。风化后呈黑灰色。页理随石灰岩层石曲折。风化呈干枝岩状。内多介壳碎屑。在层内呈白色斑点。在灰岩中夹隽有此顶泥灰质页岩。成皮状或耳块状。层纹子随(夹团)曲折。此顶页岩极易风化成为泥土。

P-013 (571)　　　118°47°

燧石层夹灰岩。燧石深黑，新风化时作灰白色全风化后成棕色泥土。燧石粘结紧密，硬而脆。每层厚约 5-15 cm。层石起状不平。含石风化后。稜角尖锐。岭岖破烂。层内有纵横等排的方解石细脉。燧石层石倾陡。燧石层与燧石层相接处层石不甚清楚。一般是每层燧石夹一层灰岩。灰岩每层厚约30-40 cm, 色灰黑, 风化成灰白色, 组织紧密, 层石随燧石曲折, 层内有方解石细脉。灰岩抵抗风化, 比燧石层为强。底部灰岩较少, 燧石层多, 则几全部成凹陷地区。灰岩中含腕足类及珊瑚, 燧石在风化之後, 火中不曾看见有腕足类, 苔藓与Fenestella化石。断口呈介壳状。

P-014 (572)　　119°47°

泥灰质黑页岩夹灰岩。黑页岩风化后呈灰黑色页岩组织疏松。粘结不固, 易于风化。具微层里。每层厚约 30-40 cm。成层近水平。层石曲折不大。页岩中多介壳石碎屑, 并含有Cryptospirifer,

并夹有燧石结核，页岩与燧石结核，往往成过渡1渐变 形式。页岩含石灰质很重遇盐酸强烈起泡。在本层下部，页岩较多，灰岩加夹为结核状灰岩，页岩随灰岩结核而曲折。上部 页岩较少，灰岩即成层状，与泥质黑页岩相间成层，灰岩色墨灰，风化后呈灰白色。组织细密石硬、脆。在本层下部灰岩成结核状夹于黑页岩中，在上部则成层状。每层厚20—40cm. 灰岩遇HCl 强烈起泡。其中夹介壳碎片很多，至含珊瑚腕足纺锤虫等化石极富。断口细致。黑色页岩与灰岩中均有细方解石脉。

10/10, 1962 技

P—015 〈573〉   118°49°

灰岩，灰黑色，风化后呈黑灰色，组织紧密遇盐酸强烈起泡。层理水平，每层厚70—120cm. 会石凹凸不平，会同界上有黑色泥灰质薄层之味，则界不清楚。层间多乐断裂开係。会内夹有丰富的化石。灰岩中有时有方解石晶体，大至4mm，像系次生。灰岩中常夹有团块状泥灰质黑页岩，有时呈结核状。方解石细脉不常见。本会抗抗风化边，比其上下会都精强，在地形上很星著。

P—016 〈574〉   117°47°

泥灰质黑页岩夹灰岩，黑页岩组织疏松，风化后成灰黑色，层理近水平，会石凹凸不平，每层厚30—40cm. 层间夹有石灰岩，风化成灰白色，並常层带理风化成结核状，包于黑色页岩中，页岩与灰岩中，均有介壳碎屑。本会很易风化成为缓坡。

P—017 〈575〉   121°64°

泥灰质黑页岩夹灰岩及燧石，黑页岩组织疏松，见盐酸强烈起泡。风化后呈灰黑色。每层厚30—40cm. 层理近水平，层石凹凸不平，微层理很星著，风化后呈欲状等忆。页岩中夹有燧石结核，页岩层理包围燧石而曲折。燧石相当多，有时互相连结、结核厚约5cm，宽10—15cm. 在黑色页岩中及燧石中，都有白色石英，一般以顺层石成脉状，或延光不远而夹圆灭布成唇忆状，白英脉或石果片一般厚在4mm以下，其卷厚达10mm，成结状或束绎状，在岩云侧上很星著。灰岩灰黑色，风化呈灰白色。组织紧密每层厚15—30cm. 与黑色页岩支上成层，层石凹凸不平层间界石清楚

P—018 〈576〉   117°52°

灰岩夹黑色泥灰岩，灰岩色灰黑，风化呈白灰色。组织紧密层理水平，每层厚30—80cm. 盒在上部成层愈厚，灰岩中有很多介壳碎屑，遇盐酸强烈起泡。灰岩与泥灰岩支互成层。会间界石不清。

有过渡形势，泥灰岩色黑。风化后呈黑灰色，遇盐酸强烈起泡，其中含介壳碎屑很多，並有Cryptospirifer及珊瑚3根鞭虫的化石。组织聚密，呈微层理，相当的坚硬，不易风化。泥灰岩带灰岩层呈不同度状，但有时见突然有大角度的折曲。石灰岩常MX节理亿风化成浅槽，而泥灰岩则否。泥灰岩中有结核状石灰岩及燧石。此种泥灰岩与577号层中的泥灰质黑页岩，在外形上很相像，只是特别的硬，成凸出的地形。此层与577的区别，在于黑色泥灰岩特别多，颜色特别黑。

P-019 〈577〉   115°∠52°

灰岩夹黑色泥灰岩，两种岩石中，皆含丰富介壳碎屑。灰岩色黑灰，风化呈灰白色，组织聚密。层理近水平，每层厚约30-50 cm，层面波状起伏，与黑色泥灰岩成互层，属过渡关系。泥灰岩黑色，风化呈黑灰色，层理随石灰岩起伏，呈微层理，侧石风化呈细条状，其中亦包有燧石结核。灰岩与泥灰岩中均有细线状方解石脉，普遍分布，化石多。

P-020〈578〉   114°∠50°

灰岩夹黑色泥灰岩，灰岩灰黑色，风化呈黑灰色。组织坚密，每层厚约40-50 cm，层面起伏不平，层间夹有黑色泥灰岩，层内又夹有泥灰岩，往往成过渡形式，灰岩较硬，成凸出地形，是与上下地层不同之处。泥灰岩组织似灰岩，色黑，风化呈灰黑色，常成不规则团块状。为与577号层不同之处，本层介壳碎屑亦多。

P-021   115°∠55° 〈此层为苇口组三十三徐段之顶部〉

灰岩夹泥灰质团块，灰岩灰黑色，风化灰白色，组织聚密。中有细小方解石结晶，含介壳碎屑很多，中夹泥灰质团块，呈不规则形状，有似结核，在灰岩中分布亦不规则。灰岩风化后，全体现不规则的大潮石式同穴。风化愈，可以为灰岩，亦可以是泥灰岩。可见此种灰岩组织基本上不均匀。风化之后容易崩坍，由于含泥质多，成泥土掩盖地层，泥灰质团块与灰岩保持过渡关系，伴黑色，风化后色稍浅，呈微层理，在灰岩中团块作杂乱分布为此层特色。

P-022〈580〉 117°∠53°

灰岩，灰黑色，风化黑灰色，组织坚硬，耐风化，现凸出高峰地形。层理水平，每层厚约50-100 cm，愈近上部则层愈厚，层面一般平整，仅有小型起伏，层面骨线清楚，常有薄层泥质灰岩石界。层内夹有黑色泥灰质团块，作不规则分布，其硬度与石灰岩大致相若，故风化后只有颜色上的差异，而不呈破碎状。泥灰岩团块色黑，风化后呈灰黑色，灰岩与泥灰岩团块中，均有丰富的纺锤虫化石，本层节理发达。

P-023〈581〉　　　121°50°

燧石灰岩，灰岩色黑灰，风化色灰白，纹组紧密硬脆，有时见小方解石晶体，层理水平，每层厚100-200cm层石清楚，大致水平。层内含燧石结核，径10-20cm，燧石呈黑色，与灰岩接触处岩别显然。层内含方解石脉甚多，多垂直层石，成网状，厚2-5mm。灰岩中夹含泥灰岩，成不规则好水云状，颜色稍深，风化后带黄色，呈粗砂状，凸出岩石上，灰岩锤碎后有轻微沥青臭味。层内节理发达，很易大块崩坍。一般成悬崖。左上部燧石有成层状者，泥质增多。本层与580不同处，为层较厚而含燧石。

P-024〈582〉　　　125°48°

燧石灰岩，色黄灰，风化后呈黄白色，遇塩酸强烈起泡。纹组紧密硬脆，中有方解石小晶体，层理水平，每层厚150-200cm，成厚巨块状。层间界石不清，层石稍有起伏。层内含燧石，成结核状或饼状，大小不一，直径10-20cm，长者可到30-40cm。经经排列在层石或近于层石。但所含燧石量不多，层中有方解石脉很多，一般厚1-3mm，在岩石内继续横穿插。并有粗大方解石脉厚至20mm者，但不多。层内富有Verheekina灰状化纹锤虫与腕足类及珊瑚贝化石。本层底部，稍易风化，成层开较窄，与581有一显著介线。上部则较硬，成为山脊，地形凸出，〈车三梯上下，成为山顶最高处，层内节理发达岩层顺节理崩坍，易成悬崖或成峡峪。节理产状有二组：300°63° 及300°32°

P-025〈583〉　　　125°48°

燧石灰岩，色白灰，风化成灰白色。组纹紧密石硬碎，层理水平，每层厚100-150cm。层石稍有起伏，层间价线不清，层中含少许燧石结核。每在风化缝凸出。灰岩中含方解石白脉甚多，并且含黄铁矿小结晶体，像厚生矿物。在灰岩中部及上部。并含有深灰色粘土一层含厚约30-40cm厚有时有变化，粘土遇塩酸全无反回水色。其中含黄铁矿，约有0.5-2.0%。现作为黄铁矿开採。黄铁矿呈结核状或细小结晶。基岩中则呈丝状。灰岩极易风化，成喀斯特地形。其间为厚土所藏，层理不清。愈近顶部，成会全穿，而含燧石斗意步。本层底部与583为整合接触，只成层较薄颜色较淡，燧石较少，而含黄铁矿为其特性。顶部与乐平煤系接触处，不清楚。灰岩锤碎时，发极微沥青臭味。

〈1962年10月16日散毕〉

1962.10.17 挑溪口—硫水剖面

J-001　30°∠76°

底部砾状砂岩夹页岩层，砂岩灰白色，风化呈黄白色。层理大致水平。风化後页状劈裂。层石波状起伏不平，层间界石不清。砂岩中夹砾石。砾石仍是石砂岩，细粒硬，成椭核状，大小不一，大的长径30cm短径10cm，小的仅如a鸟卵。一般夹砂岩中顺层理排列。风化後，砾石即自砂石凸出，或呈现石凸起排列形式。砾石表面一般为铁质侵染成黄褐色，与砂岩色调不同。页岩状软砂质，夹砂岩中，与砂岩有过渡形式。砂岩粒径在0.25—0.5mm。层中砂岩，为石英粒组成，稜角显著，成碎粒状。其中又夹有2-3%的黑色杂物，大件石英岩及约1-2%的白云母碎片。粘结质为长石。孔隙式粘结。粘结不固，组成砾石之砂岩，砂粒稍粗，粘结紧密，与砂岩无有显然区别，是风化时经破坏搬运之物。砂岩中夹有黄铁矿小粒及结核，结核⑩大小不一，直径5-10mm左右，砂岩风化後，呈零乱破碎层石，有似页岩中夹各项形式的石块和砾石。本层底部与雷口坡组间有约60-70cm黄棕色粘土，雷口坡组则呈凸凹不平之风化面，显是代表长期侵蚀。而以下地层之产状大致相似名伪假整合。
本层在溪口公路附近，公路沿近水石灏显示清楚。

J-002　283°∠83°

细砂岩，灰白色，风化呈黄棕色，层理大致水平，下分三层，面含零在1.5mm以上，层石不平整，有起伏，而不显状态。砂岩石英粒稜角显著，中含黑色杂物，亦有稜角白云母碎片不多。砂岩粘结质为长石，粘结不很紧，易於风化。在本层中部之砂岩更易风化成页岩形式。层内节理发达，节理产状169°∠23°。本层中亦含黄铁矿小细粒及结核。结核中常包有石英砂。

J-003　287°∠81°

穿层状砂岩，白灰色，风化後呈灰色，粉砂粒组成，组织细，且夹阳光，主缺有白云母细片，顺层理排列。岩石中夹有黑色植物细（青柔）成不规则状，或成条李形式小块状，並夹有黄铁矿晶粒，大者如碗豆。风化後成褐锈斑，甚屡整层石。成石棕黄色层理大致水平。会与层间界石不清。一些层中有微层理及斜层理。本层风化後，一般现页状，而未风化之部则仍保有砂岩形式。层石有起伏，当未现状，粮层内节理发达，左节理石上层有方解石小晶体。

J-004　293°∠71°
砂岩，灰白色，风化为黄灰色，石英粒为主，全为稜角状碎粒，下部砂岩中含有黑色矿物及细碎云母片，并含铁质少量。上部砂岩中黑色矿物较少，而铁质增加。风化后则成为黄褐色松砂岩。本层粘结质为长石，石英较大，特别在上部更多，故上部易于风化。本层中还夹有石灰岩砾石9条，选泵灰岩。

J-005　295°∠80°
夹层砂岩，顶部煤层。砂岩黑灰色，风化白灰色，细粒石英组成，长石粘结。相当坚硬。风化成页状或夹层状。夹云状岩带出土，与页状岩交互成层。层理平行，层石平整。层内掌夹有小砾石及黄铁矿晶体及结核。本层顶部约2m。石黑色顶岩夹夹煤层，风化后为灰黑色，煤层厚约5cm。处中另夹有夹云砂岩。煤层曾经採採。

18/6/1961，茜池墨口一碗水，大队，

J-006　305°∠81°
夹层砂岩，顶部煤层。砂岩黑灰色，风化呈灰黄色，石英粒直径0.1－0.25mm。稜角及磨，夹有黑色矿物及植物碎屑。云母片沿顶层理排列。在最部有较粗较硬砂岩一层，以後每隔1m．α有一层，每层厚约0.5m。此种砂岩，都呈夹层状，层理清理，並呈微层理排砒，書出形式。砂岩之间，夹有组织较为松软，滹云状砂岩，此种砂岩色稍深，风化後披页状，很像页岩。在最顶部有黑色页岩一层，厚约1m。中夹煤线，曾经採採。　本层底层砂岩中，亦含有黄铁矿小晶体及结粒，並偶有虫穴，保要直立石，作风柱形，径4-5mm层面有纹痕。波痕峰谷不对称，波宽约5cm。

J-007　303°∠83°
茨层砂岩夹页岩。砂岩灰白色，风化後棕黄色。石英粒现稜角，细粒，外有黑色矿物及细碎云母片。长石粘结，又夹见黄铁矿小晶粒。在最部三砂岩，风化较薄，约1m。在中部有二层，每层各奴0.3－0.4m。层理清理，会正平整。顶岩组织细，作灰黑色。处中含植物碎屑，层石有云母碎片。页理分明，风化後成千枚状。与夹层砂岩呈渐变关系。本层顶部有黑色顶岩一层，厚1.5m。中夹煤约5cm。煤质为佳为无烟煤。曾经开採。现有泉水自旧坑中流出。

　　以上 J-001-007 为 Jh1，此段岩石均易于风化，感

唐终缓·地批。   Jh₁ →

J-008   30∠81°
　　细砂岩，批状层状，绿黄色，风化呈鲑色，组织细致，长石胶
结。层理平行，层面不清。似一整体。风化剥落呈页状。层内现微气
理及交错层。被虫水锥爱侵染后，此种层理左侧面更为清楚，丰富为
Jh₂之底部，与007为整合关系。

J-009   297°∠86°
　　砂岩，白灰色，风化呈黄灰色，砂石粒径 0.1—0.3 mm. 石英粒
较角右占. 含长石及黑色杂物，皆批棱角。云母片很细，层理平行，层面
不清楚。优厚层状，全体为一整层所成。层内含有董铁杂晶粒，节
理发达，有泉水顺节理流出。

J-010
　　砂岩，白灰色，风化后呈灰白色，其中砂粒均批棱角，长石胶
结为孔隙式。砂岩中含黑色杂物较多，董铁杂粒不较多。层理水
平，层面平坦，成 0.9—1.5m 的厚层。在顶部的砂岩中，有黑色细线
平行层理，系炭质样屑集中所成。下部砂岩多胶粗，顶部有薄
层状泥岩，每层厚约 20—25 cm, 有 5—6 层，容易风化成较低地形，
成冲槽，作为丰层顶界。层内节理发达，节理产状 231°∠51° 而以
261°∠38° 为多。

J-011   296°∠81°
　　块状砂岩，灰白色，风化后灰黄色，石英粒批棱角状，黑
色杂物在下部较多，上部较少，层理水平，层面不清楚，呈块状，
每层厚在 2m 以上。层内含有董铁杂晶粒，及小结粒。风化
后长石浸染为董橙色，节理发达，发展为大型断块。

J-012
　　薄层砂岩，灰董色，风化呈橙色，砂岩中黑色针物及云母
碎片均少，长石胶结，胶结不甚紧密。砂岩粒径 0.25—0.50 mm.
为中粒砂岩，层理明，每层约 20cm. 此岩容易风化，成为冲槽
成下陷地形。

J-013
　　块状砂岩，灰白色，风化后呈橙黄色，主要为石英粒组成，
其次为长石粒，还有少许黑色杂物及白云母碎片。粒径在 0.25mm
上下，层理平行，层面不清楚，作块状。岩性与 J-011 大致相似，
层内节理发达。

J-014   294°∠83°

细砂岩，灰白色，风化后呈棕黄色，含黑色矿物少，云母片甚少，所有石英粒均呈稜角状，粘结质为长石。长石粒中有少数世红色。本层底层约平行，每层厚约40～50cm，层面平整，层内节理上特别发达，本层最顶部有厚约25cm之泥状沉积层，作为顶界。

J-015   300°∠85°

中粒砂岩，灰白色，风化后呈棕黄色，砂岩以长石粒结，长石量相当多。黑色矿物不多。粘结质同。层理水平，每层厚0.5～1.2m，层间界石清楚，层石缝中有炭质薄膜及植物碎片，或被铁锰质浸染。层缝中有不规则凹痕，似原沉积时泥团或粘土团块的印痕。本层比014为粗，且较硬，成为山脊。

J-016   296°∠86°

细砂岩，灰白色，风化呈灰黄色，石英粒径在0.23mm以下，稜角清楚，黑色矿物亦有稜角。云母片极少，粘结质为长石。层理平行，每层厚90～120cm。愈近下部层愈愈厚。层间界石清楚，有铁锰质浸染，或则层石上有炭质薄膜及植物枝干，顺层面排列，枝干木炭化。仅现铁锰质浸染痕迹，而出层石处，层内节理发达，侵蚀较到，成凹下槽地，与之上及其下的地层量有不同。节理产状为167°∠15°

J-017   302°∠80°

块状砂岩，灰白色，风化后灰黄色，中粒组织，含少许黑色矿物及云母片。底部含有不规则炭质薄片。炭化很深，矿物颗粒均呈稜角，粘结紧密。组成凸出地形。下部成层厚在2m以上，近顶部厚仅20～30cm，顶部层石清楚，大致平整。层内节理发达，有泉水自层石及节理底出。

J-018   292°∠88°

块状细砂岩，淡灰白色，风化呈棕黄色，细粒组织，含少量黑色矿物，云母片少而极细，长石多，作为粘结质，有时带粉红色。组织自细紧密，耐风化，成高峻地形，层面平行，底部成层在1m上下，中上部在2m±，但层间常夹有薄层砂岩。层石零布薄泥质小团块及炭质碎块，层石平整，不呈凹凸，节理发达。

J-019   299°∠86°

厚层细砂岩，淡灰白色，风化后呈棕黄色，矿物组织与018相似，唯成层较薄，在1m±。亦成高峻地形。层间界石清楚，层石平整。常较有Fe、Mn质有黑色薄膜。本层为Jhz之顶部，>Jhz →

J-020　　　　305°∠86°

页状粉砂岩。灰色，风化后呈灰黄色，组织细密，石英粒及黑色矿物均微小不能用肉眼辨出，表石可见植物碎屑及白云母片，并有金云母碎片，层石平行，具页状层理。风化强烈层很像页岩，未风化层则粘结为石砂岩状。层石清楚，有轻微起伏，层内具微层理，极细，可沿精风化之层石劈开成薄片。本层节理发达，风化强烈，成突然陷下之地形，为Jh3之底部。

自此移至木桥之牛车房之後土坎进行丈量。

J-021　　　　304°∠70°

页岩，灰色，风化成浅黄色，在页岩底部有细砂岩一层，厚约7.0cm 页岩组织细缴，摹者有细腻之感，在顶部则渐变为黑色，很像煤层。页岩层理发达，层石水平，不呈凹凸，很容易顺层石劈开，层石常有植物碎屑，但未见保存较好的化石。层石经常被铁锰质浸染。本层本身构成一沉积旋回。

J-022　　　　384°∠67°

页岩，灰色，风化成土黄色，组织细缴。底部粘结较为坚固，状如砂岩，中部有一二层亦粘结坚实。上部色变深黑，存较易于风化。本层由下而上由紧密而疏松，炭质亦逐渐增多，构成一个沉积旋回。

J-023　　　　301°∠69°

页岩，灰色，风化成土黄色，底部之页岩成为粉砂岩。上部页岩稍带黑色（正在第二牛车房东北角转角处）其中夹有植物碎屑。及Cladophlebis shansiensis Podozamites sp.

J-024

页岩，灰色，风化成棕黄色，底部胶结较紧，成为粉砂岩，上部粘结疏松，风化则成石粘土。顶部为黑色页岩及薄粘土层。黑色页岩厚仅10cm，本层亦构成一沉积旋回。

J-025

页岩，灰色，风化後，棕黄色。组织细缴，但疏松易风化。风化後泥土掩盖很厚。底部为粉砂质砂岩。露出部约仅2m。本层风化成低下地形。（自此仍转到木桥之北继续丈量）

23/10/1962 抄 19/6/1961 记 星期1. 在汤口硫水

J-026　　　　290°∠87°

粉砂岩夹煤线。砂岩呈灰色，风化后呈棕黄色，组织细缴。

黑色矿物及云母片岩很少，长石粘结，粘结疏松，很易风化。砂岩层理平缓，每层厚0.5m土，顶部有煤线，厚1到5cm，顶部以下的120cm处有一煤线。层石平整，层内节理发达，层内多植物碎屑。此层为Jh3，上顶部与Jh4係正合接触，下部全部被浮土掩盖。与J-026接触情况不明。
　　　　　　　　　　　　　　　　　　　　　　　　Jh3 →
　　J-027　　　　　306°∠76°
　　粗砂岩。灰白色，风化后呈棕黄色，石英粒大0.5-1mm，黑色矿物稀少。圆长石质孔隙式粘结，疏松多孔，下部含铁质多，风化成棕褐色。中部砂岩中夹有小燧石，石砂岩组成。并夹有风棱角的燧石砾块，大5-10mm。顶部质渐细为细砂岩垂夹大量粘土质，质料不均成破烂形式，层理大致水平。每层厚90-100cm。层石不平正。左顶部有洋葱状节理，径约5-10cm，顺层石排列，中部有砾石，径1-3cm有石英、燧石、粘土及黏质砾块夹乎其间。砂之深处变粗为砾状砂岩，上部因于软硬不一致，层内比较奏乱，层石有不整齐。与028有显著的区别，并层顶部有煤线。为Jh4。
　　J-028　　　　　306°∠85°
　　砂岩。灰白色。风化后呈棕黄色，底部较粗，为中粒砂岩。上部则渐变为细砂岩。砂岩中黑色矿物约有3%上下，所有矿物都甚稜角。长石粘结。粘结坚固，层理纫平行。层间界石清楚。每层厚50-100cm。上部质层较厚。层石上布满铁锰质薄膜。层石平整，节理发达。节理产状229°∠20°
　　J-029　　　　　295°∠83°
　　页岩，灰色，风化后黄棕色，粘结疏松，层理水平，层面介石不清。底部为中粒砂岩，与页岩成侵变关系。页岩风化强烈，成凹下槽形地。页岩中含菱铁矿结核，结核中部的为粘土。
　　J-030　　　　　303°∠79°
　　块状砂岩，色成白，风化后呈棕黄色，石英及黑色矿物均成稜角状。长石坚固胶结，偶夹有燧石角砾。粒径中等。底部每层厚1m土，上部层厚在2m以上，成块状。层石被有铁锰质薄膜，界石清楚。节理发达。有泉自节理流出。此矿质。
　　J-031　　　　　301°∠84°
　　块状中粒砂岩，色灰白，风化后呈棕黄色，底部黑色矿物少，渐上渐增。长石粘结。粘结坚固，层理清楚。每层厚

2m以上，层内节理发达：节理产状 7°∠13°即水沿层面及节理面流出。在河之南北两部 皆有旺盛泉水。本层耐风化，成为山脊。

J-032   305°∠85°

块状中粒砂岩，色灰白，与J-031岩性相似，唯北中夹有炭质碎屑，又节理更发育，更形破碎，泉水旺盛，是坎工同之处。

J-033   307°∠82°

厚层细砂岩，灰白色，风化呈灰黄色，组织细致，含长石较多，黑色矿物约有3-4%，又偶有黄铁矿晶粒生，黄铁矿晶粒风化后则呈棕黑色斑点。长石粘结，本层较032与034均容易风化，成石较低凹槽形地，在河北岸，泉水即皆以槽下流，河南岸泉水较少，层理水平，在近底及近顶部分层理较密，中部层理较原，岩较硬，层石平整，节理发达。

J-034   294°∠84°

块状细砂岩，石英粒坡稜角，含少量黑色矿物，为长石紧密粘结，层理水平，每层厚1.5-2.5m 层间界石清楚，常有薄层砂岩夹于其间，层面平整，在层石上云母片很多，含有炭质石碎屑，在最上部有斜层发现，但只见一层，层内节理发达，本层耐风化，在河两岸均构成峭崖。

J-035   309°∠85°

厚层细砂岩，白灰色，风化呈灰黄色，颗粒均坡稜角，长石粘结，粘结紧密，底部层厚约30cm，中上部均是1m以上，但其顶部或底部常过渡为薄层状砂岩，层间界石清楚，层石上云母片很多，大小不一，大可至1mm，层石平整，顶层与J-036之界显然。本层为Jh4顶层。→ Jh5

J-036   301°∠84°

页岩，黑灰色，风化后呈黄灰色，组织细密，层理水平，层间界石不清，但容易作层石劈开或为整层。层石多白云母片及植物碎屑，有植物化石但漫而不清楚。层石常被铁锰质浸染成棕褐色，在本层上部，页岩变为灰黑色，中夹有薄煤，厚在5cm以下，本层为Jh5最底部。

J-037   303°∠82°

页岩，淡黑灰色，风化后呈黄灰色，页岩底部粘结较紧密，有似粗砂质砂岩，上部粘结较松，容易风化，成低凹地形，层理水平，层石清楚，层石上有云母碎片及植物碎屑，层内有虫穴，直径8-10mm，与层石垂直并有斜交者，本层上部颜色较黑，其中夹煤一层，厚不及10cm，曾经试探。

以上 036-037 构成两个沉积小旋回。

J-038　　　302°∠82°

细砂岩，灰色，风化呈白灰色。砂粒均细。均匀棱角状，层理水平。底部层厚50-60cm，上部层厚约100-120cm，最顶部为薄层状砂岩，每层厚4-5cm，层面平整。含云母、云母片及植物碎屑，很多呈三角型。层内节理发达。节理产状 3°∠20°。

J-039　　　305°∠89°

粉砂岩及页岩。粉砂岩黑灰色，组织细密。层理水平。底部每层厚约30-40cm，向上成层渐薄。逐渐变为灰色页岩。页岩约估全层1/4。

J-040　　　302°∠88°

粉砂岩及页岩。组织细密，性质与J-039相似。下部成层较厚，中部逐渐变为粉砂质页岩。上部页岩中夹有薄煤层。页岩具有微层理，至麦有少许黄铁矿晶粒。

J-041　　　305°∠88°

粉砂岩及页岩。粉砂岩白灰色，组织细密均匀，黑色矿物及云母均感很细微小点，粘结坚固，层理平行，下部层厚约1.5m。上部逐渐变薄，顶部分层为灰黑色页岩。页岩中含植物碎片。层面平整。零敬铁锰质侵染。

J-042　　　306°∠87°

粉砂岩及页岩。粉砂岩黑灰色，组织细密均匀，似0.4m，底部以上约2/3均全部为黑色灰色页岩。页岩层面稍微凹凸，往往炭化很深。发漆亮光泽。中夹有植物化石碎片。

J-043　　　295°∠89°

细砂岩及页岩。细砂岩灰色，风化后呈灰黄色。在本层底部厚约1m。向上即过渡为灰黑色页岩。黑色页岩中，手麦有粉砂岩一层，厚约500cm。层理近水平而稍有波动。层面不清楚。此层之易于断开。黑页岩层面上，常有化石碎片。含云漆壳。层内节理发达，风化强烈成低凹地形。

从038至043，有7次沉积韵律。038基本全是细砂岩。至顶部不到1m范围内为薄页砂岩，以后含层页岩逐渐增多，至043，则是底部一m之内为细砂岩，上部则全部成了页岩。

J-044　　　308°∠85°

细砂岩及粉砂岩。细砂岩在底部，黑灰色，风化为黄灰色，块状中粒砂岩灰白色，石英粒及黑色矿物构成线、条状，长石接结，堑固紧密，成分很全，层理不清，可视为一整层，部分岩层中有斜层理，左上部特别显著，层内节理发达，节理垒状 20°∠0°
J—050

左3m处止,即逐渐过渡为粉砂岩,粉砂岩作块层状,灰黑色,风化则呈棕黄色,组织较细,但结构疏松,易于风化,成低凹地形,粉砂岩中含有多量植物化石碎片。

J-045　304°∠89°

细砂岩,青灰色,果粒较自细,世稜角充石胶结质堅硬,黑色矿物约5%±,层理水平,面层厚约20~40cm,层石具波纹,上层举间距7cm,呈作弧形,左层石上向东倾约45°,次层向北倾约30°,3层向S倾约20°,4层向北倾约25°,面层相距约4cm,由此下证皮很是有变化了,层性稍变,故向所有变化,左又一层石上,植物碎片不成为凹纹如波浪,其向方则面向北50°,本层岩层石一般平整,层石单被铁含质侵染,界之清楚,层内节理发达,节理产状 333°∠?

J-046

粉砂岩,黑灰色,组织细緻,单层厚20cm±,具微层理,层石整齐,界石清楚,层石多植物化石碎屑,丰云较易风化,成较低地形。

J-047

衣黑色页岩,风化呈黄灰色,泥质组成,衣都稍粉砂质,层理水平,层间界石不清楚,易顺层石劈开成薄片,层石光亮,常有植物化石碎片,近顶部含可採煤一层,厚约20cm,为Jh5正在开採之煤层。Jh5→

J-048　298°∠75°

块状细砂岩,风化后呈黄灰色,組织细密,层理水平,层厚约2~3m,层石平整,上石多云母及植物碎片,主石铁锰质胶浸染,层内节理发达,偶有大型黃铁矿作结核,径约20cm,但不多,本层为Jh6之最衣部。(成已出山者,(正在铁厂新採之煤)

20/6/1961 星期2,阴,在岳地逗一砲水。27/10/1962 故

J-049　301°∠87°

块状中粒砂岩,白灰色,风化衣黄色,岩石中含較多炭质碎屑,丰云特征是层石上有很多炭化了的植物枝幹,在白灰色的岩石上,呈现出显目的黑色弧纹交错的大花纹,已成大花纹砂岩,在丰巨石有达一层,野外很易識认,层理水平,面层厚1~2m,或更厚,层石相当平整,层间界线清楚,层内多炭质不规则团块,並偶见黃铁矿作结核,节理发达,节理产状 356°∠10°

J-050　301°∠85°

块状中粒砂岩,白灰色,矿物均呈稜角状,丰云持征是层

石上现大花纹。（上有一层倒水）层内含菱铁矿。菱铁矿在底部有零星分布。中部有一层较多的结核。大致顺层呈稀疏成层。结核扁圆形，长3～7cm，不能开採。到顶部1m以内，则菱铁矿结核密集。有时成层。此顶部之改岩为粗砂岩，在菱铁矿结核中，常挤挤有砾石，像搬运而来。铁结核中，也有砾石的，也是经过搬运来的。但原地产生的毛毛是绝大多数。含铁矿多的岩石波动很大，有层厚变化。火泥岩石，则整齐平坦，很少变化，层理清楚，节理发达。

J-052　　　309°∠88°
细砂岩，白灰色，石英粒及黑色矿物均呈稜角，粘结紧密坚固。层理平行，每层厚60-100cm，层间界线清楚，层石平整，节理发达。有泉水。本层岩状上之J-052合成一完整旋回。

J-053　　　301°∠87°
页状粉砂岩，灰黑色，风化呈灰黄色，组织细致，层理清楚，容易劈开成薄片。层石上云母片很多，层石平整，层内呈微层理，及斜交层理。斜层理间距零点几cm之间。本层与052成一完整反旋回，容易风化，成低下地形。

J-054　　　299°∠80°
中粒砂岩，灰色，底部含炭质碎屑较多，生铜石硕索，呈现麻云雾星点。上部含长石多，风化成白色，其中夹菱金味水结核，顶部富集成层，曾经试採。顶部岩石松软，层石零乱，凹凸不平。

J-055
块状粗砂岩，灰白色，砂粒稜角显著，含长石多，长石粘结层理平行，每层厚1.5m以上。层石平整，层石常有炭质薄片。底部有零星金水质结核。在顶部铁水质新多。至富集西层。

J-056　　　307°∠87°
块状中粒砂岩，黄灰色，层理平行，层石稍有起伏，层内有菱铁矿结核。顶层石排列，大致在一个层石上，如此常有许多层。有时菱金水层中夹有砂岩砾石。岩层中还有炭质团块。炭质（小）团在层石上或接近层石时居多。本层岩石坚硬，成凸出山脊。

J-057　　　297°∠86°
厚层粗砂岩，含长石多，亦呈灰色，层理近平行，层石稍有起伏，风化后，现峰窝状凹凸。本层上含大量菱金水小结核。

的组成高峻地形。

J-058　　　303°∠87°

中粒砂岩，灰白色，含长石多，含黑色矿物少，组织紧密，层理水平。底部为粗砂岩，夹有菱铁矿团不朱，菱铁矿团不尔云化。粗砂岩中，夹有粘土团块，形如一朱石，亚有植物碎屑。以上所而中粒砂岩，本层恰在一山肉中，成为凹地。

J-059　　　302°∠88°

细砂岩，白灰色，组织细密，层理水平，层之平整。每层厚约20—30cm，层内夹有植物碎屑，节理发达，凡化发成凹下地形。

J-060

页岩，下部灰黑色，上部董灰色，页岩中夹有植物碎屑，近中部夹有角煤屑，曾经试探。页岩层理清楚，容易劈开成石薄片。凡化强烈，为浮土盖复地长。

J-061　　　300°∠83°

细砂岩，灰白色，凡化呈董白色，粘结紧密，黑色矿物稀史，层理近水平，底部石为粒发粗，为中粒砂岩，中上部则为细砂岩。层之不平整，凡化后尤为显暑，节理发达。节理面及层面均被铁质浸染成棕色。

J-062　　　305°∠88°　（1962年11月2日接）

厚层粉砂岩，淡灰色，凡化后棕董色，粘结紧密，层理大致平行，容易沿层理劈开，成石薄片，层之整齐。外表很像页岩而较粗，凡化容易。

J-063　　　309°∠89°

细砂岩及厚层细砂岩，白灰色，凡化呈董灰色，左终部细砂岩层理享，每层厚约30—50。其下有菱铁矿结核一层，夹细砂岩中，结核成扁长圆形，密集排列，大小不一，小者长径1cm，大者长径可至10cm，此种结核，很像石珠石，为曾经搬运重行胶结之物。胶结物为砂岩，凡化後铁质被溶解去，即成为空洞。上部细砂岩成厚层状，层理由折不平，凡化後现集乱形式。共中常夹有铁质结核。

J-064　　　301°∠86°

埚层粉砂岩，组织细密，层理约平行，层之呈凹凸，层石有很多植物碎屑及云母石片，常被铁质浸染成褐董色，底部成石薄层，上层精厚，顶部加灰色顶岩，容易劈开成石薄片。

本会底部粉砂岩成含较厚，上部即成页岩。
　　J-065　301°∠84°
　　粉砂岩及顶岩。粉砂岩黄灰色，风化至棕黄色，底部成两厚会，上会稍薄，顶部为灰色顶岩，易于风化，成低凹地形。
　　以上各会，面层均构成一小苍坦。
　　J-066　304°∠80°
　　层会状粉砂岩，灰黄色，风化后呈棕色，砂粒很细，黑色矿物很多，粘结疏松，易于风化。风化后，岩石很凹凸不平，倒成犬牙交错形状，有时现球状，节理发达，大致平行，岩易顺节理劈成薄片，有似页岩。近底部有 Podozamites lanceolatus 发现，保存良好。上部完全风化为厚土盖复，与J-二接界处，不甚清楚。　本会系 Jh6 之最顶部　　　Jh6 →

　　　　　以下均自流井统
　　J-067　302°∠86°
　　粉砂岩及泥岩，泥岩为主，底部有石英质粉砂岩一层，厚约2m。此层粉砂岩灰黄灰，风化后呈灰黄色，几全为石英粗粒组成。而以下各层中之砂岩，则为长石质，此则大有分别焉。底部砂岩上，即为泥岩层，作浅灰色，极易崩坍。又中部及以上又有粉砂岩三层，相距各约10-15m，皆为石英质，粘结紧密。页岩向上接近石英砂岩处，皆变为灰紫色。愈上上部色愈紫。页岩中常呈黄灰色晕纹，风化后颜色稍淡。此会风化很剧，为厚土所掩。总称为珍珠冲层。　　珍珠冲组 →
　　J-068　302°∠88°
　　粉砂岩及泥岩，泥岩为主，底部有石英质粉砂岩一层，厚1m。此层粉砂岩灰灰色青灰，风化后为黄棕色，以上全为泥岩。近底部及顶部全为紫灰色页岩，中部为白灰色页岩，白灰色泥岩底部，泥质变粗，成为粉砂质，有透水性。上部泥岩，风化较烈，部分被厚土掩盖。〈本会系车轿面组〉
　　21/6/1961 星期3上午后，坐岳池溪口一石苑水.
　　19/12/1962 接存
　　J-069　304°∠82°
　　粉砂岩及泥岩，泥岩为主，粉砂岩在泥岩底部，厚约1.5m，灰白色，主要为石英质，含极少量黑色矿物，组织紧密坚石更，层面平整。与068为正合接触。泥岩色灰紫，风化后呈棕黄色，组织细腻，层理平行，分层不清楚，风化成页状。层面常有黑色斑膜，系铁锰质浸染所成。泥岩极易风化成石粘土。上部大部分被掩盖。

1962,12,26 投

J-070　　　　302°∠88°

介壳粉砂岩及钙质粉砂岩，二者均为白灰色，风化呈灰黄色。组织细，含钙质粘结，风化后钙质溶去，则疏松多孔。介壳粉砂岩中介壳密集，几全是介壳所成，以介壳蛤为主。外有许多小型螺类化石。均保存完好。受铁质浸染成污黄棕色。钙质粉砂岩中亦含有化石，不过稀少而已。在中部该层化石最多，粉砂岩节理发达，容易风化成砂砾。每层厚30-100cm，以中部该层较厚。层间界面清楚。层间夹杂有页岩层。页岩灰色，风化后成黄灰色粘土，与粉砂岩成层面较清。其中亦含有化石。本层为东岳庙灰岩的相变。含丰富的 Cyrena。此层正在铁厂对河食堂之後，即曾在此吃午饭之食堂。

J-071　　　　130°∠60°

页岩黑灰色，风化後灰白色，组织细腻，手摸有滑感。层理平行，成页状。层间界面不清，易于劈成薄片。层面平整。层内含丰富的介壳化石。保存完好。层内具微层理，断口整齐。风化成薄层碎片。地形低下。从其位置及岩石性质而说，是很好的盖层。

J-072

尾岩灰黄色，风化呈棕黄色，组织细腻。层面大致平行。层间界面不清，易于劈开。层面上有细腻云母碎片。层面常被金铁锰质浸染成黑棕色。含有瓣鳃类化石。(约在073之下 2m) 但不多。本层容易风化，大部被浮土掩盖。露头见于公路上包谷地中。

以上尾东岳庙组

J-073　　　　302°∠86°

粉砂岩黄灰色，风化后呈灰黄色。粘结紧密。层厚30-40cm，似上色深。层面清楚，其上有白云母碎片。层面上常被铁质浸染。节理交错，断口不整齐。此层在地形上显突出土丘。粉砂岩遇盐酸不起泡。
　　　　　　　　　　本层东马鞍山组

J-074　　　　303°∠81°

尾岩，底部灰白色，上部灰紫色。底部质较粗，带有稀泥质砂岩形成并质较软。向上全为泥岩，作灰紫色，其中夹零批白色致泥。此种班点保征近断变来而无截然的界线。泥岩中常见较细泥粒，大4-5mm，其颜色并较深。作豆状散嵌岩石中，层理近水平，层面不清。风化成为粘土，层理仍存在。节理产状 1. 346°∠85° 2. 192°∠2°

J-075   305°∠81°
　泥岩，下部灰白色，上部灰紫色，下部灰白色中，零走有些灰紫色层。成条批状。灰紫色层中有夹有灰白色条批。层理约近水平。层面不清。风化光沿层面成薄片，再风化即成泥土。层内裂缝发育，成不规则分布。其中常被硅质填充，成厚1-2mm的硬脉。风化后此种细脉即凸出层面成多硬壳。（此层中部灰白色泥岩较厚）

J-076   301°∠89°
　泥岩，下部灰白色，上部灰紫色。泥岩组织细缴。层理大致平行，界面不清。下部灰白色中呈微层理，及小型交错层。层面有少许白云母碎片。上部灰紫色层中一般批有灰白斑点。或细小灰白条纹。从表面观察，呈较平的裂缝而生，有次生物。与节筋脱乘的气体或液体沿裂缝经过，使其铁变为灰绿所致。而在下部之灰白色层则以零生为显。所有泥岩，具盐酸-均起饱。本层风化後均成粘土，大部分被植盖。

J-077   314°∠83°
　粉砂岩，灰白色，风化呈棕黄色。石石英粒组成，粘结紧密。层理平行。层面光滑。层内夹泥质小块及铁质甚多。风化后砂岩都绕成深棕色，而在小泥块部分则未被浸染。组织亦较细。成各件零致泥。节理发达。

J-078   307°∠81°
　(夹)泥岩，灰紫色，组织陈松。层理大致平行。层间界面不清。风化极到，大部分为厚土盖没，露头很少，岩性与076大体相似。

J-079   302°∠71°
　泥质石灰岩，青灰色，风化后呈灰白色。见 HCl 起饱。层理水平。层间界面清楚。底部成层较厚约50cm，其中不含化石。上部成层较薄，约厚20-30cm，中含贝壳很多，节理发达。
〈本层系大安岩组〉

J-080   325°∠41°
　　黑页岩及泥质灰岩，页岩组织细腻，层面整齐，易沿层理劈开。层面上鱼鳞很多，无完整鱼颗。页岩过渡为泥质灰岩，含少许介壳。灰岩厚约1m，未至自页岩至灰岩成一沉积旋回。

J-081   314°∠41°
　　黑页岩及介壳灰岩，黑页岩在底部，其中也含少量鱼鳞，页岩纯泥质，见盐酸不起泡。上部灰岩中，含大量介壳，全为介壳堆积所成，在风化面上才能看见，但不採集完整者，在新鲜面上则往往无化石痕迹。在强烈风化后即成泥土。

22/6, 1966, 上平阴，车岳地—碗水
J-082   295°∠63°
　　泥岩，下部白灰色，上部灰紫色，白灰色泥岩中常有白色小斑点，为砂质组成。风化后，砂质脱落，成2-3mm的空洞。砂铁锰质浸染，常地黑色细条纹或量色。灰紫色泥岩中含有铁质水点，风化后成黄色斑点。两种色调泥岩无显然界线，交界处犬牙交错。风化后皆为粘土，与盐酸遇，均强烈起泡。

J-083   295°∠76°
　　泥砾岩及泥岩，泥砾岩在底部厚约2m，呈厚层块状，保黄灰色泥质小团块组成之环状结构，大小在2-5mm。如豌豆或黄豆大小。许多泥砾很像介壳化石。泥砾为钙质粘结，疏松易碎，但较上部泥岩为耐风化。故风已凸出地形。泥岩紫灰色，中夹有淡黄色大团块。层理大致平行，不易分成整齐层面。劈开面多凹凸不平，层内多有灰色斑点，由紫灰色向浅过渡而成。

J-084   301°∠85°
　　钙质岩深灰色，风化后呈黄灰色，组织细腻，层理平行，层面清楚，每层厚30-40cm，中部层内有一些不规则的紫色泥岩夹在其中，但不成层。上部质较软，风化较烈。

J-085   300°∠85°
　　泥岩由灰紫色及灰白色的交互薄地组成。上下两部皆紫色层，约厚100cm，白色层约厚20-30cm，中部则紫白两种泥岩各厚约300cm。白色泥岩均较坚硬，故其部地形较为凸出。两种泥岩遇盐酸均起泡。灰白色泥岩

风化后成碎块。而灰紫色砂岩风化后则成细粒状。
　　J-086　　304°∠87°
　　砂砾岩，绿灰色，风化后呈黄灰色。石英组成，粘结坚密坚硬，层理大致平整。上部成层较薄，中部较厚约1m。层内夹有泥岩小块，风化后成不规则小洞。节理发达，沿节理面及层面有铁锰质薄膜，作棕褐色或黑色。层内有夹杂灰紫色泥岩，夹得多的地方，则易于风化。本层被一小断层所切，断距约2m，东北西南走推。
　　J-087
　　黑灰色页岩，组织匀细致密，层理水平，层面平整，容易沿层面劈开。页状层理，层内近底部含化石Cyrena等很多。节理发达，风化成碎块。
　　J-088
　　砂砾岩，层厚状，绿灰色，风化后呈灰色。含植物碎屑及白云母都很多。砂岩分选良好，层理水平，层间界石清楚，容易沿层面劈开。节理发达，顶部有石灰岩二层，最上一层为顶界，厚500m。中含密集瓣鳃类化石。灰岩肉灰色，细粒细密，风化后往往断续存在如结核状。第二层灰岩距顶部二第一层约1m厚300m，亦介壳灰岩。介壳比顶层更为密集，其中数有菱软体结核。不过不易取得保存完全的化石。两层灰岩间所夹为一层页岩，也含化石。　以上手大安岩组→
　　J-089　　　　　　　　　　　　　　以下徕高山组
　　页岩，底部黑灰色，上部渐变为黄灰色，并带有砂砾质。层理平行，层间界石不清，容易沿层石劈开。底部含化石，计鳞鱼鳞往往密集层面，层内节理发达容易风化。
　　J-090
　　砂砾岩黑灰色，风化后呈棕黄色，层理平行，底部成层较薄，上部成层较厚(50-600m)受到风化之后，都此页状容易沿层理劈开，成为碎片，层面平整，上多植物碎屑及云母碎片，中部含瓣鳃类化石，上部石质渐粗，成为细砂岩，质亦较硬，并时夹有泥质色痕。
　　J-091
　　黑灰色页岩，风化后带批黄色。组织匀净细密，层理平行，层间界石不清楚，易于沿层石劈开成碎片。层石平整，层内节理发达，顶部含瓣鳃类化石及鱼鳞，底部节理中，有氧化物渗出。风化为碎片状。

J-092   120°∠83°
绿灰色页岩，风化后呈黄灰色，组织细密，层理平行。风层较091为厚，岩块较坚硬，耐风化。顶部岩质变粗，有似粉砂岩，节理发达，风化成碎块状。

J-093   310°∠89°
绿灰色页岩底部有粉砂岩层，厚约10cm含钙质，风化后钙质溶去，成陈松多孔粉砂岩，顶很粗，中部页岩粗结较紧密到上部石质愈粗，顶部即变为粉砂岩。层理水平，层间界面不清，层面平整，节理发达。

J-094
黑灰色页岩，风化后色精深，层理平行，底部页状显著，风化后呈碎片状。中部夹有绿灰色页岩薄层，含瓣鳃类化石及鱼鳞，上部十数毫米变为粉砂岩，如显微层理，但面呈云母片。   以上自092至094，由下而上至于岩顶，岩质有变粗变硬之势。

J-095   306°∠88°
灰白色粘土岩，粘土质极细腻，断口呈贝壳状，如常现曲折碟屑状层理，层次水平。失上部渐变为泥岩，呈淡黄色，本岩很易风化崩蚀。

J-096   306°∠85°
页岩底部黑灰色，组织细致，页理发达，易于劈开，岩中部含有鱼鳞化石，上部变而为绿灰色，全岩容易风化，风化成细片状，层面以被铁锰质浸染，表现棕褐色薄膜。

以上为高山组   →

J-097   305°∠73°
细砂岩，色灰白，风化后呈黄灰色，层理约迩平行，层间界面不清，石层厚约40-500cm底部石质较粗，为中粗砂岩，云母片很多，中部石质较细，上部较软。

本岩与096直接接触，其间无间发岩系，接角层面平整，为整合接触。

J-098   305°∠75°
黑灰色页岩，组织细致，层理大致平行，层间界面不清，页理发达。易于剥开，不易于风化。风化后呈紊乱形式。与Q97细砂岩接触彖精呈一也也。

　　J-099　　134°,85°

层云状形①吡岩，石贵引800。含哩水平。层间界面凹凸。层面多云虫碎片。呈缎层理。易劈成坪片，发部质较坚硬，上部质较软。风化不强烈。风化后成碎块状。层内节理发达。〈以上为1961年在华蓥山所纪笔记〉

　　1963年1月3日星期4，上午11时半执笔

　　以上为1961年5月在四川合川华蓥山纳溪之剖面纪录。此项剖面系此定部指定四川地质局当年党政之任务，准备作为有代表性的标准剖面。

　　原稿存四川地质局华蓥山队。1962年曾由地质学院伸取便借回，因执录一遍，以作纪念。

　　1965年2月9日常隆庆允于地质学院地勘楼417室

1963年1月17日开始按运觉述所化剖面.

J-100   302°∠85°
黄绿色泥岩.顶部1-2m处有紫色泥岩(0.7-8m)露头部分泥岩已破碎成小块,小粒,甚至成粉末状.局部泥岩有富的层理,但大部分的层理都不发育,或不清楚.顶底板界线清楚.在泥岩底部有一层厚0.65m的中粒石英砂岩.底部有一断层,产状 297°∠47° 上盘相对上升,断距约1m.

J-101   304°∠66°
浅棕黄色长石石英砂岩,中粒或细粒结构,中层构造有下列三组节理. 304°∠66°   200°∠60°   44°∠6°

J-102
紫色与黄绿色泥岩互层(或与粉砂岩或云)组成的泥质.颗粒较粗者,在放大镜下能看清楚石英细粒及白云母小片. 两种颜色不同的泥岩(或粉砂岩)之间的相互关系,是多种多样的.从大处看,两者的接触界线似一定层位分布.但接触面有平直的,也有比较复杂的曲线.另有一种情况是黄绿色泥岩斑点或不规则形状,分布在紫色泥岩中.反之也一样.不论两者的关系如何,但黄绿色与紫色的界线是很清楚的. 泥岩的裹头部分分布着密集的裂隙或节理,其中有一组与层理大致平行.节理面以平直的一般都有小的也些.

本层泥岩与J-101层的砂岩为一个沉积韵律.

J-103   294°∠74°
中粒长石石英砂岩.从物颗粒愈向上部有逐渐变细现象.但顶底界线清楚.

J-104
紫色与黄绿色泥岩互层,其中夹有黄绿色细石英砂岩.本层泥岩与J-103的泥岩为一个沉积旋回.

J-105
中部为黄绿色石英砂岩,上下部为黄绿色泥岩.泥岩与砂岩间界线清楚.风化的砂石露头,砂岩保持比较大块的形状.泥岩都破碎成小粒.

J-106   302°∠69°
黄绿色长石石英砂岩，中粒结构，厚层状。该岩主要为石英、长石和角闪石（也可能为辉石）含量都很少，在底部白云母含量较稀之，上部则略有增加。该岩与底岩之界线清楚。底部砂岩中有暗绿色泥岩角砾石，这种角砾石的直径大部 3-4cm，小者几mm。有下列二组节理 302°∠69°，108°∠35°。如果以沉积韵律讲，则自J-105之砂岩底界至本点砂岩底界为一次育不完善的沉积韵律。

J-107
黄绿色泥岩与紫色泥岩互层，一般前者较粗，可称为粉砂岩。

J-108   311°∠78°
底部（1.8m）为黄绿色中粒长石石英砂岩，上部为黄绿色细粒长石石英砂岩，顶部（1.7m）为黄绿色泥岩。这三种岩石组成一个沉积韵律。在底部的中粒砂岩中交有稀疏的黄绿色含钙质的砂岩结核，遇HCl即发泡。结核直径7-20cm，呈不规则的圆形。

J-109   293°∠78°
中粒长石石英砂岩，灰绿色，厚层构造，风化后砂岩呈淡黄色。砂岩的顶底界线清楚。接触面比较平直。有下列三组节理。293°∠78° 21°∠52° 151°∠47°

J-110
黄绿色泥岩夹紫色泥岩，两种颜色不同的岩石之间关系极复杂。

J-111   306°∠72°
厚层浅黄色中粒石英砂岩，有下列两组节理
306°∠72°   110°∠44°

J-112   295°∠76°
黄绿色泥岩，其中夹极薄的中粒石英砂岩层（厚10-30cm）及紫色泥岩。

J-113
紫色泥岩与黄绿色泥岩互层。中间夹有青灰厚达十cm的长石石英砂岩。

J-114　　287°∠85°
中粒长石石英砂岩
J-115　　287°∠85°
上部(7.7m以上)为紫色泥岩,中部(6.7-7.7m)为浅黄色石英砂岩,下部(0-6.7m)为黄绿色泥岩夹紫色泥岩。

J-116　　121°∠80°
中粒长石石英砂岩,浅黄色层云状构造,砂岩的矿物成分主要为石英,外有长石白云母角闪石等,但含量甚微。
在砂岩顶层板岩+8m处,矿物颗粒均有逐渐变细现象,但顶板界线是清楚的,顶界稍呈波状,底界比较平直。
节理产状　121°∠80°　300°∠45°
底部有一小断层 产状 275°∠45° 上盘相对上升。

J-117
紫色泥岩与黄绿色长石砂岩互相主要之交互夹持面部,此地两种岩石的接触关系很清楚,但接触面的形状是很复杂的,有比较平直的也有很曲折的,自下而上两种岩石的分层如下：
泥岩　　1.10m.
砂岩　　1.20m.
泥岩夹大量砂岩　2.80m.
砂岩　　1.00m.

J-118　　132°∠78°
紫色泥岩夹灰绿色长石砂岩,后者为扁平透镜状,极不稳定,底部有一层砂岩较厚,有2.25m,泥岩已风化破碎成小粒,砂岩相对地尚大块一些。

J-119　　112°∠85°
石英砂岩,浅黄色,中粒,层云状。砂岩的矿物成分变化很大,下部几乎全为石英组成,其他矿物仅有很少量角闪石,向上则长石和白云母逐渐增多,中上部最多。砂岩的矿物颗粒,下部较粗,(D=0.4mm)中上较细。砂岩的顶界清楚,底部与紫色泥岩在接触界线附近约10-20cm即变成浅灰绿色。

J-120　　　123°∠90°

紫色泥岩，砂岩夹有灰绿色泥砂岩，除板文岩外，紫色泥砂岩的层理，都发育不完善。但由于其中夹有薄层的灰绿色泥砂岩及受不均速侵蚀的结果，仍能大致看清产状。　紫色泥砂岩，在都与下伏砂岩之接触界线附近的10—20cm即失变为淡灰绿色。

1963年1月17日上午10时40分抄毕。其时在成都地质学院地勘楼402室。是日天阴。

1960年6月22日 星期3 借披备种

罗盘
雨布背包
大背包　坏
蚊帐
电筒及电池
饭盒
水壶
雨衣
草帽

以上系马叶准备去云南研究红色地层所带之什物名单。

常見礦物的比重

硬石膏…………2.95
斑銅礦…………4.9—5.2
錫　石…………6.8—7.1
白鉛礦…………6.5
黃銅礦…………4.2
辰　砂…………8.0—8.2
煤
　褐煤…………0.5—1.3
　烟煤…………1.1—1.4
　无烟煤………1.4—1.7
赤銅礦…………5.8—6.1
方鉛礦…………7.4—7.6
石　膏…………2.3
赤鉄礦…………5.2
褐鉄礦…………3.8
菱鎂礦…………5.5—6.5
水錳礦…………4.2—4.4
黃鉄礦…………4.9—5.1
菱鉄礦…………2.3—3.0
閃鋅礦…………3.9—4.2
輝錦礦…………4.5—4.6
黝銅礦…………4.4—5.1
鎢錳鉄礦………7.2—7.5

三角函数表

°	正絃	正切	余絃	余切	°
0	0.0000	0.0000	1.0000	Infin.	90
1	.0175	.0175	.9999	57.2900	89
2	.0349	.0349	.9994	28.6363	88
3	.0523	.0524	.9986	19.0811	87
4	.0698	.0699	.9976	14.3007	86
5	.0872	.0875	.9932	11.4301	85
6	.1045	.1051	.9945	9.5144	84
7	.1219	.1228	.9926	8.1444	83
8	.1392	.1405	.9903	7.1154	82
9	.1564	.1584	.9877	6.3138	81
10	.1737	.1763	.9848	5.6713	80
11	.1908	.1944	.9816	5.1446	79
12	.2079	.2126	.9752	4.7046	78
13	.2250	.2309	.9744	4.3815	77
14	.2419	.2493	.9703	4.0108	76
15	.2588	.2680	.9659	3.7321	75
16	.2756	.2868	.9618	3.4874	74
17	.2924	.3057	.9563	3.2709	73
18	.3090	.3249	.9511	3.0777	72
19	.3256	.3448	.9455	2.9042	71
20	.3420	.3640	.9397	2.7475	70
21	.3584	.3839	.9336	2.6051	69
22	.3746	.4040	.9272	2.4751	68
23	.3907	.4245	.9205	2.3559	67
24	.4067	.4452	.9136	2.2460	66
25	.4226	.4663	.9063	2.1445	65
26	.4384	.4877	.8988	2.0506	64
27	.4540	.5095	.8910	1.9626	63
28	.4695	.5317	.8830	1.8807	62
29	.4848	.5543	.8746	1.8041	61
30	.5000	.5774	.8660	1.7321	60
31	.5150	.6009	.8572	1.6643	59
32	.5300	.6249	.8480	1.6003	58
33	.5446	.6494	.8387	1.5399	57
34	.5592	.6745	.8290	1.4626	56
35	.5736	.7002	.8192	1.4282	55
36	.5878	.7265	.8090	1.3764	54
37	.6018	.7536	.7986	1.3270	53
38	.6157	.7813	.7880	1.2799	52
39	.6293	.8098	.7772	1.2349	51
40	.6428	.8391	.7660	1.1918	50
41	.6560	.8693	.7547	1.1504	49
42	.6691	.9004	.7431	1.1106	48
43	.6820	.9325	.7314	1.0724	47
44	.6947	.9657	.7193	1.0355	46
45	.7071	1.0000	.7071	1.0000	45
°	余絃	余切	正絃	正切	°

傾 角 換 算 表

岩 层 走 向 与 剖 面 间 夹 角

真倾角	80°	75°	70°	65°	60°	55°	50°	45°
10°	9°51'	9°40'	9°24'	9°5'	8°41'	8°13'	7°41'	7°6'
15°	14°47'	14°31'	14°8'	13°39'	13°34'	12°28'	11°36'	10°4'
20°	19°43'	19°23'	18°53'	18°15'	17°30'	16°36'	15°35'	14°25'
25°	24°48'	24°15'	23°39'	22°55'	22°0'	20°54'	19°39'	18°15'
30°	29°37'	29°9'	28°29'	27°37'	26°34'	25°18'	23°51'	22°12'
35°	34°36'	34°4'	33°21'	32°24'	31°13'	29°50'	28°12'	26°20'
40°	39°34'	39°2'	38°15'	37°15'	36°0'	34°30'	32°44'	30°41'
45°	44°34'	44°1'	43°13'	42°11'	40°54'	39°19'	37°27'	35°16'
50°	49°34'	49°1'	48°14'	47°12'	45°54'	44°17'	42°23'	40°7'
55°	54°35'	54°4'	53°19'	52°18'	51°3'	49°29'	47°35'	45°17'
60°	59°37'	59°8'	58°26'	57°30'	56°19'	54°49'	53°0'	50°46'
65°	64°40'	64°14'	63°36'	62°46'	61°42'	60°21'	58°40'	56°36'
70°	69°43'	69°21'	68°49'	68°7'	67°12'	66°8'	64°35'	62°46'
75°	74°47'	74°30'	74°5'	73°32'	72°48'	71°53'	70°43'	69°14'
80°	79°51'	79°39'	79°22'	78°59'	78°29'	77°51'	77°2'	76°0'
85°	84°56'	84°50'	84°41'	84°29'	84°14'	83°54'	83°29'	82°57'
89°	88°59'	88°58'	88°56'	88°54'	88°51'	88°47'	88°42'	88°35'

倾 角 换 算 表

真倾角	岩层走向与剖面间夹角							
	40°	35°	30°	25°	20°	15°	10°	5°	1°
10°	6°28'	5°46'	5°2'	4°15'	3°27'	2°37'	1°45'	0°53'	0°10'
15°	9°46'	8°44'	7°38'	6°28'	5°14'	3°33'	2°40'	1°20'	0°16'
20°	13°10'	11°48'	10°19'	8°45'	7°6'	5°23'	3°37'	1°49'	0°22'
25°	16°41'	14°58'	13°7'	11°9'	9°3'	6°53'	4°37'	2°20'	0°28'
30°	20°21'	18°19'	16°6'	13°43'	11°10'	8°30'	5°44'	2°53'	0°35'
35°	24°14'	21°53'	19°18'	16°29'	13°28'	10°16'	6°56'	3°30'	0°42'
40°	28°20'	25°42'	22°45'	19°31'	16°0'	12°15'	8°17'	4°11'	0°50'
45°	32°44'	29°50'	26°33'	22°55'	18°53'	14°30'	9°51'	4°59'	1°0'
50°	37°27'	34°21'	30°47'	26°44'	22°11'	17°9'	11°41'	5°56'	1°11'
55°	42°33'	39°20'	35°32'	31°7'	26°2'	20°17'	13°55'	7°6'	1°26'
60°	48°2'	44°47'	40°54'	36°14'	30°29'	24°8'	16°44'	8°35'	1°44'
65°	54°2'	50°53'	46°59'	42°11'	35°25'	29°2'	20°25'	10°35'	2°9'
70°	60°29'	57°36'	53°57'	49°16'	43°13'	35°25'	25°30'	13°28'	2°45'
75°	67°22'	64°58'	61°45'	57°37'	51°55'	44°1'	32°57'	18°1'	3°44'
80°	74°40'	72°75'	70°34'	67°21'	62°43'	55°44'	44°33'	26°18'	5°31'
85°	82°15'	81°20'	80°5'	78°19'	75°39'	71°20'	63°15'	44°54'	11°17'
89°	88°27'	88°15'	88°0'	87°33'	86°9'	84°15'	78°41'	44°15'

1979年最后一次攀西考察信件

5月27日发

明珍：我于2日到西昌，12日即往会理，在会理看了几个扑区，即往会东。前几天在会东，踏点果子，又水井等处看扑区。我们所到之地，均有地质队派小车接送，走遍很方便。在双水井海拔2870m，山上有三千余米，山高风大，非常冷。我带的毛线衣，棉背心及卡叽大衣，都穿上了，有的老师衣服少，先借棉衣来穿。今天由双水井高山来到会东城，28日即往通安，在月底前即可回西昌，6月3日以前即可回成都。

我出来一切都很好，我的左脚已不痛了，只是可下午还有点肿，睡一天早上又消下去。这种关节病要经过一段时间才能好完。我很少走路，即使上山，也是用汽车送到最近公路上。顶多走2—3百米，这都不好劳动。你们莫挂念。

化知英答应替我买彩色电视机，你可以把地院我的皮大衣拿去看，若化知道已买到，你们兄妹几人给我凑点钱，若不行，我工资借之，给化知英送去。若化知未曾来取就算了。即祝
全家好。

灵 5月廿七日

28日以前回信，可交西昌地质食堂转殷殷。